戰略性新興產業科技創新人才
勝任力模型與開發模式研究

徐東北 / 著

摘要

　　戰略性新興產業是以重大技術突破和重大發展需求為基礎，對經濟社會全局和長遠發展具有重大引領帶動作用，知識技術密集、物質資源消耗少、成長潛力大、綜合效益好的產業。在中國經濟發展步入新常態，經濟增速放緩的背景下，戰略性新興產業將成為帶動經濟增長的重要引擎。實施創新驅動發展戰略，大力發展戰略性新興產業，科技創新人才是其重要支撐和保障。基於此，本書綜合多渠道獲取的數據，運用多種方法構建戰略性新興產業科技創新人才的勝任力模型與開發模式，希望為科技創新人才開發實踐提供一定的參考。

　　本書主要包括五章內容：

　　第1章是緒論。本章首先對本書的選題背景和研究意義進行闡述和分析；其次系統梳理研究所涉及的基本理論，界定相關概念，並且圍繞研究主題進行文獻回顧；再次交代本書的具體研究內容、研究方法與研究思路；最後指出研究的創新之處。

　　第2章是戰略性新興產業科技創新人才開發狀況調查分析。為了全面瞭解和把握戰略性新興產業科技創新人才開發的實際狀況，本章從國家政府、高等院校、企業和人才自身四個方面入手，通過多種渠道和方式獲取相關數據，並根據獲取的數據系統分析戰略性新興產業科技創新人才的開發狀況。

　　第3章是戰略性新興產業科技創新人才勝任力模型構建。本章首先

運用扎根理論法、內容分析法，通過挖掘文獻資料數據、招聘廣告數據來提取戰略性新興產業科技創新人才勝任力要素；通過行為事件訪談數據並結合已有研究提取戰略性新興產業中生物產業和新一代信息技術產業創新人才勝任力要素，再通過基於戰略性新興產業特徵的專家研討，演繹出戰略性新興產業科技創新人才勝任力要素，綜合對照多渠道獲取的勝任力要素構建戰略性新興產業科技創新人才的勝任力理論模型。然後，運用德爾菲法對理論模型進行初步檢驗，再通過編製測量量表獲取大樣本數據對模型進行實證檢驗。最後，經過調整、修改與完善，得到包括創新啟動力（保持激情、善於思考、好奇敏感、興趣驅動、成就動機）、創新助動力（開放包容、積極主動、盡職盡責、影響感召、勤勉敬業、溝通協作、客戶導向、時間觀念、精益求精、堅韌執著）和創新行動力（追蹤前沿、探索鑽研、應變把控、規劃設計、實踐操作、開拓突破、組織管理）3個維度22項勝任力要素的戰略性新興產業科技創新人才勝任力模型。

第4章是戰略性新興產業科技創新人才開發模式研究。本章結合戰略性新興產業科技創新人才開發狀況，基於戰略性新興產業科技創新人才勝任力模型，運用案例研究方法和軟系統方法從人才自我開發、高校開發、企業開發和政府開發四個方面探索構建戰略性新興產業科技創新人才整合開發模式。

第5章是研究結論與展望。本章歸納與總結了本書研究過程中得出的重要觀點和主要結論，交代了研究過程中存在的不足之處，並展望未來需要進一步研究的方向和提出需要注意的問題。

關鍵詞： 戰略性新興產業　科技創新人才　勝任力模型　人才開發模式

目錄

1 緒論 / 1

    1.1 選題背景與研究意義 / 1

        1.1.1 選題背景 / 2

        1.1.2 研究意義 / 4

    1.2 理論梳理、概念界定與文獻回顧 / 4

        1.2.1 理論梳理 / 4

        1.2.2 概念界定 / 23

        1.2.3 文獻回顧 / 25

    1.3 研究內容、研究方法與研究思路 / 34

        1.3.1 研究內容 / 34

        1.3.2 研究方法 / 35

        1.3.3 研究思路 / 40

    1.4 研究創新之處 / 41

2 戰略性新興產業科技創新人才開發狀況調查分析 / 42

    2.1 調查設計 / 42

        2.1.1 調查目的設計 / 42

        2.1.2 調查範圍設計 / 43

  2.1.3　調查渠道設計 / 43

  2.1.4　調查問卷設計 / 43

 2.2　調查實施 / 46

  2.2.1　確定研究數據來源 / 46

  2.2.2　尋求多方支持配合 / 47

 2.3　調查結果分析 / 47

  2.3.1　人才開發總體狀況分析 / 47

  2.3.2　政府人才開發狀況分析 / 51

  2.3.3　高校人才開發狀況分析 / 55

  2.3.4　企業人才開發狀況分析 / 62

  2.3.5　人才自我開發狀況分析 / 66

 2.4　本章小結 / 66

3　戰略性新興產業科技創新人才勝任力模型構建 / 68

 3.1　初始勝任力模型構建 / 68

  3.1.1　基於研究文獻的勝任力要素提取 / 68

  3.1.2　基於招聘廣告的勝任力要素提取 / 78

  3.1.3　基於訪談數據的勝任力要素參考 / 82

  3.1.4　基於產業特徵的勝任力要素演繹 / 85

  3.1.5　初始勝任力模型確定 / 88

 3.2　勝任力模型的專家檢驗 / 92

  3.2.1　專家選擇 / 92

  3.2.2　研究工具 / 93

  3.2.3　研究程序 / 94

  3.2.4　統計分析 / 95

  3.2.5　模型確定 / 102

3.3 勝任力模型大樣本檢驗 / 103

    3.3.1 測量量表分析 / 103

    3.3.2 檢驗統計分析 / 127

    3.3.3 檢驗結果討論 / 138

3.4 最終勝任力模型確定 / 144

    3.4.1 勝任力模型的權重 / 144

    3.4.2 勝任力模型的分級與行為特徵描述 / 147

3.5 本章小結 / 152

4 戰略性新興產業科技創新人才開發模式研究 / 153

4.1 準備工作 / 153

    4.1.1 理論框架 / 153

    4.1.2 構建方法 / 154

    4.1.3 數據說明 / 156

    4.1.4 構建原則 / 156

4.2 構建過程 / 159

    4.2.1 自我開發模式構建 / 159

    4.2.2 高校開發模式構建 / 167

    4.2.3 企業開發模式構建 / 173

    4.2.4 政府開發模式構建 / 177

4.3 構建結果 / 181

4.4 本章小結 / 183

5 研究結論與展望 / 184

5.1 主要研究結論 / 184

    5.1.1 關於勝任力模型 / 184

    5.1.2 關於人才開發模式 / 185

5.2 研究局限與展望 / 185
    5.2.1 研究數據方面 / 185
    5.2.2 研究方法方面 / 185
    5.2.3 研究結論方面 / 185

參考文獻 / 186

附錄 / 198

致謝 / 265

1 緒論

本章主要完成以下工作：第一，闡述論文的選題背景和研究意義；第二，梳理相關的理論、界定相關概念並回顧現有相關研究文獻；第三，設計研究內容與框架結構，確定研究過程與方法，並交代研究創新之處。本章整體邏輯結構見圖1。

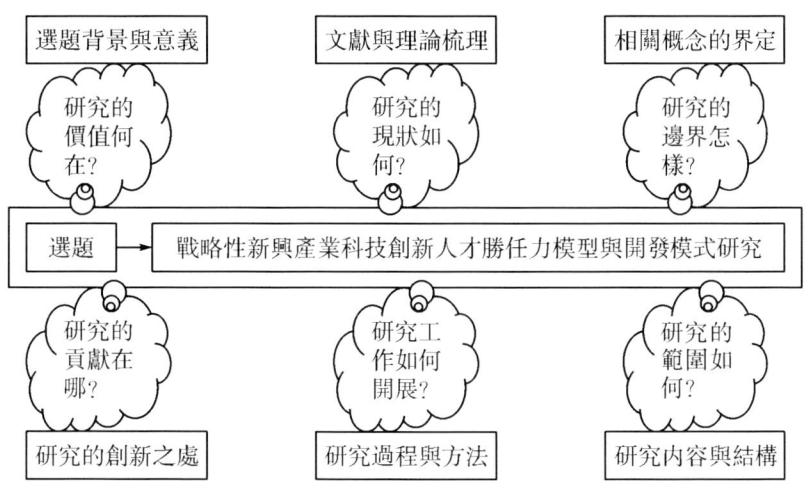

圖1　第1章研究思維導圖

1.1 選題背景與研究意義

本書圍繞目前中國經濟發展的重要產業領域——戰略性新興產業——進行選題，選擇該產業領域內的科技創新人才作為研究對象，研究勝任力模型構建和人才開發模式探索兩個主要問題。這既符合當下中國以人才為核心的創新驅

動發展戰略要求，又具有為人才開發工作提供參考和借鑑的實踐價值和理論意義。本書選題來源於國家社會科學基金重點課題「中國戰略性新興產業創新主體勝任力模型構建與開發機制研究」（項目編號：11AGL002）。

1.1.1　選題背景

首先，當前中國經濟發展進入新常態，經濟結構調整勢在必行，戰略性新興產業將成為國民經濟、社會發展和國際競爭的關鍵領域和重要推動力量。2014年12月9日至11日召開的中央經濟工作會議明確提出中國經濟發展進入新常態。新常態主要表現出以下特點：速度——從高速增長轉為中高速增長，結構——經濟結構不斷優化升級，動力——從要素驅動、投資驅動轉向創新驅動。新常態背景下，促進經濟持續發展的引擎動力由要素驅動、投資驅動向創新驅動轉變，這裡的創新主要是科技創新，也包括體制機制創新、管理創新和模式創新等。新常態背景下，中國經濟由高速轉向中高速，強調產業轉型升級和創新驅動導向賦予了戰略性新興產業新的發展機遇。2015年5月27日，習近平主席在浙江召開的華東7省市黨委主要負責同志座談會上指出，產業結構優化升級是提高中國經濟綜合競爭力的關鍵舉措。要加快改造提升傳統產業，深入推進信息化與工業化深度融合，著力培育戰略性新興產業，大力發展服務業特別是現代服務業，積極培育新業態和新商業模式，構建現代產業發展新體系。2016年11月29日，國務院印發的《「十三五」國家戰略性新興產業發展規劃》（國發〔2016〕67號）指出，戰略性新興產業代表新一輪科技革命和產業變革的方向，是培育發展新動能、獲取未來競爭新優勢的關鍵領域。「十三五」時期，要把戰略性新興產業擺在經濟社會發展更加突出的位置，大力構建現代產業新體系，推動經濟社會持續健康發展。從戰略性新興產業的地位來看，戰略性新興產業將成為國民經濟和社會發展的重要推動力量。「十三五」期間，中國將重點培育形成以集成電路為核心的新一代信息技術產業，以基因技術為核心的生物產業，綠色低碳產業，高端裝備和材料產業，數字創意產業等突破十萬億元規模的多個產業。

其次，世界科技發展日新月異，新技術、新產品層出不窮，各國在科技制高點和話語權上的競爭日趨激烈，人才已成為取得競爭優勢的核心要素。當今世界，綜合國力競爭與搶占未來制高點的國際競爭日趨激烈，新一輪科技革命和產業變革正在孕育興起，變革突破的能量正在不斷累積。綜合國力競爭說到底是人才競爭。人才資源作為經濟社會發展第一資源的特徵和作用更加突顯，人才競爭已經成為綜合國力競爭的核心。誰能培養和吸引更多優秀人才，誰就

能在競爭中占據優勢地位。中國經濟結構深度調整、新舊動能接續轉換，當前已到了只有依靠創新驅動才能持續發展的新階段，比以往任何時候都更加需要強大的科技創新力量，比以往任何時候都更需要更多的優秀創新人才。

再次，「大眾創業、萬眾創新」呈現良好發展態勢，創新驅動發展成為時代的主旋律。當前，「大眾創業、萬眾創新」繼續呈現出良好發展態勢，成為中國各地區「十三五」時期推動新舊發展動能接續轉換、煥發經濟新活力的重要抓手。第一，「雙創」政策體系進一步完善。國務院印發了系列推動「雙創」的政策文件，如《上海系統推進全面創新改革試驗加快建設具有全球影響力科技創新中心方案》（國發〔2016〕23號）、《關於加快眾創空間發展服務實體經濟轉型升級的指導意見》（國辦發〔2016〕7號）等。這些政策措施的出抬，充分調動了社會主體的積極性，解決「雙創」發展中遇到的障礙，引導全社會形成推進「雙創」發展的良好氛圍。同時，各地結合本地區發展實際主動探索、科學謀劃，繼續深入貫徹落實國家關於「雙創」的頂層設計政策文件，「雙創」工作呈現出各具特色、百花齊放、亮點頻出的良好態勢[1]。2016年5月30日，習近平參加全國科技創新大會、中國科學院第十八次院士大會和中國工程院第十二次院士大會、中國科學技術協會第九次全國代表大會時指出，如果我們不識變、不應變、不求變，就可能陷入戰略被動，錯失發展機遇，甚至錯過整整一個時代。實施創新驅動發展戰略，是應對發展環境變化、把握發展自主權、提高核心競爭力的必然選擇，是加快轉變經濟發展方式、破解和解決經濟發展深層次矛盾和問題的必然選擇，是更好引領中國經濟發展新常態、保持中國經濟持續健康發展的必然選擇。我們要深入貫徹新發展理念，深入實施科教興國戰略和人才強國戰略，深入實施創新驅動發展戰略，統籌謀劃，加強組織，優化中國科技事業發展總體佈局。

最後，人才在發展中的核心作用突顯，尤其是關鍵領域的科技創新人才將發揮更加重要的作用。人才是創新的根基，是創新的核心要素。創新驅動實質上是人才驅動。黨的十八大以來，習近平總書記把創新和人才擺在國家發展全局的核心位置，高度重視科技創新和人才發展，提出一系列新思想、新論斷、新要求（見附錄1）。2014年6月9日，習近平在中國科學院第十七次院士大會、中國工程院第十二次院士大會上指出，創新的事業呼喚創新的人才。實現中華民族偉大復興，人才越多越好，本事越大越好。知識就是力量，人才就是未來。中國要在科技創新方面走在世界前列，必須在創新實踐中發現人才，在創新活動中培育人才，在創新事業中凝聚人才，必須大力培養造就規模宏大、結構合理、素質優良的創新型科技人才；要把人才資源開發放在科技創新最優

先的位置，改革人才培養、引進、使用等機制，努力培養一批世界水準的科學家、科技領軍人才、工程師和高水準創新團隊，注重培養一線創新人才和青年科技人才[2]。

1.1.2 研究意義

科技創新已經成為新常態背景下經濟持續發展的強勁引擎，更是培育和發展戰略性新興產業的內在驅動力量。在這樣的時代背景下，研究戰略性新興產業科技創新人才開發問題具有重要的理論意義和現實價值。

從理論層面來講，本書基於經濟新常態下國家產業結構優化升級、大力培育和發展戰略性新興產業的內在要求，結合國家加快創新型國家建設和實施創新驅動發展戰略的政策，綜合運用歸納的質化研究範式和演繹的量化研究範式構建戰略性新興產業科技創新人才勝任力模型，並運用案例研究方法探索戰略性新興產業科技創新人才開發模式，豐富和拓展勝任力理論和人才開發理論。

從實踐層面來講，黨的十八大報告指出：「推動戰略性新興產業、先進製造業健康發展，加快傳統產業轉型升級，推動服務業特別是現代服務業發展壯大，合理佈局建設基礎設施和基礎產業。」顯然，加大力度開發產業創新人才尤其是科技創新人才，為產業發展提供強大的人才智力支持，是貫徹落實黨的十八大精神的重要舉措，對中國調整產業結構、轉變經濟增長方式，具有十分重要的意義。戰略性新興產業科學、健康、持續發展的根本動力在於人才，尤其在於戰略性新興產業中的科技創新人才。本書構建的戰略性新興產業科技創新人才勝任力模型以及基於勝任力模型探索的戰略性新興產業科技創新人才開發模式，將為戰略性新興產業科技創新人才的開發工作提供一定的參考和借鑑。

1.2 理論梳理、概念界定與文獻回顧

這部分內容是研究的基礎性工作，為研究奠定理論基礎、確定研究範圍並指明研究方向。

1.2.1 理論梳理

根據選題範圍，本書通過查閱大量文獻，對戰略性新興產業、科技創新、人才開發、勝任力等領域的相關理論進行梳理，並對研究所涉及的關鍵概念進

行界定。

1.2.1.1 戰略性新興產業相關理論

戰略性新興產業是本書的研究範圍和領域，梳理戰略性新興產業的概念和特徵將為本書科學界定研究範圍、研究方向、研究問題提供理論支撐。

1. 戰略性新興產業概念與特徵

由於「戰略性新興產業」的概念提出時間不長，並且最早是由中國提出的，因此，目前關於戰略性新興產業概念內涵的研究成果也主要集中在國內的研究成果之中。目前，學術界對戰略性新興產業的定義並沒有達成一致。本書對具有代表性的觀點進行了全面系統的梳理，具體詳見附錄2。

戰略性新興產業是針對中國國情所提出的特有概念，國家政策操作層面對戰略性新興產業的界定是：「戰略性新興產業是以重大技術突破和重大發展需求為基礎，對經濟社會全局和長遠發展具有重大引領帶動作用，知識技術密集、物質資源消耗少、成長潛力大、綜合效益好的產業。」[3]

自2010年「戰略性新興產業」這一概念被提出來後，學術界對其展開了大量的研究。在戰略性新興產業特徵方面，不同學者提出了不同的觀點。通過查閱大量文獻，本書對這些觀點進行系統梳理、歸納和整合後認為，戰略性新興產業具有戰略全局長遠性、成長風險難測性、創新驅動突破性、關聯帶動整合性、技術密集依賴性、動態調整演化性、前瞻導向輻射性、低碳可持續性、國際競爭合作性和市場需求引導性十個特徵（見表1）。

表1　　　　　　　　戰略性新興產業特徵歸納梳理

序號	特徵	內涵	參考來源
1	戰略全局長遠性	戰略性新興產業關係國民經濟社會發展全局，代表未來經濟和科技發展方向，更意味著未來國際產業話語權的分配，對國家戰略安全具有重大深遠的影響，並且對於經濟社會發展的貢獻是全面的、長期的、穩定的和可持續的	劉洪昌等（2010）；牛立超（2011）；鄭曉（2012）；馬軍偉（2012）；張潔（2013）；施紅星（2013）；楊宏呈（2013）；王劍（2013）；陳愛雪（2013）；宋歌（2013）；李媛（2013）；李勃昕（2013）；柳光強（2014）；曲永軍（2014）；劉鐵（2014）；石璋銘（2014）；韓躍（2014）

表1(續)

序號	特徵	內涵	參考來源
2	成長風險難測性	戰略性新興產業當前仍處於初期或萌芽期，還需要較長的時間才能發展到成熟期，在成長過程中可以借助其技術革新能力快速增長、穩定成長，但是由於市場需求難以預測、技術研發路徑的複雜多樣、新的組織管理和營運模式探索的曲折等，戰略性新興產業在成長中存在諸多不確定性的潛在風險	劉洪昌等（2010）；鄭曉（2012）；馬軍偉（2012）；張潔（2013）；楊宏呈（2013）；王劍（2013）；陳愛雪（2013）；曲永軍（2014）；劉鐵（2014）；石璋銘（2014）；韓躍（2014）；俞之胤（2015）
3	創新驅動突破性	戰略性新興產業以科技創新為靈魂，以重大核心技術突破為基礎，以創新為主要驅動力，是在當前全球科技創新密集以及技術經濟範式更迭時代下新科技與新興產業深度融合的結果，是整個生產鏈條中科技創新最為集中的領域，可以突破原有的資源依賴式的經濟增長方式，甚至會引發新一輪的產業革命	劉洪昌等（2010）；馬軍偉（2012）；施紅星（2013）；楊宏呈（2013）；王劍（2013）；陳愛雪（2013）；宋歌（2013）；柳光強（2014）；曲永軍（2014）；劉鐵（2014）；石璋銘（2014）；韓躍（2014）；俞之胤（2015）
4	關聯帶動整合性	戰略性新興產業運用到的技術是多學科或交叉學科的，其技術創新涉及的產業比較緊密，具有一定基礎性和共有性，一些重大的技術創新可以在許多領域獲得廣泛的運用，可以實現產業間的技術互動和價值連結與整合，可以帶動相關和配套產業的發展	劉洪昌等（2010）；高常水（2011）；袁甄平（2012）；張潔（2013）；陳愛雪（2013）；柳光強（2014）；俞之胤（2015）
5	技術密集依賴性	戰略性新興產業不僅採用和涉及顛覆現有產業技術路徑或催生全新產業的突破性前沿核心技術，而且對其配套技術也有著複雜的要求，需要眾多技術的配合、支持，甚至要求相關配套技術也要有重要的突破性進展	高常水（2011）；鄭曉（2012）；劉潔（2012）；袁甄平（2012）；施紅星（2013）；楊宏呈（2013）；姜棱煒（2013）；宋歌（2013）；韓躍（2014）；俞之胤（2015）

表1(續)

序號	特徵	內涵	參考來源
6	動態調整演化性	在不同的歷史時期、產業生命週期以及經濟環境下，隨著技術的進步和推廣，戰略性新興產業的內容與領域並不是一成不變的，是要根據時代變遷和內外部環境的變化進行適時調整和不斷更新的，為適應經濟、社會、科技、人口、資源、環境等變化帶來的要求，其內涵和外延也會有所不同	牛立超（2011）；張潔（2013）；陳愛雪（2013）；宋歌（2013）；李媛（2013）；李勃昕（2013）；曲永軍（2014）；劉鐵（2014）；石璋銘（2014）；韓躍（2014）；俞之胤(2015)
7	前瞻導向輻射性	戰略性新興產業的選擇具有信號作用，具有引領和帶動作用，具有前瞻性安排的作用，能夠明確政府的政策導向和未來的經濟發展重點，引導資金投放、人才集聚、技術研發和政策制定；另外，通過其回顧效應、旁側效應、前向效應等擴散效應帶動相關產業的發展，形成完整的產業鏈或一定規模的產業集群	劉洪昌等（2010）；牛立超（2011）；馬軍偉（2012）；張潔（2013）；王劍（2013）；陳愛雪（2013）；宋歌（2013）；李媛（2013）；李勃昕（2013）；柳光強（2014）；韓躍（2014）；俞之胤(2015)
8	低碳可持續性	戰略性新興產業屬於技術密集型、知識密集型、人才密集型的高科技產業，通過創造性地使用新能源、新技術，擺脫資源約束，提高產品附加值，對發展低碳經濟、綠色經濟，實現高質量、可持續的經濟增長有重要作用	高常水（2011）；劉潔（2012）；袁豔平（2012）；張潔（2013）；陳愛雪（2013）
9	國際競爭合作性	戰略性新興產業的發展必須做好參與激烈國際競爭的準備，在新一輪技術變革引發的全球產業再洗牌中全力搶占新的科技經濟競爭制高點；此外，參與國際競爭的同時也會參與越來越多的國際合作	高常水（2011）；袁豔平（2012）；楊宏呈（2013）；姜棱煒（2013）；韓躍（2014）
10	市場需求引導性	戰略性新興產業能滿足和培育重大需求，具有巨大的市場潛力、市場規模和廣闊的市場前景，能夠實現經濟的持續快速發展	馬軍偉(2012)；王劍(2013)；宋歌(2013)

註：根據學者們相關論述整理歸納。

2. 戰略性新興產業的分類與構成

2012年5月30日，國務院討論通過的《「十二五」國家戰略性新興產業發展規劃》（簡稱《規劃》），在面向經濟社會發展的重大需求時，提出了七大戰略性新興產業的重點發展方向和主要任務。①節能環保產業要突破能源高效與梯次利用、污染物防治與安全處置、資源回收與循環利用等關鍵核心技術，發展高效節能、先進環保和資源循環利用的新裝備和新產品，推行清潔生產和低碳技術，加快形成支柱產業。②新一代信息技術產業要加快建設下一代信息網絡，突破超高速光纖與無線通信、先進半導體和新型顯示等新一代信息技術，增強國際競爭力。③生物產業要面向人民健康、農業發展、資源環境保護等重大需求，強化生物資源利用等共性關鍵技術和工藝裝備開發，加快構建現代生物產業體系。④高端裝備製造產業要大力發展現代航空裝備、衛星及應用產業，提升先進軌道交通裝備發展水準，加快發展海洋工程裝備，做大做強智能製造裝備，促進製造業智能化、精密化、綠色化發展。⑤新能源產業要發展技術成熟的核電、風電、太陽能光伏和熱利用、生物質發電、沼氣等，積極推進可再生能源技術產業化。⑥新材料產業要大力發展新型功能材料、先進結構材料和複合材料，開展共性基礎材料研究和產業化，建立認定和統計體系，引導材料工業結構調整。⑦新能源汽車產業要加快高性能動力電池、電機等關鍵零部件和材料核心技術研發及推廣應用，形成產業化體系。2013年2月22日，國家發展改革委員會公布的《戰略性新興產業重點產品和服務指導目錄》，共涉及戰略新興產業7個行業、24個重點發展方向下的125個子方向，共3,100餘項細分的產品和服務。2016年11月15日，中國工程院在深圳發布的《2017中國戰略性新興產業發展報告》認為，「十三五」期間的戰略性新興產業將劃分為網絡經濟、生物經濟、高端製造（包括高端設備製造與新材料）、綠色低碳（包括新能源、新能源汽車、節能環保）、數字創意五大領域及其八大產業。《戰略性新興產業重點產品和服務指導目錄》2016版依據《規劃》中明確的產業，將其進一步細化到了9個產業和40個重點方向下174個子方向，近4,000項細分的產品和服務具體見表2，其中174個子方向詳見附錄3。

表 2　　　　　　　　　戰略性新興產業構成情況

產業	重點方向
1 新一代信息技術產業	1.1 下一代信息網絡產業
	1.2 信息技術服務
	1.3 電子核心產業
	1.4 網絡信息安全產品和服務
	1.5 人工智能
2 高端裝備製造產業	2.1 智能製造裝備產業
	2.2 航空產業
	2.3 衛星及應用產業
	2.4 軌道交通裝備產業
	2.5 海洋工程裝備產業
3 新材料產業	3.1 新型功能材料產業
	3.2 先進結構材料產業
	3.3 高性能複合材料產業
4 生物產業	4.1 生物醫藥產業
	4.2 生物醫學工程產業
	4.3 生物農業產業
	4.4 生物製造產業
	4.5 生物質能產業
5 新能源汽車產業	5.1 新能源汽車產品
	5.2 充電、換電及加氫設施
	5.3 生產測試設備
6 新能源產業	6.1 核電技術產業
	6.2 風能產業
	6.3 太陽能產業
	6.4 智能電網
	6.5 其他新能源產業
7 節能環保產業	7.1 高效節能產業
	7.2 先進環保產業
	7.3 資源循環利用產業

表2(續)

產業	重點方向
8 數字創意產業	8.1 數字文化創意
	8.2 設計服務
	8.3 數字創意與相關產業融合應用服務
9 相關服務業	9.1 研發服務
	9.2 知識產權服務
	9.3 檢驗檢測服務
	9.4 標準化服務
	9.5 雙創服務
	9.6 專業技術服務
	9.7 技術推廣服務
	9.8 相關金融服務

註：根據戰略性新興產業重點產品和服務指導目錄（2016版）整理編製。

1.2.1.2 創新與科技創新相關理論

創新與科技創新是本書的重要概念，為了保證研究的繼承性與突破性，需要對創新與科技創新的相關理論進行梳理。

1. 創新的定義與分類

在當前的漢語語境中，「創新」一詞涵蓋內容眾多，它既可以當名詞，又可以當動詞。人們往往把新的而且屬於正面的事物或者現象，以及實現這種現象的過程都叫作「創新」。然而，在學術界尤其是國外學術文獻中，與漢語「創新」一詞相對應的「innovation」則在多數情況下是一個具有特定內涵、邊界相對清楚的概念。相對而言，漢語「創新」概念的外延大得多。[4]《現代漢語辭典》對「創」的解釋是「開始做、初次做，例如首創，創新紀錄」；對「創新」的解釋是：「①動詞，拋開舊的，創造新的，例如，勇於創新，要有創新精神；②名詞，創造性、新意，例如，那是一座很有創新的建築物。」因此，創新在中文中的本來含義就是「辭舊迎新」，所以「創新」可以用在廣泛的語境中。在英語中，從原始的字面意思看，「innovation」有兩層意思：一是新觀念、新方法、新發明的「導入」(the introduction of new ideas, methods or inventions)，二是新觀念、新方法、新發明本身[5]。從詞語的表面釋義看，「innovation」與漢語的「創新」有相通的地方，但是「innovation」首先強調了新觀念、方法、發明的「導入」(introduction)，強調了實踐性和生產力屬性，這一點與漢語「創新」是有區別的。

學術研究中，創新的概念是隨著實踐的發展而不斷發展的，不同學者由於研究視角的不同對創新也會有不同的界定（見表3）。可見，創新概念內涵極其豐富，但是通過各種創新的定義可以看出，創新的本質內容可以歸納為三個層面：首先，創新就是創造新的知識或是「相對於已有事物，對原有的事物進行改造、重新組合、延伸，從而創造出不同於原來事物的新事物」；其次，創新可以在運用和傳播知識的過程中獲得收益，這種收益既包括經濟收益，也包括社會收益；最後，創新可以提高人類對整個自然界和社會的認知水準，使人類的知識系統不斷得到豐富和完善，並用以進一步認識世界和改造世界。

表3　　　　　　　　　國內外學者關於創新的代表性論述

序號	提出者（時間）	核心觀點
1	Joseph Schumpeter（1912）	創新是指新技術、新發明在生產中的首次應用，是建立一種新的生產組合函數或供應函數，是在生產體系中引進一種生產要素和生產條件的新組合。這種組合包括：採用新產品或一種產品的新的特性；採用一種新的生產方法；開闢一個新的市場；實現任何一種工業的新的組織，或打破一種壟斷地位[6]
2	歐盟的《創新綠皮書》（1995）	創新是在經濟和社會上成功地生產、吸收和應用新事物，它提供解決問題的新方法，並使滿足個人和社會的需求成為可能；創新不僅是一種經濟機制或技術過程，而且是一種社會現象[7]
3	Kleysen & Street（2001）	創新是一系列非連續活動組成的多個階段，並將整個創新過程分為尋找機會、產生構想、評估構想、支持以及應用五個階段。不同階段會涉及不同的創新活動和行為，個體可根據自己的主觀意願和能力隨時參與其中[8]
4	Rogers（1995）	創新就是在眾人或採納方眼裡的新思想、新實踐或新事物[9]
5	美國競爭力委員會（2004）	創新是把感悟和技術轉化為能夠創造新的市場價值、驅動經濟增長和提升生活標準的新的產品、新的過程與方法以及新的服務[10]
6	苑玉成（2002）	創新是在已知信息的基礎上，通過思維活動或者實施行為能產生有價值的新成果的活動[11]
7	周光召（2006）	創新是「創造性地獲取、傳播和運用知識，以提取新的經濟、社會收益和提高人類認識世界水準的過程」[12]
8	廖志豪（2012）	創新是指人類在各種社會實踐活動中，根據一定目標，充分運用已有的知識和信息去探索新事物，研究新問題，開拓新道路，解決新矛盾，並產生新的思想成果或者物質成果，以滿足人們物質及精神生活的需要，從而推動人類社會向前發展的一切活動過程和行為[13]

註：根據相關文獻整理編製。

关于创新的分类，由于涉及领域和研究角度的不同，学者们提出了多种不同观点。从创新内容（领域）出发，科勒特（Knight K. E., 1967）将创新划分为产品或服务创新、生产过程创新、组织结构创新、人员创新[14]；希金斯（Higgins J. M., 1995）将创新划分为产品创新、过程创新、行销创新、管理创新[15]。从创新过程的特征出发，亨德森和克拉克（Henderson R. M. & Clark K. B., 1990）将创新分为渐进型创新、构建型创新、模组型创新、根本型创新[16]；波儿和克莱顿（Bower J. L. & Clayton M. Christensen, 1995）将创新分为延续型创新、破坏型创新[17]；加西亚和卡兰顿（Garcia R. & Calantone R., 2002）将创新分为渐进型创新、适度型创新、根本型创新[18]。无论是何种形式的创新，其最基本的形态均可以归结为以下三种：①发现（Discovery）。发现与「科学」相关联，是对科学研究中前所未知的事物、现象及其规律的一种揭示活动，是首次使用科学的语言明确表述已经存在但不为人知的客观事物的规律、法则或结构和功能。②发明（Invention）。发明与「工艺」和「技术」相关联，是通过思维或实验过程，首次为一项科学或技术难题提出创新性的技术解决方案。③革新（Renovation）。革新即人们改变原有的观念、制度、习俗或者生产、生活方式，而采用新的观念、制度、习俗或者生产、生活方式的行为与过程。革新具有创新的性质，但通常却不是首次被使用的解决方案。

2. 技术创新与科技创新

艾诺斯（J. L. Enos, 1962）首次直接将技术创新界定为选择发明、投入资本、建立组织、制订计划、招募工人和开辟市场等一系列行为的综合结果[19]。1969年，美国科学基金会（National Science Foundation of USA, NSF）的主要倡议者和参与者迈尔斯和马奎斯（S. Myers & D. G. Marquis）在其研究报告《成功的工业创新》中将技术创新界定为一个从新思想和新概念开始，通过一系列技术变革到新项目的实际应用的复杂的活动过程。1976年，两位学者在NSF另一份研究报告《1976年：科学指示器》中，明确将模仿和技术改进作为最终层次上的创新引入技术创新的定义，拓宽了技术创新的内涵和范围。弗里曼（Freeman C., 1973）从经济学角度将技术创新界定为一个包括新产品的市场实现及新技术、新工艺和装备的商业化应用过程[20]；1982年，弗里曼又从首创性角度将技术创新界定为：新产品、新过程、新系统和新服务的首次商业性转化[21]。傅家骥（2000）继承了熊彼特早期的创新理论中关于创新的界定，将技术创新界定为：企业为获取商业利益，抓住潜在的盈利机会，重新组织生产条件和生产要素，建立起高效且费用更低的生产经营方法，推出新产品、新工艺，开辟新市场，获得新的原料或半成品供给来源或建立企业新

的組織[22]。這一概念側重於企業層面的技術轉化和應用，而忽略了知識的創新或技術的產生過程。柳卸林（2014）關於技術創新的界定綜合了前人關於技術創新的過程性和首創性特徵，既強調技術創新與新產品製造、新工藝或設備的首次商業應用的相關性，又強調技術創新的過程性，認為技術創新是一個包括技術的研發、產品的設計、產品製造及商業化等一系列活動的過程，包括產品創新、過程創新和擴散[23]。

在科技創新方面，21世紀以來，信息技術的發展及知識社會的形成對技術創新產生了很大影響，學術界提出了一種知識社會背景下以用戶創新、大眾創新、開放創新、共同創新為特點的，強化用戶參與、以人為本的創新2.0模式。宋剛等（2008）認為科技創新是各創新主體和創新要素相互作用而產生的一種複雜現象，包括技術進步和應用創新兩個方面，是這兩個方面共同演進的產物[24]。洪銀興（2012）認為科技創新是以科學發現為先導的技術創新，是知識創新與技術創新的協同，它包括三個環節：科學發現和知識創新環節、知識孵化為新技術的環節、新技術的應用環節。科技創新的源頭是知識創新，終端是產業創新，其內生性表現為原創性創新成果的內源性，即主要來自國內。與技術創新相比，其創新主體不僅包括企業，還包括以知識創新為主要職能的大學和科研機構，而且，企業在其中的職能範圍也有所拓展，從一般的技術應用延伸到新技術孵化環節，演變為科技企業，企業家的社會責任、價值取向對科技創新行為具有非常重要的導向作用[25]。

過去常用的概念是技術創新，現在突出科技創新。自20世紀後期產生新經濟以來，科學上的重大發現轉化為現實生產力的時間週期越來越短。現在一個科學發現從提出到生產應用（尤其是產業創新）幾乎是同時進行的。例如，新材料的發現，信息技術和生物技術的新突破都迅速轉化為相應的新技術和新產業（洪銀興[25]，2012、2013）。從某種程度上講，科技創新可以理解為科學與技術創新，其實科學創新與技術創新是一脈相承、不可分割的統一體。所以，本書中的科技創新是指科學創新與技術創新的融合統一，也就是研發人員從提出或借鑑新觀點（包括新概念、新思想、新理論等）、新方法、新發現或新假設，到應用新知識、新技術或新工藝，採用新的生產方式來開發生產新產品或提供新服務的整個過程所涉及的一切行為和活動。

1.2.1.3 勝任力與勝任力模型理論

1. 勝任力的定義

將勝任力用於實踐的第一人是哈佛大學教授麥克利蘭（Mc Clelland）。20世紀70年代初，麥克利蘭應美國政府邀請後，為其設計了一種能夠有效預測

駐外聯絡官績效的方法。首先，他採用行為事件訪談法收集到第一手材料；然後，比較並分析工作表現優秀者和一般駐外聯絡官的具體行為的差異項；最終，提煉出駐外聯絡官勝任工作和能做出優秀績效所應具備的能力和素質。

萊爾·M.斯潘塞和西格尼·M.斯潘塞（Lyle M. Spencer & Signe M. Spencer）在1993年所著的 COMPETENCE AT WORK—MODELS FOR SUPERIOR PERFORMANCE 一書中指出，簡單來說，勝任力就是一項潛在的個人特質，這些特質與效標參照組的工作表現具有高度的因果關係。潛在特質是指，勝任力在人格中扮演深層且持久的角色，而且能預測一個人在複雜的工作情境及擔當重任時的行為表現。因果關係是指，勝任力可以導致或預測行為與績效。效標參照是指，實際預測和衡量一個人工作績效好壞的具體標準。例如，衡量業務人員的標準是其銷售金額和顧客數目，而衡量一位心理輔導員的績效則看他如何成功地輔導「酒精濫用」個案的人數。勝任力是一個人的潛在特質，預示著行為與思考方式，可以類推到個人工作或生活的各種不同情況，並且能在身上保持一段相當長的時間。勝任力特質包括五種類型：第一種是動機（Motives），指一個人對某種事物持續渴望，進而付諸行動的念頭。因此，動機「驅使並引導我們做抉擇」，於是我們就會在眾多目標或行動中心有所屬而且堅定不移。這就好比一位具有強烈成就動機的人，會為自己一次又一次地設定具有挑戰性的目標，而且持之以恆地去加以完成，同時透過回饋機制不斷尋找改善的空間。第二種是特質（Traits），包括身體的特質以及擁有對情境或信息的持續反應。比方說反應時間和絕佳的視力，是戰鬥機飛行員所必須具備的個性勝任力。動機和個性是主導個人驅動力的主要勝任力特質，可以客觀預測個人在工作上的長期表現，而不需要嚴密監測。第三種是自我概念（Self-Concept），包括一個人的態度、價值觀及自我印象。比如自信就是一個人深信自己不論在任何狀況下都可以有效率地工作，這是個人自我概念的一部分。一個人的價值觀，是指對現象的回應和反應式的動機，可以預測個人在一段時間內被別人操控的情況下呈現出的意向。第四種是知識（Knowledge），即一個人在特定領域所擁有的專業知識。知識是一項複雜的勝任力。判斷知識的測驗，常常無法連帶測出實際的工作績效，因為表面知識和技巧的測量，無法真正與實際運用在工作上的知識及技巧相提並論。為什麼呢？首先，許多知識的測驗焦點是機械式的記憶，然而真正重要的是發現資訊的能力，是活用的知識。強記特定的知識與判斷和事實相關的衍生性問題及即時尋獲資訊相比較而言，並不重要。其次，知識方面的測驗是「回應式」的測驗，因為受測者只要從幾個選項中找出正確的答案就算功德圓滿，而不管是否能有效運用這些基本知

識。總之，知識只能探知一個人現有能力所及的範圍，而無法預知未來可能涉入的狀況。第五種是技能（Skill），即執行有形和無形任務的能力。分析勝任力的層次，對於組織內人力資源規劃有實際上的意義。如圖 2 所示，知識和技巧的才能，傾向於看得見的、表面的特性。自我概念、特質和動機，則是隱藏在深層且位於人格中心的能力。[26]

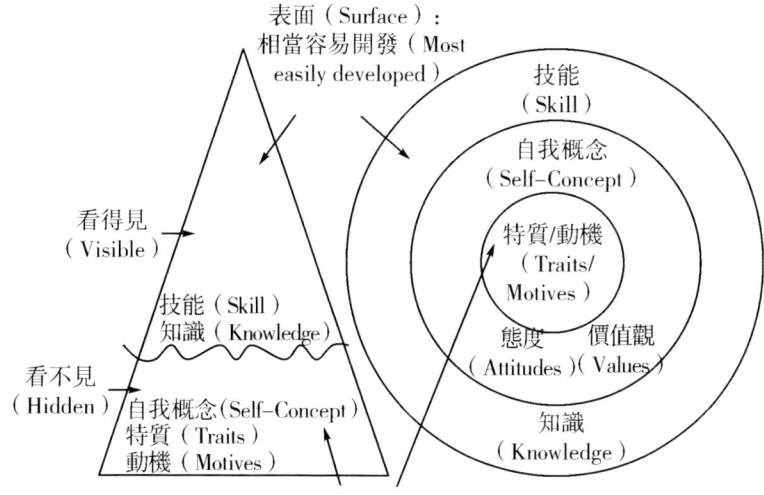

圖 2　核心與表面勝任力模型（冰山模型與洋蔥模型）

表面的知識和技巧的勝任力比較容易開發，教育訓練是最佳的方法，可以發揮其成本效益，也確實讓員工提升了這方面的能力。核心動機和個性的勝任力，在人格冰山裡位於底層且較難探索與開發，因此應該用「甄選」來選才，才合乎成本效益。自我概念的勝任力，介於知識與個性之間，而態度與價值觀，如自信是可以借由訓練、心理治療和正向的發展經驗來改變的，雖然改變的過程可能比較困難，時間可能較長。

包含著「意圖（Intent）」的動機、特質、自我概念、知識等個人勝任力特質，可以用來預測技能、行為等行動勝任力特質，這些行動勝任力特質又可以預測工作績效的結果。整個過程是動機/特質→行為→結果，流程模型見圖 3。

綜合以上分析，勝任力的內涵可以概括為三個方面：第一，勝任力是個體深層次的潛在特質，包括知識、技能、動機、特質、自我概念等各方面的內容；第二，勝任力能夠引起或預測優劣績效的因果關聯，勝任力的深層次特徵顯示了個體的思維方式和行為特徵，具有跨情境和跨時間的相對穩定性，在人力資源管理中，勝任力並不是對個人所有特質要素的簡單加總，而是關注那些

與崗位要求及管理績效有因果關係的個人特徵，以達到能夠預測在多種情境或多樣工作中人的行為特徵的目的；第三，勝任力作為參照效標而存在，勝任力是能夠衡量個人在特定的環境下，完成工作所需的知識、技能、性格、動機等深層次特徵的參照效標。參照效標是勝任力定義中關鍵的一個方面，是衡量某素質特徵預測現實情境中工作/績效優劣的效度標準。如果一個素質特徵不能預測一些有意義的差異（如績效方面的差異），則其就不能稱為勝任力特質。

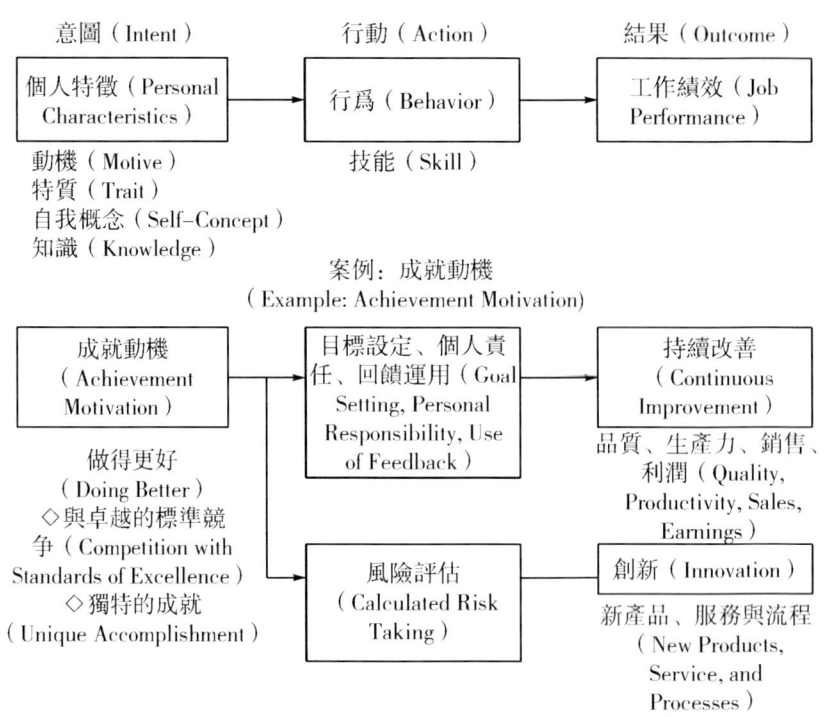

圖3　勝任力的因果流程模型

2. 勝任力模型

勝任力的概念和勝任力特質是通過勝任力模型來展現的，勝任力模型是勝任力識別的主要方法。勝任力模型是指為了達到組織的整體績效目標，針對特定工作崗位的要求，製作的一系列與高績效相關的不同勝任力素質及其可測量的等級差異的組合。勝任力模型包括兩個層面的內容：勝任力要素和對勝任力要素的等級描述。合格的勝任力模型應符合以下三個要求：第一，關注引起或產生高績效的關鍵因素；第二，與組織的願景、戰略、價值觀緊密相關；第三，勝任力模型形式簡單、通俗易懂，能夠被組織成員接受，以便將其融入工作實踐並轉化為員工的自覺行動。勝任力模型主要包括勝任力要素和勝任力要素的權重與等級說明，同時要對勝任力模型的構建進行說明，包括構建勝任力

模型的目的、總體思路、應用等方面的內容。勝任力要素是通過工作分析後獲得的，為完成某項職業、某個工作所需具備的基本要素或核心要素。表 4 是勝任力要素的示例。權重表現了某一勝任力要素在勝任力模型所有素質中的重要程度，通常以百分比的形式呈現，這有利於對勝任力模型有針對性地運用。勝任力模型中的要素有很多，不同崗位、不同發展階段所需的要素水準是不同的，所以對勝任力要素的等級說明是十分必要的。表 5 是勝任力要素等級說明的示例。在完成勝任力要素的制定、勝任力要素權重的分配和勝任力要素等級的描述後，勝任力模型就能得到完整的呈現[27]。

表 4　　　　　某公司某崗位勝任力要素（部分表格）

勝任力要素	勝任項目	勝任內容
知識要素	公司知識	公司業務知識(業務分類、產品分類、收費標準、收費方式等)
		公司各部門職能、負責人、聯繫方式等
	客戶知識	目標客戶群、客戶購買心理、客戶滿意理念等
技能要素	基本技能	使用計算機、網絡的熟練程度，商務禮儀知識，電話溝通技能等
	受理業務的技能	公司十三項業務受理技能（見銷售崗位制度）和相應的設備使用技能
	業務推廣的技能	激發購買慾望技巧、促成交易技巧、處理異議技巧
……	……	……

表 5　　　　　激勵和關心下屬的等級說明

激勵和關心下屬：給予下屬正向激勵，發展和提高下屬的能力	
等級	具體說明
一級	1. 與下屬溝通不足，對下屬的指導和建議較少 2. 不能很好地瞭解下屬的需求，很少為下屬的工作和職業發展提供指導
二級	1. 能與下屬就其工作表現進行溝通，並給予適時地反饋和適當地指導 2. 當下屬遇到問題時，能積極提供幫助，並協助其解決難題 3. 瞭解下屬的職業、工作發展需求，並為其制訂合適的培訓計劃
三級	1. 對下屬的工作及時地提供正確的反饋與指導 2. 能夠準確地判斷下屬的能力和技能水準，根據下屬的不同特點，制訂相應的發展計劃 3. 為下屬提供發展和學習的機會、工具、輔導及各種資源
四級	1. 為下屬創造合適的發展空間 2. 作為下屬的職業生涯發展的導師和教練，真正以開發下屬潛能為己任

3. 勝任力開發理論——素質自我發展的六步曲Σ模型

每個人都可以根據素質自我發展六步曲Σ模型（見圖4）以及每一個素質自助發展小建議，結合自己的工作實踐，逐步提高自己的勝任力。

素質自我發展六步曲Σ模型中的六個步驟及具體做法是：第一步是認識，即基本認知，當別人出現某種行為時能夠知道這是某項勝任力素質行為體現。第二步是理解，即具體瞭解，知道這項勝任力素質是如何影響績效的。第三步是內省，即準確進行自我評估，知道自己在哪項勝任力素質上沒有做到。第四步是嘗試，在一定程度上嘗試著去做出某種行為，看看這樣的行為是否適合自己。第五步是練習，找到適合自己的行為後，在實踐中不斷去練習。第六步是固化，把這個行為與自己的工作結合起來，做到運用自如。

圖4　素質自我發展的六步曲Σ模型

1.2.1.4　人才與人才開發相關理論

人才是本書研究的主體，人才開發模式是本書研究的重點，所以，人才及人才開發的相關理論是本書的關鍵理論基礎。

1. 人才與科技創新人才

國內外學術界關於人才的界定尚未形成統一的觀點。國外學者關於人才的相關研究時間相對較短，對人才的界定還存在爭議。Michaels et al.（2001）將人才定義為「一個人能力的總和」[28]。Smart（2005）將人才定義為「處於薪酬水準前10%的最好的一類人」[29]。Ulrich（2006）認為人才＝競爭力×承諾×貢獻，並指出其中任何一個要素有缺失，都不能被稱之為人才[30]。Jolyn Geles et al.（2013）將人才定義為「擁有著高價值性和獨佔性技能的員工」[31]。國內學者王通訊教授（2001）對人才的界定具有代表性，他指出，人才是取得具有社會價值的創造性成果並得到相應承認的人，可區分為顯人才、潛人才和

準人才。顯人才是指取得了具有社會價值的創造性成果並得到了相應承認的人；潛人才是指雖然已經取得了具有社會價值的創造性成果但尚未得到相應承認的人；準人才是指人才之「坯」，即雖不是顯人才但已被「傳統」觀點、習慣所先期承認為人才的人，如知名院校的畢業生等[32]。

　　關於創新人才，北京大學的黃楠森教授認為，「創新人才最根本的品質是具有自覺的創新意識，具有縝密的創新思維和具有堅強的創新能力」[33]。因此，創新人才是指那些具有優良品質，富有創新意識，具備創新能力和創新精神，在科學研究和社會實踐活動中，通過創新實踐取得傑出創新成果，並且為人類不斷認識和改造世界，為社會、經濟和科技的發展進步做出積極貢獻的人[34]。高林（1999）認為創新型人才必須具備創新意識靈感和創新能力；創新能力包括觀察注意力、記憶理解力、思考想像力、實踐創造力等，其中特別重要的是思考想像力；並且創新型人才能夠運用創新意識靈感和創新能力獲得創新業績。即創新型人才是有創新意識、創新能力、創新業績的優秀建設人才[35]。沈德立（2001）基於結果導向維度認為，創新型人才指具有優良品質、創新意識、創新精神和創新能力，能通過不斷地創新實踐，在科學領域的研究和社會活動的實踐中取得創新成果，以此加深人類對世界的認知，進而推動社會、經濟和科技發展進步的人[36]。魏發辰和顏吾佴（2007）在理論分析的基礎上認為，創新型人才指的是各類人才之中既具備一定專業素質，同時又具備創新能力和創新素質的那些人[37]。劉曉燕和蔡秀萍（2007）認為，創新型人才指的是在創新精神、創新意識、創新人格、創新品質、創新能力等方面具有較高素質的人才[38]。傳統研究主要從智力因素和非智力因素兩個維度來分析創新型人才的人力資本特徵。其中，智力因素主要指思考的能力，創新能力主要體現為不同尋常的思考能力，凱特勒（Koestler，1964）指出異常的思維是創新型人才人力資本的關鍵智力因素[39]。在此基礎上，劉澤爽（2009）把創新型人才的個性特徵分為創新意識、創新質量、創新能力三個方面[40]。非智力因素主要包括性格特徵和動機特徵兩個方面。個性評價與研究機構（IPAR）的麥克（Mac，1960，1962，1975），索恩和高夫（Thorne & Gough，1991）等的經典研究表明，創新型人才都有個性率直、自控力強、富有好奇心和獨立性的特徵[41-44]。吉爾福德（Guilford）在美國心理協會1950年年會上提出創造性人格概念，用於指具有高創造性的個體在創造性行為中表現的品質類型，其中的創造性行為指發明、設計、策劃、創作和計劃等，表現出這些行為且達到一定程度的人才可稱之為高創造力人才[45]。巴倫（Barron，1958）以不同領域的科學家為樣本的研究發現，獨立判斷、不拒絕混亂或不對稱、容易接受新事物

是科學家共同具有的人格特質[46]。貝莉（Bailey，1979）通過實證分析把創新型工程人員的個性特徵歸納為創新精神、創造力和嚴謹性三個方面[47]。斯滕伯格（Sternberg，1985）也列出了高創造力者的七種人格特徵，包括模棱狀態容忍、克服障礙的意志、受內在動機驅動、自我超越願望、適度冒險精神、得到認可傾向及為獲得認可而工作的願望[48]。戴維斯（Davis，1986）認為創造性個體的特徵包括創造力感知、獨立、冒險、獨創性、個人精力、好奇心、幽默感、被複雜事物或新異事物吸引、頭腦開放、洞察力等方面[49]。希萊辛斯基（Slesinski，1991）在案例研究基礎上總結了10個創新型人才的一般性特徵：思維活躍，富有感情和直覺，對偶然性問題反應迅速，眼光獨特，擁有內驅力，工作盡其所能，善於搜集信息且喜歡不同的知識和獨特的經驗，富有批判精神，勇於面對風險和失敗，自我感覺有創意、與眾不同、富有幽默[50]。蒙哥馬利（Montgomery，1993）以創新課程的老師為樣本進行實證研究發現，創新型人才的人力資本特徵表現為：好奇心強、想像力豐富、經驗開放性、主意多、直覺好、容忍度高、自主性強、富有創新精神、富有洞察力、內外開放、善於發現問題及形象思維等特徵[51]。契克森米哈（Csıkszentmilialyi，1996）則從個性張力的視角提出了高創造性個體的人格特質，即既有充沛的體能又是安靜的休息者，既聰明又天真，既貪玩又遵守紀律，既想像、幻想又有根深蒂固的現實感，既外向又內向，既謙遜又自傲，既反叛又傳統，既充滿工作熱情又極端地拒絕工作，既經受著工作挑戰的苦難和痛苦又享受著工作帶來的無窮快樂[52]。而德威特（Dewett，2007）的研究提出的個體創造性特徵包括：具有創造性的個體通常富有想像力、冒險精神、開創性、有勇氣、獨立和自信[53-54]。總之，判斷一個人是否是創新型人才，是以其在學習研究和工作實踐的整個過程中是否表現出創造力、創新意識、創新精神和創新能力，能否創造出創新成果，是否對科技、經濟和社會發展做出較大的貢獻為依據的。

關於創新型科技人才（科技創新人才）的定義，林澤炎等（2007）認為創新型科技人才指的是具有良好科技創新能力，能夠直接參與科技創新活動，並對科技發展和社會進步做出重要貢獻的創新型人才[55]。單國旗（2009）從資源角度指出，創新型科技人才資源是人才資源中較為傑出、較為優秀的部分，是一個國家或地區具有較強的科技管理能力、專門技術能力和研究開發能力，能夠參與科技活動、促進科技發展、進行創造性勞動並能取得創新型成果的人才資源的總稱[56]。王路璐（2010）認為創新型科技人才是具備良好科技創新素質，能運用自身的創新精神、創新意識和創新能力在創新實踐中和科技活動中進行專業化科學研究，創造出有價值的創新成果，並為社會做出較大貢

獻的人才[57]。

2. 人才開發的含義

「開發」一詞,《現代英漢辭典》解釋為:以荒地、礦山、森林、水力等自然資源為對象進行勞動,以達到利用的目的。這是傳統對開發的理解,認為人類可以開發的主要是自然資源。近60年來,人們逐漸認識到,除了自然資源外,人力資源蘊藏的能量和財富同樣巨大,有效開發人力資源是有效開發自然資源的重要前提和保障。因此,現在我們所講的「開發」,指通過各種途徑對自然資源和人力資源進行改進和提升以發揮其價值。

人才開發學是以人才為開發對象的一門學問。由於人才是指人力資源中能力和素質較高的勞動者,因此人才開發和人力資源開發的定義有所不同。關於人才開發的定義,中外學者作出如下界定:人才開發就是培養、開發、組織發展和職業生涯發展的綜合利用,以便改進個體的、團體的和組織的效率。其認為組織對人才開發的功能主要是:培訓與開發、職業生涯發展、組織發展、組織和工作設計、人才計劃、績效管理體系、選擇和補充職員、補償利潤、勞動關係、人才研究和信息系統[58]。《中國勞動人事百科全書》對人才開發的解釋是「把人的智慧、知識、經驗、技能、創造性當作資源加以發掘、培養、發展和利用的一系列活動,是一個複雜的社會系統工程。開發活動的主要環節有人才發現、人才培養、人才使用和人才調劑」[59]。吳文武在《中國人才開發系統論》中指出,人才開發是指為充分、科學、合理地發揮人才對社會經濟發展的積極作用而進行的資源配置、素質提高、能力利用、開發規劃以及效率優先等一系列活動相結合的有機整體[60]。葉忠海認為,人才開發是一項複雜的社會系統工程,就開發主體而言,可分為人才的自我開發和人才的社會開發。從宏觀上看,人才開發是國家或者組織為實現發展目標而採取的培養和使用人才的過程;從中觀上看,人才開發是家庭、學校為實現人才培養目標而實施的育人過程;從微觀上看,人才開發是個人拓展生命、完善生命、實現生命價值的終生開發過程[61]。羅洪鐵認為,人才開發研究的是如何通過開發手段,把人的內在潛能發掘出來,轉化為現實的或顯在的素質,也就是把不能創造財富的潛在能量轉變為能夠創造財富的現實能量[62]。薛永武在《人才開發學》中,將人才開發分為自律性開發和他律性開發。在人才的自律性開發部分,他論述了大人才觀、大學習觀視域中的人才開發問題,並從生涯設計、思維方式、能力結構、審美愉悅、激發潛能、精神健康和人際溝通等方面闡述了人才開發問題。在人才的他律性開發部分,他從家庭教育、學校教育、管理藝術、環境和諧、制度創新、績效評估、社會評價、人才流動、人才戰略等方面闡釋了人才

開發問題[63]。以上對人才開發的不同定義和理解，從不同視角闡釋了人才開發定義包含的三個要素：①人才開發的目的是提高人才的素質，它包括將潛能素質轉化為顯在素質並將顯在素質提高層次，合理配置和使用人才；②人才開發的手段是通過學習、教育、培訓、管理、文化建設等各種方式對人才進行開發；③人才開發的結果是使人才具備有效地參與組織發展所必需的體力、智力、技能及正確的價值觀和勞動態度。

綜上所述，本書採用人才開發的定義為：人才開發是以人才為對象，通過學習、教育、培訓、管理、文化建設等各種方式，提升人才素質和績效來實現組織目標的行為[64]。

3. 人才開發的類型

一般地講，人才開發包括以下類型（見表6）：

表6　　　　　　　　　　　　人才開發的類型

類型	內容
配置性開發	擇優選擇、錄用或聘用合格的人才資源，並配置到合適的崗位上去
提高性開發	培訓和教育人才資源，提高其素質和能力
利用性開發	合理使用現有的人才資源，充分利用有關人力資源開發的「思想庫」或「腦外」資源
流動性開發	充分利用勞動力市場和人才市場的功能，使人才資源流向最有利於其施展才能的單位或崗位
整合性開發	優化人才資源的群體結構，使人才資源的群體功能大於其個體功能的簡單相加，即「1+1>2」
儲備性開發	適當地儲備各種類型的人才資源，以隨時滿足企業可持續發展的基本需求
自我開發	人才資源應主動地進行自我開發，不斷提高自身素質，以適應社會經濟發展的需要，為社會創造財富

資料來源：楊河清. 人才開發概論 [M]. 北京：中國人事出版社，2013：22-23.

4. 人才開發的模型

進入新世紀，經濟的全球化和環境的瞬息萬變，促使組織重新思考組織內部資源的優化配置，積極開發人才，培育組織的核心能力，從而實現組織的可持續發展。以黨的十六大對人才的能力要求和核心能力觀為依據，筆者按照不同的標準對人才要具備的能力進行分類。標準一：按照能力對於組織核心能力的支持程度的強弱，可以將人才的能力劃分為強力支持組織核心能力的關鍵能力及與組織核心能力弱相關的基本能力。從核心能力的角度出發，這些能力包括人才的決策能力、溝通能力、知人善任的能力、知識運用能力等。為了保證

組織的正常運轉，人才需要具備的必要的基本知識、能力和品性是：事業心、工作態度、學習能力、溝通能力、表達能力、管理能力、政策執行能力、專業技術能力、建設能力、前瞻能力、社會與科技知識應用能力及外語能力等。標準二：按照知識是否具有可言傳性，可以將人才所具備的知識劃分為顯性知識和隱性知識。顯性知識是指易於被轉變為話語、被記錄下來和以手冊及教科書等方式傳播的知識，隱性知識是指在默契中形成的，只有通過實踐，即邊幹邊學才能恰當地獲得的知識。這類知識通常不易被轉化為話語。結合以上兩種分類，即根據支持核心能力的強弱程度及知識是否具備可言傳性兩個維度，人才開發的基本模型可以分為四種類型（見圖5）：第一，核心知識與能力（隱性/核心能力支持度強）；第二，必要知識與能力（顯性/核心能力支持度強）；第三，外圍知識與能力（隱性/核心能力支持度弱）；第四，輔助知識與能力（顯性/核心能力支持度弱）。

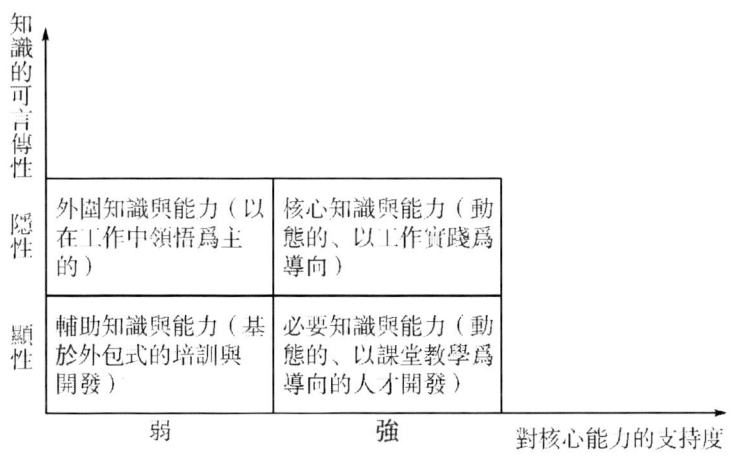

圖5　人才開發的基本模型

5. 人才開發模式

人才開發模式就是對人才開發實際工作中的內外部要素及其實施過程進行抽象和概括，並為組織人才開發工作提供借鑒範式，架構人才開發的操作模式。在人才開發實施模式中，組織根據實際情況對組織內人才開發進行總體規劃和管理，每個單獨的開發項目之間、單獨的開發項目與人才開發總體規劃之間都是相互聯繫的有機體，同時每個項目的選擇都是在系統的支持下進行的，對人才開發項目的實施和管理在系統中處於有機、動態的循環中。

1.2.2　概念界定

通過對相關理論的梳理、吸收與借鑒，本書對關鍵概念界定如下：

首先，綜合國家政策層面的界定和學術界的觀點，本書對戰略性新興產業的概念界定如下：戰略性新興產業是指關係國家戰略發展全局和未來國際產業話語權分配和競爭地位，處於持續成長和動態演化期，以科技創新為靈魂，以重大核心技術突破為基礎，以創新為主要驅動力，具有巨大的關聯、帶動、整合效應和低碳環保效應，具有巨大的市場潛力、市場規模和廣闊市場前景的產業集合。戰略性新興產業具體包括新一代信息技術產業、高端裝備製造產業、新材料產業、生物產業、新能源汽車產業、新能源產業、節能環保產業和數字創意產業 8 個產業。

其次，結合戰略性新興產業、科技創新、創新性人才、創新型科技人才的概念，本書從狹義和廣義兩個方面對戰略性新興產業科技創新人才進行了界定。從狹義上講，戰略性新興產業科技創新人才是指在新一代信息技術產業、高端裝備製造產業、新材料產業、生物產業、新能源汽車產業、新能源產業、節能環保產業、數字創意產業中從事研發、科技創新（尤其是從事 R&D[①] 和技術創新活動）、生產實踐活動的，具有創新意識、創新素質和創新能力並取得顯著創新績效，對產業的科技進步、經濟發展、效益提升作出突出貢獻的優秀和傑出專業技術人才和高技能人才。從廣義上講，戰略性新興產業科技創新人才除包括在產業中從事研發、科技創新、生產實踐活動，具有創新意識、創新素質和創新能力，並取得顯著創新績效，對產業的科技進步、經濟發展、效益提升作出突出貢獻的優秀和傑出的專業技術人才和高技能人才外，還包括在行業中從事企業經營管理活動，具有很強的創新意識和很高的創新素質和創新能力，並取得顯著創新績效，對產業發展作出突出貢獻的各類經營人員、管理人員、企業家等優秀和傑出的複合型專業技術人才和高技能人才。本書採用的是狹義的戰略性新興產業科技創新人才概念。

再次，通過對勝任力以及勝任力模型相關理論的梳理，本書將勝任力和勝任力模型的概念界定為：勝任力是指高績效人員所具備的「勝任」某一類工作或任務的動機（Motives）、特質（Traits）、自我概念（Self-Concept）、知識（Knowledge）和技能（Skill）等內在和外在要素有機互動而形成的「合力」。而勝任力模型就是對這一「合力」構成要素的內涵、結構以及關係直觀而本質的描述。

最後，通過對人才開發相關理論的梳理，結合勝任力理論，本書將人才開發模式的概念界定為：人才開發模式是指為了提升人才的勝任力和績效水準，

[①] R&D: research and development，指在科學技術領域，為增加總量（包括人類文化和社會知識總量），以及運用這些知識去創新的應用進行的系統的創造性活動，包括基礎研究、應用研究、試驗發展三類活動。可譯為「研究與開發」。

相關主體通過學習、教育、培訓、管理、文化建設等多種方式對人才進行開發的操作框架與程序。

1.2.3 文獻回顧

文獻回顧，即英文中的 Literature Review（也譯為文獻考察、文獻探討，或者文獻評論、文獻綜述），是一個既包括對相關文獻進行查找、閱讀和分析，又包括對這些文獻進行歸納、總結和評論的完整過程[65]。在文獻回顧過程中，為了確保能夠把握某一研究領域相對有代表性、權威性和高質量的研究成果，本書選擇中國知網（http://www.cnki.net/）的中文社會科學引文檢索（CSSCI）數據庫和博士論文數據庫作為文獻的數據來源。另外，由於文獻的關鍵詞能體現研究目標、研究內容甚至研究方法等諸多信息，關鍵詞的分佈、頻數及關鍵詞相互間組合的情況能反應該研究領域的研究主題和發展情況[66]，所以，本書採用關鍵詞共詞分析法，運用 Gephi 軟件從戰略性新興產業、科技創新人才、勝任力和人才開發四個方面對相關文獻的研究主題、熱點與趨勢進行探索性研究，並基於探索結果對代表性文獻進行梳理與評述。

1.2.3.1 戰略性新興產業研究

戰略性新興產業屬於本土化概念，自從 2009 年提出以來，關於戰略性新興產業的研究迅速增長。2017 年 4 月 10 日，在中國知網（http://www.cnki.net/）的中文社會科學引文檢索（CSSCI）數據庫和博士論文數據庫中，以「戰略性新興產業」為篇名關鍵詞進行精確檢索，分別找到 1043 條和 41 條結果，文獻檢索具體情況見表 7。

表 7　　　　　　　　戰略性新興產業代表性研究文獻情況

時間（年）	2010	2011	2012	2013	2014	2015	2016	2017	合計
期刊論文（篇）	51	148	189	199	166	139	131	20	1043
與人才相關的論文（篇）	0	0	1	9	3	0	0	0	13
博士論文（篇）	0	2	7	11	13	7	1	0	41
與人才相關的論文（篇）	0	0	0	0	0	0	0	0	0

運用 Excel 軟件將整理好的戰略性新興產業相關研究文獻的關鍵詞交叉列聯表保存成 .csv 格式文件，並將其導入 Gephi0.8.2 版軟件構建關鍵詞共現網絡。關鍵詞共現網絡圖中每一個節點（Node）表示一個關鍵詞，如果兩個關鍵詞存在共現，則兩個關鍵詞之間會生成一條邊（Edge），由於關鍵詞共現不存在指向性，因此所構建的網絡類型為無向網絡（Undirected Network），邊的權重（Weight）等於關鍵詞共現的次數，共現次數越多兩個節點間的邊的權重

越大，在共現網絡圖中顯示的邊就會越粗。

　　本書採用 Force Atlas 2 算法和 Fruchterman Reingold 算法進行佈局構建戰略性新興產業相關研究文獻關鍵詞共現網絡。結果顯示，戰略性新興產業相關研究文獻關鍵詞共現網絡是一個包含 1,672 個節點和 4,316 條邊的無向圖（見圖 6）。Gephi 軟件統計分析顯示，每個節點的平均度為 5.163，平均加權度為 6.968，網絡直徑為 7，圖密度為 0.003，模塊化為 0.353，平均聚類系數為 0.884，平均路徑長度為 2.257。從相關指標值來看，這是一個較為鬆散的網絡，也就是說戰略性新興產業相關研究範圍和領域較為廣泛，這與戰略性新興產業是一個新興研究領域，研究時間相對較短，還處於研究初期有關。

　　為了能夠更加清晰、簡潔地顯示戰略性新興產業研究的熱點和重點領域，本書運用 Gephi 軟件中的過濾（Filter）功能對關鍵詞共現網絡進行過濾分析。度是節點的屬性，但與邊有關係，沒有邊也就沒有度，一個節點的邊的數量也就是這個節點的度[67]。本書選擇「度範圍」對節點和邊進行過濾，度範圍確定為 22~1,437，過濾後得到一個 16 個節點，40 條邊的共現網絡（見圖 7）。

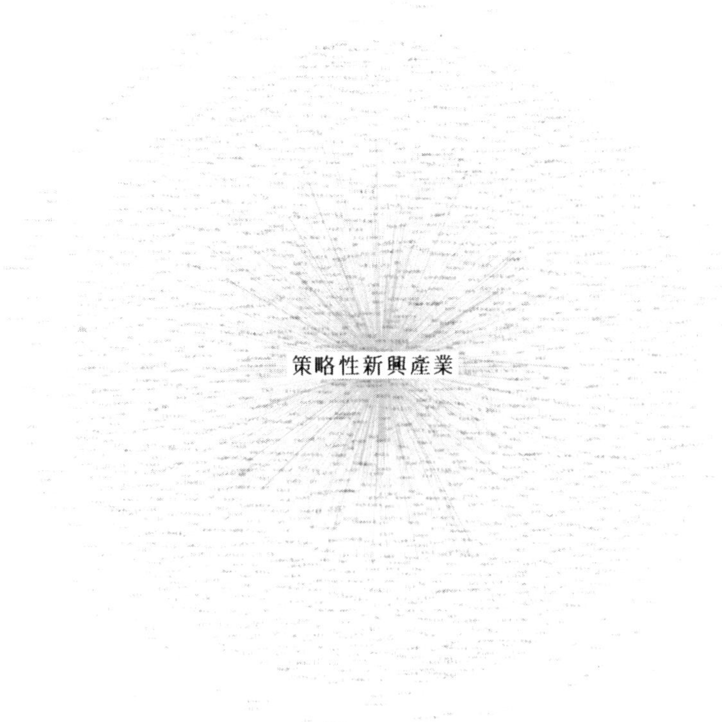

圖 6　策略性新興產業相關研究文獻關鍵詞共現網路

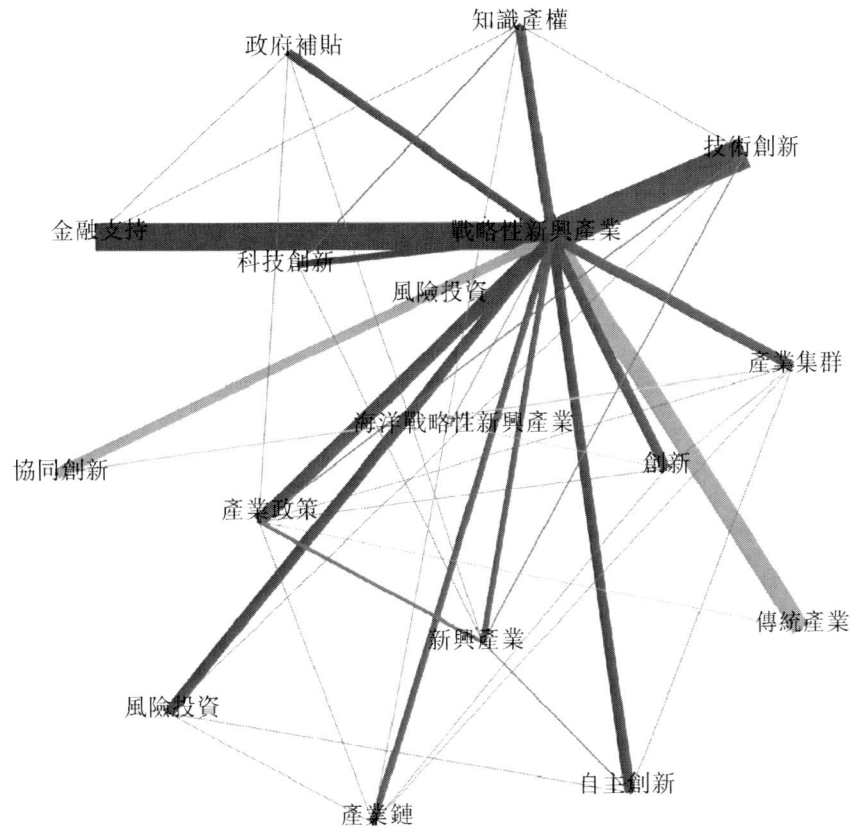

圖7　戰略性新興產業研究熱點圖

從圖7可以看出，戰略性新興產業研究的熱點主要集中在技術創新、金融支持、傳統產業、產業政策、產業集群、創新、協同創新、自主創新、科技創新、政府補貼、產業鏈、新興產業、知識產權、海洋戰略性新興產業等領域。

本書通過對戰略性新興產業研究文獻關鍵詞的共現分析和對研究熱點的分析來看，相關領域內關於戰略性新興產業人才方面的研究還遠沒有受到足夠的關注，目前還沒有博士論文專門探討戰略性新興產業人才的問題。從目前關於戰略性新興產業人才研究的期刊論文來看，學者們的關注點主要集中在人才培養與培育（章麗萍等[68]，2012；劉潔[69]，2013；章曉莉[70]，2013；馬越[71]，2014；海松梅[72]，2014）、人才管理與開發（石秀珠[73]，2013；陽立高等[74]，2013；李玲等[75]，2013）、人才發展（李德煌等[76]，2014）、人才需求預測（陽立高等[77]，2013）、人才集聚（賈夕[78]，2013）、人才政策（王春明[79]，2013）和人才磁場效應（張洪潮等[80]，2013）方面。為了進一步瞭解戰略性

新興產業人才研究情況，本書對這些期刊論文的研究方向和主要觀點進行了系統的梳理（見附錄4）。閱讀分析發現，這些文獻大多從宏觀或中觀層面展開研究，而從勝任素質、勝任力或勝任特徵角度研究戰略性新興產業人才，尤其是科技創新人才的成果還鮮有出現。

1.2.3.2 科技創新人才相關研究

2017年4月10日，在中國知網（http://www.cnki.net/）的中文社會科學引文檢索（CSSCI）數據庫和博士論文數據庫中，以「科技創新人才」為篇名關鍵詞進行精確檢索，分別找到64條和1條結果；以「創新型科技人才」為篇名關鍵詞進行精確檢索，分別找到7條和1條結果；以「技術創新人才」為篇名關鍵詞進行精確檢索，分別找到17條和1條結果；以「研發人員」為篇名關鍵詞進行精確檢索，分別找到122條和10條結果；以「研發人才」為篇名關鍵詞進行精確檢索，分別找到11條和2條結果。文獻檢索具體情況見表8。

表8　　　　科技創新人才相關代表性研究文獻檢索情況

檢索關鍵詞	期刊論文（篇）	博士論文（篇）	合計（篇）
科技創新人才	64	1	65
創新型科技人才	7	1	8
技術創新人才	17	1	18
研發人員	122	10	132
研發人才	11	2	13

運用Excel軟件將整理好的科技創新人才相關研究文獻的關鍵詞交叉列聯表保存成.csv格式文件，並將其導入Gephi0.8.2版軟件構建關鍵詞共現網絡。

採用Force Atlas 2算法和Fruchterman Reingold算法進行佈局構建科技創新人才相關研究文獻關鍵詞共現網絡，結果顯示，科技創新人才相關研究文獻關鍵詞共現網絡是一個包含563個節點和1,353條邊的無向圖（見圖8）。Gephi軟件統計分析顯示，每個節點的平均度為4.806，平均加權度為5.201，網絡直徑為9，圖密度為0.009，模塊化為0.685，平均聚類系數為0.888，平均路徑長度為3.365。從相關統計指標值來看，這是一個相對鬆散的網絡，也就是說關於科技創新人才的相關研究範圍和領域涉及面較廣。

為了能夠更加清晰、簡潔地呈現科技創新人才研究的熱點和重點，本書運用Gephi軟件過濾（Filter）功能中的「度範圍」對關鍵詞共現網絡進行過濾，度範圍確定為15～195，過濾後得到一個22個節點，54條邊的共現網絡（見圖9）。

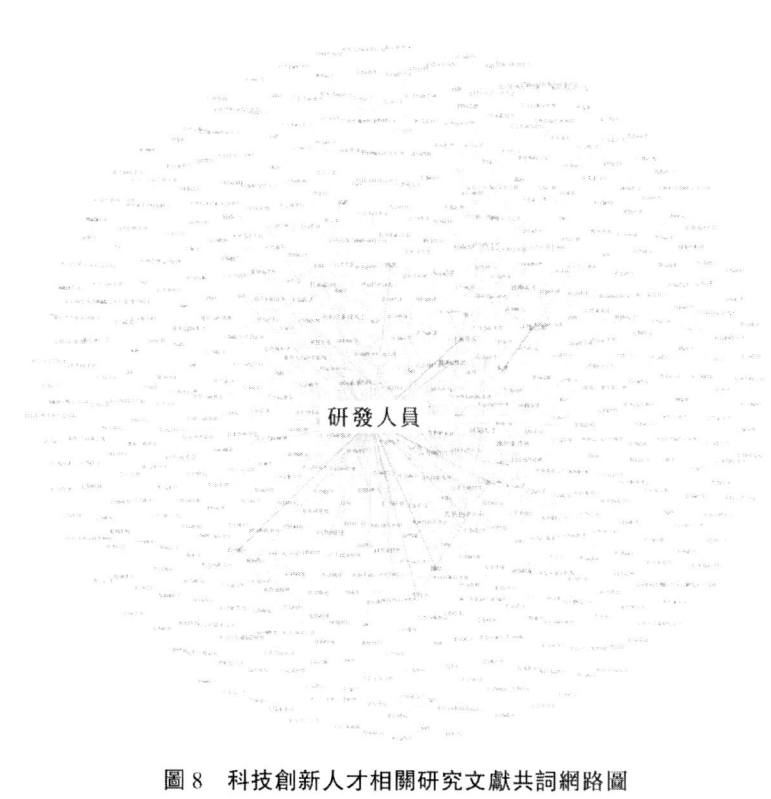

圖 8　科技創新人才相關研究文獻共詞網路圖

圖 9　科技創新人才研究熱點圖

我們從圖9可以看出，相關文獻研究熱點是圍繞著研發人員、科技創新人才、創新人才、研發人才、創新型科技人才、技術創新人才、人才等主體展開的，具體研究方向包括高新技術企業、影響因素、創新能力、創新（工作）績效、心理資本、工作滿意度、人力資源管理、組織支持感、技術創新、科技創新、創新行為、培養、評價、激勵等。

從科技創新人才相關研究文獻關鍵詞共現分析和研究熱點分析來看，在相關領域內，運用勝任力相關理論研究科技創新人才的文獻並不多，專門研究戰略性新興產業科技創新人才勝任力及開發的文獻更是鮮有出現。

1.2.3.3 勝任力相關研究

2017年4月10日，在中國知網（http://www.cnki.net/）的中文社會科學引文檢索（CSSCI）數據庫和博士論文數據庫中，以「勝任力」為篇名關鍵詞進行精確檢索，分別找到487條和58條結果；以「勝任能力」為篇名關鍵詞進行精確檢索，分別找到28條和4條結果；以「勝任特徵」為篇名關鍵詞進行精確檢索，分別找到208條和17條結果；以「勝任素質」為篇名關鍵詞進行精確檢索，分別找到41條和6條結果；以「勝任特質」為篇名關鍵詞進行精確檢索，分別找到5條和0條結果；以「能力素質」為篇名關鍵詞進行精確檢索，分別找到56條和1條結果。文獻檢索具體情況見表9。

表9　　　　　　　　勝任力相關代表性研究文獻檢索情況

檢索關鍵詞	期刊論文（篇）	博士論文（篇）	合計（篇）
勝任力	487	58	545
勝任能力	28	4	32
勝任特徵	208	17	225
勝任素質	41	6	47
勝任特質	5	0	5
能力素質	56	1	57

採用Force Atlas 2算法和Fruchterman Reingold算法進行佈局構建勝任力相關研究文獻關鍵詞共現網絡，結果顯示，勝任力相關研究文獻關鍵詞共現網絡是一個包含765個節點和1,733條邊的無向圖（見圖10）。Gephi軟件統計分析顯示，每個節點的平均度為4.531，平均加權度為5.148，網絡直徑為7，圖密度為0.006，模塊化為0.573，平均聚類係數為0.894，平均路徑長度為2.994。從相關統計指標值來看，這是一個相對鬆散的網絡，也就是說勝任力相關研究範圍和領域較為廣泛。

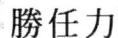

圖 10　勝任力相關研究文獻共詞網路圖

　　為了能夠更加清晰、簡潔地顯示勝任力研究的熱點和重點，本書運用 Gephi 軟件過濾（Filter）功能中的「度範圍」對關鍵詞共現網絡進行過濾，度範圍確定為 12～254，過濾後得到一個 22 個節點，52 條邊的共現網絡（見圖 11）。

　　從圖 11 可以看出，勝任力研究的主要領域是人力資源管理、行為事件訪談、（工作）績效、管理勝任力、元勝任力、製造業等，涉及主體主要包括（高校）教師、大學生、教練員、管理人員、人力資源經理等。從過濾結果來看，與人才有關的勝任力研究還不占主流，本書出於研究的需要對與人才有關的勝任力研究進行了梳理。學者們對跨境電商專業人才（蘇曼[81]，2016）、國有企業青年人才（徐明[82]，2016）、青年科技領軍人才（何麗君[83]，2015）、創意人才（王妤揚等[84]，2014；李津[85]，2007）、技能人才（葉龍等[86]，2013）、體育新聞專業人才（王凱[87]，2013）、企業工程科技人才（李建忠[88]，2016；王黎螢等[89]，2008）、創新人才（周霞等[90-91]，2010、2012）、航運金融人才（瞿群臻等[92-93]，2011、2012）、鋼鐵企業技能人才（韓提文

1　緒論 ｜ 31

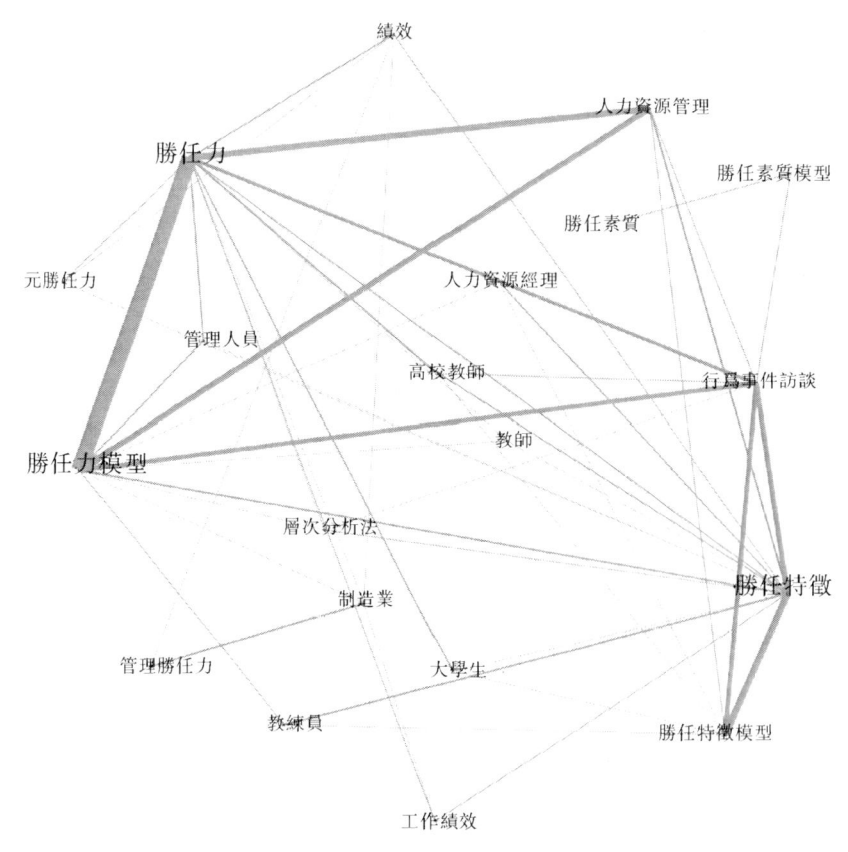

圖 11　勝任力研究熱點圖

等[94]，2012)、人才測評專業人才（王慧琴等[95]，2012)、高校教師人才（高永惠等[96]，2011)、社會工作專業人才（董雲芳[97]，2011)、物流高技能人才（瞿群臻[98]，2011)、軍事後備人才（耿梅娟等[99]，2011)、物業管理人才（餘祖偉等[100]，2009)、醫院信息人才（楊小東[101]，2009)、企業知識產權管理人才（胡允銀[102-103]，2008、2009)、製造業物流人才（崔毓劍等[104]，2009)、高校拔尖人才（卜祥雲等[105]，2008)、大學高層次人才（彭本紅等[106]，2007)、專業技術人才（李志等[107]，2007) 等各類人才的勝任力進行研究。另外，學者們運用勝任力（模型）理論對人才培養（趙敏祥等[108]，2015；葉明[109]，2015；劉宇[110]，2014；許冬武等[111]，2016；徐明[112]，2015；丁越蘭[113]，2013；周亞莉等[114]，2013；韓提文等[115]，2012；祝世海[116]，2010)、人才能力建設（鄭學寶[117]，2006)、人才管理（邢潔等[118]，2009；梁栩凌[119]，2014)、人才評價（測評)（肖京武等[120]，2014；趙玉改

等[121]，2014；杜娟等[122]，2011；劉正周等[123]，2010）、人才招聘與選拔（趙起超[124]，2013；代緒波等[125]，2009；丁秀玲[126]，2008；趙芬芬[127]，2008）等領域開展了一系列相關研究。從勝任力相關研究文獻關鍵詞共現分析、研究熱點分析以及勝任力與人才相結合的研究情況來看，運用勝任力相關理論研究戰略性新興產業科技創新人才開發模式是一個相對較新的選題。

1.2.3.4 人才開發模式相關研究

2017年4月10日，在中國知網（http://www.cnki.net/）的中文社會科學引文檢索（CSSCI）數據庫和博士論文數據庫中，以「人才開發模式」為篇名關鍵詞進行精確檢索，分別找到5條和0條結果，以「創新人才培養模式」為篇名關鍵詞進行精確檢索，分別找到137條和1條結果，以「科技創新人才培養模式」為篇名關鍵詞進行精確檢索，分別找到3條和0條結果，以「人才培訓模式」為篇名關鍵詞進行精確檢索，分別找到4條和1條結果，文獻檢索具體情況見表10。

表10　　　　　　人才開發相關代表性研究文獻檢索情況

檢索關鍵詞	期刊論文（篇）	博士論文（篇）	合計（篇）
人才開發模式	5	0	5
創新人才培養模式	137	1	138
科技創新人才培養模式	3	0	3
人才培訓模式	4	1	5

關於人才開發模式的研究，張林祥（2004）通過對四川瀘州市加快人才資源向人才資本轉變的實踐與思考，探索構建「人才資源+事業平臺」的人才開發模式[128]。吳紹棠，李燕萍（2014）基於界面管理視角，對產學研合作衍生的人才開發模式進行了比較研究[129]。方陽春、賈丹等（2015，2017）對包容型人才開發模式進行了研究，研究主要集中在包容型人才開發模式對高校教師創新行為、組織創新績效、創新激情和行為的影響等方面[130-132]。

關於人才培訓模式的研究，鄺波（2008）提出借鑒企業人才培訓模式，強化大學生就業培訓[133]。呂海軍等（2008）對鐵路行業職業技能人才培訓模式存在的問題進行了分析[134]。何學軍（2009）探索了適應新農村建設急需的人才培訓模式[135]。鐘龍彪等（2013）介紹了動態治理框架下新加坡領導人才培訓模式，並分析了這一模式對中國的啟示[136]。

關於科技創新人才培養模式的研究，孫克輝等（2004）對理科大學生科技創新人才培養模式的探索與實踐進行了研究[137]。賈栗（2012）對珠三角產

業轉型升級期科技創新人才培養模式進行了研究，他建議從宏觀上建立激勵機制、保障機制、轉化機制、投入機制和合作機制，完善科技創新外部環境，提升科技創新能力及人才培養水準；從微觀的培養對象、培養目標、培養主體、培養方式等方面建立「多領域、多層次、多元化、多樣化」的培養體系[138]。徐靜（2013）針對當前區域產業升級轉型過程中科技創新人才培養問題，從搭建平臺、構築創新教育保障體系方面研究了高校科技創新人才培養模式[139]。

在基於勝任力模型的人才培養模式的研究方面，陳要立（2011）在對文化創意產業人才勝任力模型的綜述分析和對中國文化創意產業人才需求特性解析基礎上，提出了文化創意產業人才的「學校—企業—社會」三位一體的「三加工」培養模式[140]。

本書圍繞論文選題，對戰略性新興產業、科技創新人才、勝任力和人才開發模式等相關研究文獻進行探索性、聚焦式分析發現，學者們在相關領域已經做了大量的研究，取得了豐碩的研究成果，這為本研究的開展奠定了豐富的理論基礎，提供了堅實的文獻支撐，但是運用勝任力理論專門研究戰略性新興產業科技創新人才開發問題的研究尚未出現。所以，從文獻回顧情況來看，本書的選題具有一定的價值和意義。

1.3 研究內容、研究方法與研究思路

1.3.1 研究內容

本書的研究內容，主要包括以下五章：

第1章是緒論。本章首先對本書的選題背景和研究意義進行闡述和分析；其次系統梳理研究所涉及的基本理論和研究文獻，並對相關概念進行界定；再次交代本書的具體研究內容、研究方法與研究思路；最後指出研究的創新之處。

第2章是戰略性新興產業科技創新人才開發狀況調查分析。本章將從政府、高等院校、企業和人才四個方面入手，對戰略性新興產業科技創新人才開發狀況進行調查分析，為戰略性新興產業科技創新人才勝任力模型構建與人才開發模式研究奠定現實基礎。

第3章是戰略性新興產業科技創新人才勝任力模型構建。本章將首先從文獻資料、招聘廣告、訪談數據、專家諮詢數據等方面構建戰略性新興產業科技創新人才初始勝任力模型，通過德爾菲法進行專家檢驗，再通過設計開發測量

量表對勝任力模型進行實證檢驗，最後調整與修正確定戰略性新興產業科技創新人才最終勝任力模型。

第 4 章是戰略性新興產業科技創新人才開發模式探索。本章將基於戰略性新興產業科技創新人才開發狀況的調查分析以及構建的勝任力模型，從自我開發、高校開發、企業開發和政府開發四個方面探索構建戰略性新興產業科技創新人才整合開發模式。

第 5 章是結論與展望。本章將對整個研究過程和重要觀點進行了歸納與總結，並且指出了全書研究過程的不足，並對未來進一步研究進行了展望。

1.3.2 研究方法

本書嚴格遵循科學研究過程，按照科學研究過程包括的兩類研究循環開展研究，並在研究循環的每一個環節採用適當的研究方法或研究方法組合。

科學研究過程是對自然和社會現象做系統性的、受到控制的、實證的和批判的調查，它可以始於理論，也可以終於理論。科學研究過程包括兩類研究的循環，即歸納導向的研究和演繹導向的研究的循環。科學研究過程假設研究者已經選擇了一個有意義的研究問題，並且已經做了相關的文獻回顧。一旦認為問題很重要、值得研究，而已有的文獻對該問題不能提供有意義的答案時，研究過程就可以從理論或者觀察開始。從理論開始的研究被認為是演繹導向的假設檢驗研究（deductive hypotheses testing study），而從觀察開始的研究則被認為是歸納導向的建立理論研究（inductive theory building study）。如圖 12 所示，歸納導向的研究方法位於循環的左邊，演繹導向的研究方法位於循環的右邊。循環的上半部分是指邏輯的方法，即通過歸納和演繹的邏輯，實現理論化的過程。下半部分則是實證的方法，即在研究方法的幫助下從事研究的過程。[141]

針對本書兩個核心研究問題——戰略性新興產業科技創新人才勝任力模型構建以及基於勝任力模型的人才開發模式構建，依照科學研究過程，本書做出如下研究設計：第一步，在勝任力模型構建過程中，首先，採用扎根理論和內容分析法，以已有的研究文獻為理論樣本，並對這些樣本進行編碼和頻次分析，從中提取科技創新人才勝任力特徵要素，形成主要維度，構建科技創新人才勝任力特徵要素與維度數據庫；其次，採用內容分析法對戰略性新興產業重點企業科技創新人才招聘廣告信息進行分析，提取戰略性新興產業科技創新人才勝任力特徵要素；再次，採用扎根理論對行為事件訪談數據進行挖掘，提取戰略性新興產業科技創新人才勝任力特徵要素；第四，結合戰略性新興產業特徵和前期研究得到的戰略性新興產業科技創新人才勝任力特徵要素，運用德爾

菲法進行多輪專家意見徵詢以確定勝任力理論模型；最後，結合前期研究編製的戰略性新興產業科技創新人才勝任力測量量表，對勝任力理論模型進行大樣本實證檢驗，得到最終的戰略性新興產業科技創新人才勝任力模型。第二步，根據第一步研究成果，結合人才開發理論，編製戰略性新興產業科技創新人才勝任力狀況及開發情況調查問卷，對戰略性新興產業科技創新人才勝任力狀況及開發情況開展調查並進行統計分析。第三步，基於前兩步的研究，運用案例研究方法和軟系統方法，整合相關人才開發理論，探索構建戰略性新興產業科技創新人才開發模式。

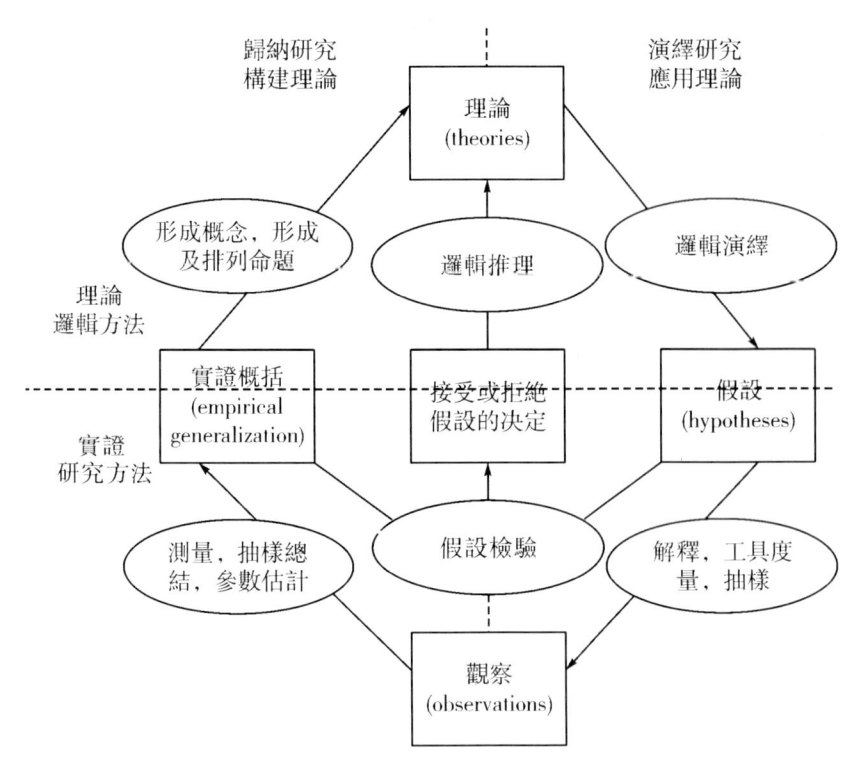

圖 12　科學研究過程的要素

在研究過程中，本書採用的研究方法如下：

1.3.2.1　扎根理論

扎根理論（Grounded Theory）是美國社會學家巴爾·格拉斯（Barney Glaser）和安賽爾姆·斯特勞斯（Anselm Strauss）最早使用的方法。它是一種質性研究方式，主要宗旨是在經驗資料的基礎上建立理論。研究者在研究開始之前一般沒有理論假設，直接從實際觀察入手，從原始資料中歸納出經驗概括，

然後上升到理論。這是一種自下而上建立實質理論的方法，即在系統收集資料的基礎上尋找反應社會現象的核心概念，然後通過這些概念之間的聯繫建構相關的社會理論。扎根理論一定要有經驗證據的支持，但是它的主要特點不在其經驗性，而在於它從經驗事實中抽象出了新的概念和思想[142]。扎根理論的運用過程主要通過開放性編碼、主軸編碼、選擇性編碼三個程序來進行，見圖13。

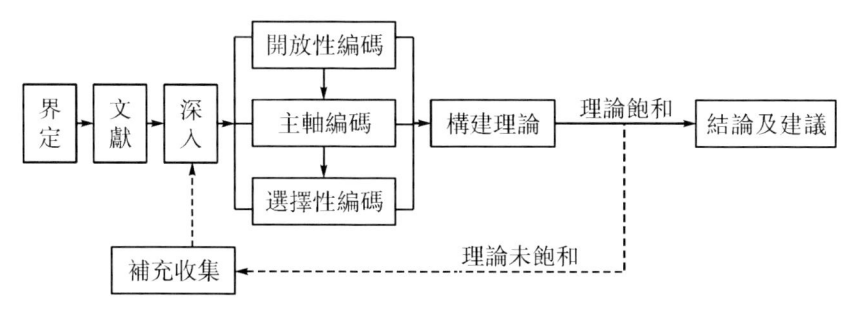

圖13　扎根理論研究圖

依照扎根理論的運用過程，具體研究可以被分為三個階段，具體研究階段和各階段的任務見圖14。

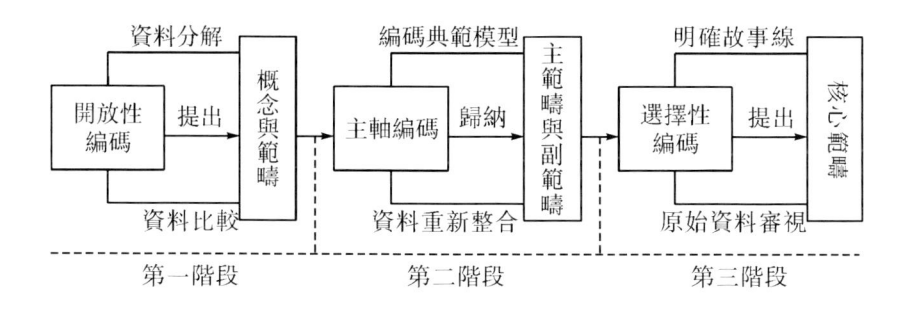

圖14　扎根理論編碼過程

1.3.2.2　內容分析法

內容分析法（Content Analysis Method）是一種對於傳播內容進行客觀、系統、定性與定量相結合的描述與分析方法，是較高層次的情報分析方法[143]。該方法主要是把媒介上的文字、非量化的有交流價值的信息轉化為定量的數據，建立有意義的類目分解交流內容，並以此來分析信息的某些特徵[144]。因此，使用內容分析法的目的是揭示大量文字材料中所含有的隱形情報內容，對事物發展做出情報預測[145]。

1.3.2.3 德爾菲法

德爾菲法是一種利用專家的專長和經驗進行直觀預測的研究方法，是通過一系列集中的專家調查問卷，並輔以有控制的觀點反饋，從而得到一組專家最大程度的共識的過程。德爾菲法適用於研究沒有精確研究資料的問題，需要根據專家集體的專業知識和經驗來進行直觀的判斷[146]。

1.3.2.4 案例研究方法

案例研究方法（Case Study Research Method）是一種研究策略，其焦點在於理解某種單一情境下的動態過程。案例研究可以是單案例也可以是多案例。此外，案例研究還能運用嵌套研究設計，也就是說，在一個案例研究中可以有多個分析層次。案例研究一般會綜合運用多種數據收集方法，如文檔資料、訪談、問卷調查和實地觀察。數據可能是定性的（如文字），也可能是定量的（如數字），或者兩者兼有。案例研究可用來實現不同的研究目標，包括提供描述、檢驗理論或者建構理論。運用案例研究構建理論的路徑整合了已有的定性研究方法、案例研究設計和扎根理論，同時也擴展了其他一些領域的工作，如預先確定構念①、多角度調查的三角測量、案例內和案例間的分析，以及理論文獻的作用[147]。採用案例研究方法構建理論的過程具體見表11。

表11　　　　　　　　由案例研究構建理論的過程

步驟	工作內容	理由
啓動	◇定義研究問題 ◇嘗試使用事前推測的相關構念	◇將工作聚焦起來 ◇為構念測量提供更好的基礎
案例選擇	◇不預設理論或假設 ◇確定特定總體 ◇理論抽樣而非隨機抽樣	◇保留理論構建的靈活性 ◇控制外部變化、強化外部效度 ◇聚焦有理論意義的案例，例如通過補充概念類別來複製或擴展理論的案例
研究工具和程序設計	◇採用多種數據搜集方法 ◇組合使用定性和定量數據 ◇多位研究者參與	◇通過三角證據來強化理論基礎 ◇運用綜合性視角審視證據 ◇採納多元觀點，集思廣益
進入現場	◇數據收集和分析重疊進行，包括整理現場筆記 ◇採用靈活、隨機應變的數據收集方法	◇加速分析過程，並發現對數據搜集有益的調整 ◇幫助研究者抓住湧現的主題和案例的獨有特徵

---

① 構念指心理學理論涉及的抽象、假設概念或特質，如智力、焦慮、動機、壓力等。

表11(續)

步驟	工作內容	理由
數據分析	◇案例內分析 ◇運用多種不同方法，尋找跨案例的模式	◇熟悉資料，並初步構建理論 ◇促使研究者擺脫最初印象，透過多種視角來查看證據
形成假設	◇運用證據迭代方式構建每一個構念 ◇跨案例的複製邏輯，而非抽樣邏輯 ◇尋找變量關係背後的「why」證據	◇精煉構念定義、效度及可測量性 ◇證實、拓展和精煉理論 ◇建立內部效度
文獻對比	◇與矛盾的文獻相互比較 ◇與類似的文獻相互比較	◇建立內部效度、提升理論層次並精煉構念定義 ◇提升普適性、改善構念定義及提高理論層次
結束研究	◇盡可能達到理論飽和	◇當邊際改善變得很小時，則結束研究

資料來源：李平，曹仰鋒．案例研究方法：理論與範例——凱瑟琳艾森哈特論文集［M］．北京：北京大學出版社，2012：2.

1.3.2.5 軟系統方法

軟系統方法（Soft Systems Methodology，SSM）由英國蘭開斯特大學（Lancaster University）教授切克蘭德（Checkland）於20世紀80年代提出的。軟系統方法的核心是一個學習過程——從模型和現實的比較中學習改善現狀的途徑。切克蘭德的軟系統方法的應用由七個步驟組成（見圖15）：第一步，認識問題。收集與問題有關的信息，概述問題現狀，界定構成要素、影響因素及其相互關係，以便明確有待解決問題的結構、過程及不適應之處，確定行為主體和利益相關者。第二步，描述問題。用繪製豐富圖（Rich Pictures）的方法來描述所要研究的問題。豐富圖要盡可能多地捕捉到與問題相關的信息。第三步，提出根定義。對相關係系統進行根定義（Root Definition），即確定審視問題的視角，切克蘭德說：「根定義應當是從某一特定視角對一個人類活動系統作出簡要描述。」進行根定義分析的過程一般含有CATWOE等要素（見表12）。第四步，構建概念模型（Conceptual Model）。這是軟系統方法的關鍵步驟，目的是對根定義進行解釋，厘清思路。第五步，把概念模型和現實世界進行比較，即把步驟4和步驟2進行比較。從形式上是概念模型和當前系統狀態之間的比較，但從實質上則是概念模型中的理性認識中的「幹什麼」和感性認識（問題情景）中現實問題中的「怎麼幹」的對照比較。第六步，設計創新方案。在大家的共同討論中取得共識，從而確定較優的可行的改革方案。第七步，採取行動。實施執行合乎期望且可行的改革方案，實現解決問題情景的目

的。需要補充的一點是，在實際應用軟系統方法時，七個步驟僅代表七種活動，它們可以從任意一步開始，可以以任意一種順序進行，視問題本身而定。[148]

表12　　　軟系統方法論（SSM）系統因素 CATWOE 基本內涵

```
C：Customers（顧客），即轉換過程中的受益者
A：Actors（行動者），即實施或相關人員
T：Transformation process（轉化過程），即輸入與輸出的轉化
Input 輸入→T 轉化→輸出 Output
W：Worldview or value system（世界觀或價值觀），即轉化過程的態度
O：Owners（主體），即監督或與轉化相關的人員
E：Environmental constraints（環境制約），即系統外需考慮的因素
```

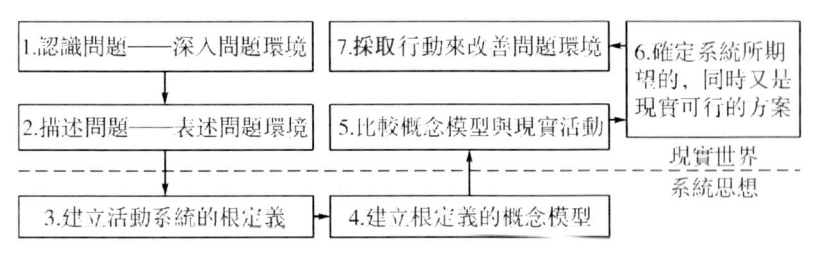

圖15　軟系統方法論（SSM）的工作步驟

1.3.3　研究思路

研究內容、研究方法與研究工具是學術研究重要的組成部分。本書的研究思路是依照各部分研究內容的內在邏輯性以及各個部分適合採用的研究方法和研究工具來確定的。（見圖16）

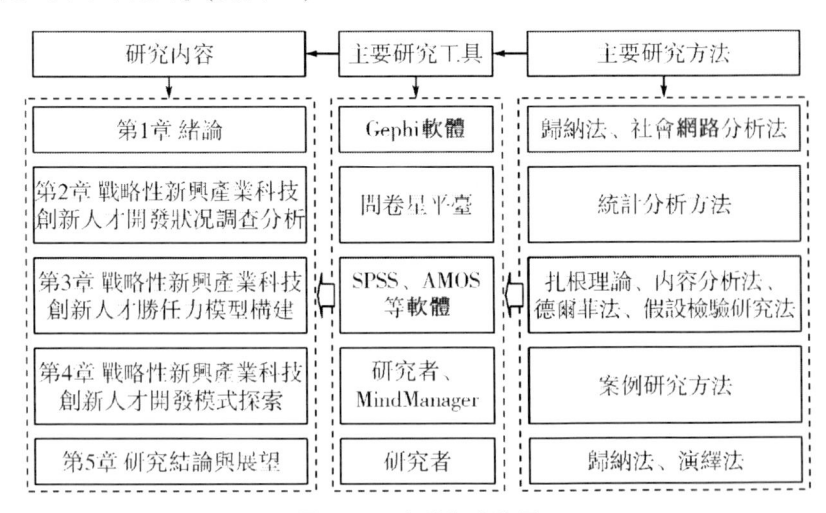

研究內容	主要研究工具	主要研究方法
第1章 緒論	Gephi軟體	歸納法、社會網路分析法
第2章 戰略性新興產業科技創新人才開發狀況調查分析	問卷星平臺	統計分析方法
第3章 戰略性新興產業科技創新人才勝任力模型構建	SPSS、AMOS 等軟體	扎根理論、內容分析法、德爾菲法、假設檢驗研究法
第4章 戰略性新興產業科技創新人才開發模式探索	研究者、MindManager	案例研究方法
第5章 研究結論與展望	研究者	歸納法、演繹法

圖16　研究技術路線圖

1.4　研究創新之處

本書對戰略性新興產業科技創新人才勝任力模型和開發模式進行研究，可以從選題、方法、內容和結構方面闡述其創新之處。

研究選題方面，戰略性新興產業是 2010 年針對中國國情所提出的特有概念，是一個相對較新的概念，更是一個相對較新的產業領域。無論是學術界還是產業界，戰略性新興產業都算是一個較新的課題。所以，本書從勝任力角度研究戰略性新興產業科技創新人才以及開發模式問題，具有一定新意。

研究方法方面，在遵循科學研究過程的基礎上，本書進行研究設計並整合運用扎根理論、內容分析法、德爾菲法、案例研究方法以及軟系統方法等多種定性和定量研究方法開展研究。從研究方法角度來看，本書具有一定新意。

研究內容和結構方面，為了使研究內容和結構能夠更加清晰地呈現，便於閱讀和理解，本書運用 Gephi 軟件、Mindmanager 軟件對相關內容進行可視化呈現。這也算是本書的一點新意。

2 戰略性新興產業科技創新人才開發狀況調查分析

本章通過互聯網、問卷、訪談等多渠道、多方式對戰略性新興產業科技創新人才開發狀況進行調查，收集、整理並分析有關戰略性新興產業科技創新人才開發的文獻、資料和數據，為後續的人才勝任力模型構建與人才開發模式構建奠定現實基礎，具體研究思路見圖17。

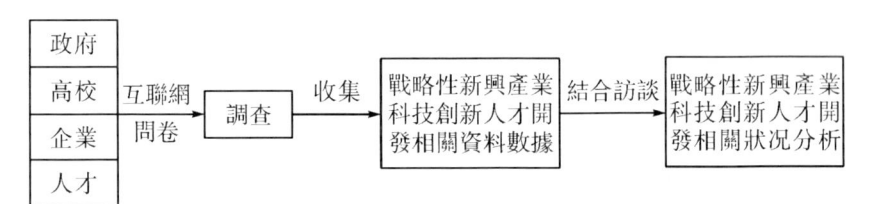

圖 17　本章研究思維導圖

2.1 調查設計

為了更好地開展調查工作，本部分需要對調查目的、調查範圍與對象、調查方式與渠道、調查內容等進行設計。

2.1.1 調查目的設計

本章開展調查工作的目的是從國家、政府、學校、企業及人才等方面，充分獲取有關戰略性新興產業科技創新人才開發的相關數據資料，進而通過挖掘、分析數據資料來把握戰略性新興產業科技創新人才開發的相關狀況，為後續的研究做好鋪墊工作。

2.1.2 調查範圍設計

根據研究問題的需要，本部分調查範圍涉及的內容包括與戰略性新興產業科技創新人才開發有關的宏觀層面的國家戰略政策等，中觀層面的政府、學校、企業等的人才開發政策、制度或舉措，微觀層面的人才本身。調查對象主要涉及戰略性新興產業相關專業的學生和戰略性新興產業企業的研發人員。

2.1.3 調查渠道設計

本次調查以互聯網和移動互聯網為主要調查渠道，採用互聯網相關網站查閱、電子問卷發放回收、微信或 QQ 訪談等相結合和互為補充的方式開展調查活動。具體設計如下：第一，根據研究問題的指向性，搜索和確定可獲得研究數據的互聯網網站或數據庫，然後有針對性地收集、整理研究數據；第二，根據研究問題，編製調查問卷，通過提供付費數據服務的問卷星網絡平臺上傳調查問卷，並利用微信和 QQ 等社交軟件以連結的方式將問卷所在網址發給調查對象或協助調查者進行填寫或轉發填寫；第三，在前面兩種調查獲取數據的基礎上，對尚未明確的問題或需要進一步深入瞭解的問題，通過微信或 QQ 對相關人員進行網絡訪談，進一步獲取詳細的數據信息。本次調查以互聯網相關網站、數據庫調查和問卷調查為主，以訪談調查為輔，訪談調查對互聯網相關網站、數據庫調查和問卷調查進行補充，目的是通過多方渠道、多種方式來詳實地瞭解戰略性新興產業科技創新人才開發的相關情況。

2.1.4 調查問卷設計

為了更加方便地獲取研究數據，提高研究效率，本章的人才開發狀況調查題目與第 3 章編製的勝任力量表和創新績效量表共同設計，編製為一個問卷，也就是將戰略性新興產業科技創新人才勝任力量表、創新績效量表、人才開發問卷、調查對象基本信息問卷編在一張問卷上（見附錄 20 和附錄 21）。下面對整個問卷設計編製的原則、過程和內容進行交代。

2.1.4.1 問卷設計原則

為了使獲取的數據具有真實性和有效性，必須保證問卷的設計與編製要具有科學性和可靠性。在問卷的設計與編製過程中，嚴格遵循以下原則：第一，問卷中的題項要根據研究目標來進行設計，保障問卷理論構思與目的能夠從研究目標出發；第二，問卷題項的設置必須充分考慮調查對象的特點，保障問卷設計的一定格式；第三，在問卷題項設計的語言表達和語氣方面，盡量選擇較

為通俗易懂的語句，並且不能帶有明顯的引導性語言，不能讓多重含義的語句誤導問卷回答者的思路，或者隱含不同的假設，導致問卷最終得不到可靠的答案；第四，在表達方式方面，用詞不要使用具有極度偏向的詞語或者抽象的詞語，為防止反應定勢，有效運用數理統計方法，可以變換對研究問題的提法，提高問卷的真實客觀性，進而獲得更有效的研究結論。

2.1.4.2 問卷設計過程

問卷設計與編製嚴格遵守科學性、可靠性原則。首先，在參考借鑑已有的相關創新人才勝任力問卷或量表的基礎上，結合構建的戰略性新興產業科技創新人才勝任力模型，挖掘和分析科技創新人才勝任力相關研究文獻數據、招聘廣告信息數據以及關鍵行為事件訪談數據，歸納和提煉能夠反應戰略性新興產業科技創新人才勝任力特徵的語句，以此來設計問卷結構與編製問卷題項，形成初始問卷。其次，邀請教育學、心理學、人力資源管理和戰略性新興產業等領域的專家對初始問卷的結構和每一個題項進行深入分析和探討，以保證結構和各個題項的準確性，形成修正的調查問卷。最後，為保障問卷設計的可靠性，選擇屬於戰略性新興產業的企業進行前期小範圍調查問卷預測試，剔除信效度不高的題項，以保障在大範圍發放問卷後，能獲得有效的數據，最終得到相對科學合理的調查問卷。從問卷的初步形成、修正調整、預測試到問卷的最終確定的整個過程，一直都在分析和完善調查問卷的語言風格、指標合理性、表達方式等，盡量做到問卷每一個細節的精準性。

2.1.4.3 問卷設計內容

問卷調查主要圍繞戰略性新興產業科技創新人才勝任力及其開發狀況展開，設計編製了兩份調查問卷。針對現實戰略性新興產業科技創新人才，編製的是《戰略性新興產業科技創新人才勝任力及其開發情況調查問卷》，其內容包括三個部分：第一部分為戰略性新興產業科技創新人才勝任力及創新績效調查，包括26個題目；第二部分為戰略性新興產業科技創新人才開發狀況調查，涉及制度文化、硬件資金、工作環境等方面的14個題目（見表13）；第三部分為基本信息，包含性別、年齡階段、學歷、工作領域、職級、工作年限、所在企業的登記註冊類型、所在企業的人力資源規模等。針對潛在戰略性新興產業科技創新人才，編製的是《高等學校戰略性新興產業相關專業科技創新人才勝任力及其開發情況調查問卷》，其內容包括三個部分：第一部分為高等學校戰略性新興產業相關專業科技創新人才勝任力及創新績效調查，包括25個題目；第二部分為高等學校戰略性新興產業相關專業科技創新人才開發狀況調查，包括學校文化、設施設備、師資力量、規章制度等方面的14個題目（見

表14);第三部分為基本信息,包含所學專業、所在年級、就讀學校、性別、年齡等。這兩個調查問卷的第一部分和第二部分均採用李克特六點評分法進行設計,即「1」代表「完全不符合」,「2」代表「大部分不符合」,「3」代表「基本不符合」,「4」代表「基本符合」,「5」代表「大部分符合」,「6」代表「完全符合」。

表13　　　　　　　　企業人才開發調查問卷題目

1. 企業有良好的科技創新環境。
2. 企業重視科技創新硬件建設。
3. 企業科技創新資金投入充足。
4. 企業有良好的創新文化氛圍。
5. 企業有良好的團隊合作氛圍。
6. 企業定期組織員工考察學習。
7. 企業有合理的創新激勵機制。
8. 企業有良好的人才培育制度。
9. 企業有完善的創新管理機制。
10. 企業提供良好的工作生活條件。
11. 領導鼓勵創新,寬容失敗。
12. 領導關懷下屬,樂於傾聽。
13. 企業有公平公正的選拔晉升機制。
14. 企業能為員工提供職業生涯規劃。

表14　　　　　　　　高校人才開發調查問卷題目

1. 學校公平地對待每名學生,鼓勵個性發展和創新行為。
2. 學校營造良好的校園文化、學習環境和創新氛圍。
3. 學校積極開展校企合作,為學生提供更多的實習實踐機會。
4. 學校根據產業創新人才需求制定人才培養方案,並與時俱進做出調整。
5. 學校設立專項基金,獎勵有創新突破的學生。
6. 學校有完善先進的教學設施設備,並鼓勵學生們充分利用開展創新活動。
7. 學校擁有科學合理的師資結構,保障創新人才培養的需要。
8. 學校根據學生們的興趣、愛好和特點提供獨特靈活的教學設計和安排。
9. 學校根據專業特點和職業創新能力要求,採取科學的教學模式、考核方式和評價標準。

表14(續)

10. 學校根據人才培養目標，設計、組織、開展各類創新技能比賽，鼓勵學生們積極參與。
11. 學校經常邀請各類專家為學生們作專業或學科前沿學術報告或講座。
12. 老師上課注重學生綜合能力的培養，設計開發特色教學環節，鼓勵學生們勤於動手動腦。
13. 老師支持幫助學生們開展各類創新創意活動，鼓勵並指導學生們各級各類創新知識、技能比賽。
14. 我能根據未來發展需要，全面提升自己的知識、能力、素養和技能水準。

2.2 調查實施

在調查設計的指導下，我們系統地開展了調查工作，具體工作包括以下一些內容：

2.2.1 確定研究數據來源

本章的研究數據來源主要有以下三個方面：第一，關於科技創新人才開發的宏觀數據資料主要來自國家相關部、委、局的官方網站或數據庫；第二，關於對企業員工和高校學生的調查數據主要通過在問卷星網站發布調查問卷收集獲取；第三，有關人才開發的期刊、報紙、學位論文等數據主要來自中國知網等。具體使用的網站或數據庫見表15。

表15　　　　　調查使用的主要網站或數據庫

序號	網站名	網址域名
1	百度	https://www.baidu.com/
2	中華人民共和國國家統計局	http://www.stats.gov.cn/
3	中華人民共和國科學技術部	http://www.most.gov.cn/
4	中華人民共和國教育部	http://www.moe.edu.cn/
5	中華人民共和國人力資源和社會保障部	http://www.mohrss.gov.cn/
6	人民網中國人才網	http://rencai.people.com.cn/
7	中國科技創新人才網	http://www.italents.cn/
8	中國最佳企業大學排行榜	http://www.ctoplist.com/

表15(續)

序號	網站名	網址域名
9	hao123-大學	http://www.hao123.com/edu
10	問卷星	https://www.sojump.com/
11	中國知網	http://www.cnki.net/

註：根據使用網站或數據庫情況自行編製。

2.2.2 尋求多方支持配合

在問卷調查的環節，為了更加高效地獲取相關研究數據，筆者積極尋求各方的支援和幫助。因為調查對象涉及戰略性新興產業相關企業的研發人員和高等學校學習戰略性新興產業相關專業的學生，涉及的人員非常多，而且為了保證調查數據的科學性、有效性，需要大量的相關人員協助填寫問卷，所以，尋求支持與配合是非常重要的。為此，筆者通過朋友、同學、同事、老師等多種渠道聯繫相關企業和高等學校，請求幫助和支持調查活動。具體操作是，問卷設計好之後，聯繫問卷星網站購買信息服務，並將問卷上傳至問卷星網絡平臺，經過排版、設置、試填等處理後，正式發布問卷。然後，尋求在企業或高校工作的朋友、同事、同學或老師幫忙，將問卷的連結通過微信或者QQ發給他們，並告知問卷調查對象為高校戰略性新興產業相關專業的學生和戰略性新興產業企業產品（技術）研發人員，請他們將問卷連結轉發到學生微信群或QQ群，企業員工微信群或QQ群，幫忙填寫問卷。

2.3 調查結果分析

根據多渠道獲取的資料和數據，現從宏觀、中觀、微觀方面對戰略性新興產業科技創新人才相關情況進行較為系統和全面的分析。

2.3.1 人才開發總體狀況分析

戰略性新興產業代表新一輪科技革命和產業變革的方向，是培育發展新動能、獲取未來競爭新優勢的關鍵領域。《「十三五」國家戰略性新興產業發展規劃》中指出，「十三五」時期，要把戰略性新興產業擺在經濟社會發展更加突出的位置，大力構建現代產業新體系，推動經濟社會持續健康發展。對於戰略性新興產業來說，科技人才的地位和作用更加突出和重要。下文參考了中華

人民共和國科學技術部網站（http://www.most.gov.cn/kjtj/）公布的《2015年中國科技人力資源發展狀況分析》報告，從中國整體科技人力資源發展狀況來管窺和分析戰略性新興產業科技創新人才開發的宏觀情況。

2.3.1.1 科技人力資源總量繼續增長，增幅有所下降

根據中華人民共和國科學技術部網站（http://www.most.gov.cn/kjtj/）最新數據顯示，2015年中國科技人力資源數量繼續增加，總量達到7,915萬人，比上年增長5.4%。其中大學本科及以上學歷的科技人力資源總量為3,421萬人，比上年增長7.6%。R&D人員總量有所增長，達到375.9萬人年，萬名就業人員中R&D人員為48.5人年/萬人。R&D研究人員總量達到161.9萬人年，萬名就業人員中R&D研究人員為20.9人年/萬人，見圖18。研發人力規模仍居全球首位，研發人力投入強度與科技發達國家的差距有所減小。

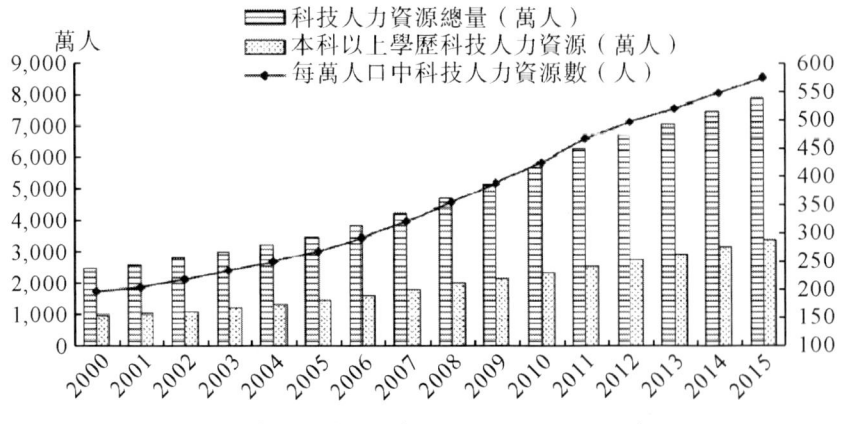

圖18 中國科技人力資源總量（2000—2015年）

中國投入研發活動的人力數量繼續增長，但增幅減緩，高學歷人員比重上升，研發人員素質進一步提高。2015年，中國R&D人員總數為548.3萬人，比2014年增長2.4%，增幅下降了4.2個百分點；其中博士35.7萬人，碩士80.5萬人，本科畢業生160.5萬人，分別占總數的6.5%（上年5.9%）、14.7%（上年13.1%）和29.3%（上年26.7%），高學歷研發人員的比重全面提升。按全時當量統計，2015年中國R&D人員總量為375.9萬人年，比2014年增加4.8萬人年，增速只有1.3%，下降3.7個百分點。2012年以後，中國R&D人員總量增幅下降明顯，從2009年的16.6%分別降至2012年的12.6%、2014年的5.0%和2015年的1.3%。R&D研究人員總量保持了相對較快的增長，2015年達到161.9萬人年，比2014年增加9.5萬人年，增速為6.2%。R&D研究人員占R&D人員的比重為43.1%，比上年上升2個百分點。（見圖19）

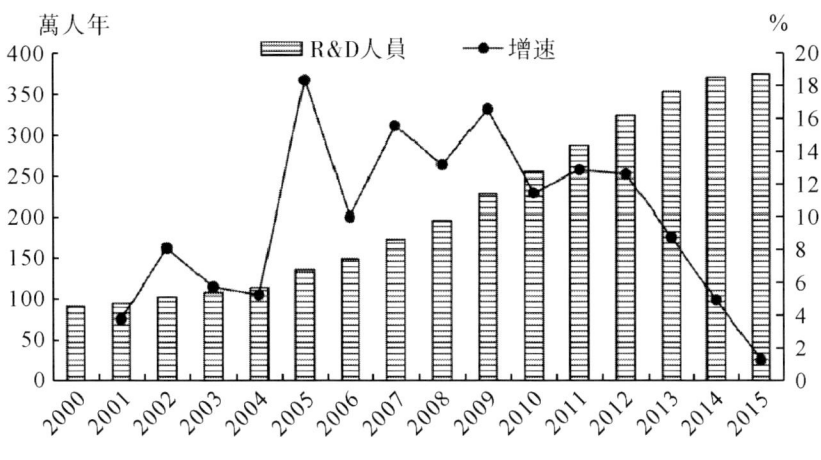

圖19　中國R&D人員總量變化趨勢（2000-2015年）

從中國科技人力資源的數量來看，巨大的科技人力資源儲備為戰略性新興產業的快速發展提供了強有力的支持。而隨著中國高等教育的改革和發展，中國具備高等教育學歷的就業人數已經提升至9,000萬，在一定程度上對中國戰略性新興產業起到了帶動作用。從中國科技人力資源的質量來看，中國已經在北斗衛星、工業機器人、VR、載人深潛等當代科技的尖端領域取得了新的重大突破，在個別領域已達到國際領先水準，說明中國相關領域的戰略性新興產業高層次人才的質量水準也達到了國際領先水準。從需求的角度來看，在國家產業政策帶動下，戰略性新興產業人才的需求日益旺盛，根據賽迪顧問對重點區域與城市人力資源市場的需求分析，高層次人才需求量中排在前三位的分別是工程技術人員、企業高級管理人員、科技研發設計人員。

2.3.1.2　研發人力分佈結構有所變化，企業研發和試驗發展人員比重仍占主導

如圖20所示，2015年，中國企業R&D人員總量達到291.1萬人年，占全國的77.42%，較2014年降低了0.6個百分點，改變了多年來企業占比逐年增加的趨勢。研究機構和高等學校的R&D人員分別達到38.4萬人年和35.5萬人年，合計所占比重上升，改變了多年來逐年下降的趨勢，達到19.65%。其他事業單位R&D人員為11萬人年，占全國的比重為2.93%。2015年中國R&D人員中，基礎研究人員為25.3萬人年，占6.7%；應用研究人員為43.0萬人年，占11.5%；試驗發展人員為307.5萬人年，占81.8%。試驗發展人員所占比重有所下降，比上年減少0.9個百分點；科學研究人員比重開始上升，改變了多年下降的趨勢。

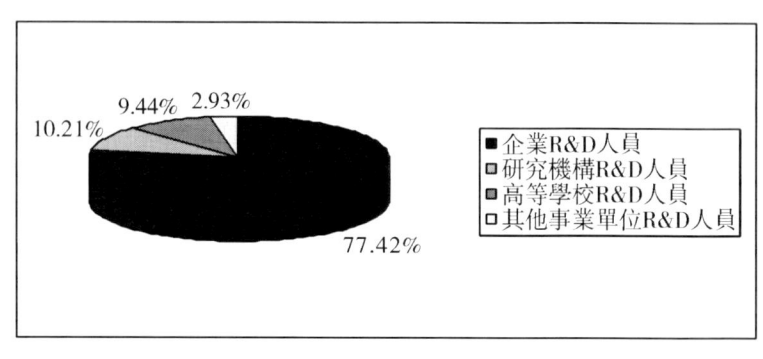

圖中數據：
- 企業R&D人員 77.42%
- 研究機構R&D人員 10.21%
- 高等學校R&D人員 9.44%
- 其他事業單位R&D人員 2.93%

圖20　中國研發（R&D）人員情況（2015年）

企業、研究機構、高等學校、其他事業單位的研發人員是戰略性新興產業科技創新的主力軍。隨著國家一系列人才激勵機制改革措施的不斷出台和深入，科技創新成果將不斷轉化為產業中的應用技術或產品，將會極大地促進產業創新的實踐發展。從以上數據來看，未來戰略性新興產業科技創新人才隊伍將會進一步壯大，結構也將日趨合理。

2.3.1.3　研發人力投入規模繼續位居全球首位，投入強度與發達國家差距有所縮小

在全球發達國家中，美國研發隊伍規模最大。根據OECD統計，2014年美國R&D研究人員全時當量為135.2萬人年（註：美國沒有R&D人員數據）。中國R&D研究人員全時當量從2010年開始超過美國，位居全球第一。中國R&D研究人員全時當量數占全球總量的比重從2009年的18.8%上升到2015年的22.6%，美國的R&D研究人員全時當量數占全球總量的比重則從2009年的20.5%下降到2015年的18.9%。截至2015年，研發人員總量超過10萬人年的國家見表16。

表16　　　研發（R&D）人員總量超過10萬人年的國家

國家	年份	R&D人員（萬人年）	萬名就業人員R&D人員數（人年/萬人）	年份	R&D研究人員（萬人年）	萬名就業人員R&D研究人員數（人年/萬人）
中國	2015	375.9	48.5	2015	161.9	20.9
澳大利亞	2010	14.8	132.2	2010	10.0	89.8
巴西	2010	26.7	21.7	2010	13.9	11.3
加拿大	2013	22.7	125.6	2013	15.9	88.2
法國	2014	41.7	152.3	2014	26.7	97.6
德國	2015	61.4	142.5	2015	35.8	83.0

表16(續)

國家	年份	R&D 人員（萬人年）	萬名就業人員 R&D 人員數（人年/萬人）	年份	R&D 研究人員（萬人年）	萬名就業人員 R&D 研究人員數（人年/萬人）
義大利	2015	24.8	101.4	2015	12.1	49.3
日本	2015	87.5	133.6	2015	66.2	101.1
韓國	2015	44.2	170.4	2015	35.6	137.4
荷蘭	2015	12.8	146.0	2015	7.7	87.6
波蘭	2015	10.9	68.4	2015	8.3	51.7
俄羅斯	2015	83.4	115.3	2015	44.9	62.1
西班牙	2015	20.1	108.4	2015	12.2	66.1
土耳其	2014	11.5	44.5	2014	9.0	34.6
英國	2015	41.7	133.1	2015	28.9	92.5
美國	2014			2014	135.2	91.0

數據來源：OECD, Main Science and Technology Indicators 2016-2.

中國研發人力投入強度保持著逐年穩定增加的態勢，萬名就業人員中 R&D 人員數從 2010 年的 33.6 人年/萬人上升到 2015 年的 48.5 人年/萬人，年均增長 7.7%。但萬名就業人員中 R&D 研究人員數增長相對較慢，從 2010 年的 15.9 人年/萬人上升到 2015 年的 20.9 人年/萬人，年均增速 5.6%，比同期萬名就業人員中 R&D 人員數量低 2.1 個百分點。從國際比較看，中國研發人力投入強度指標在國際上仍處於落後水準。2015 年中國萬名就業人員 R&D 人員在 R&D 人員總量超過 10 萬人年的國家中僅高於土耳其和巴西等發展中國家。多數發達國家的萬名就業人員 R&D 人員數量仍然是中國的 2 倍以上。2015 年中國萬名就業人員中 R&D 研究人員在 R&D 人員總量超過 10 萬人年的國家排名中倒數第 2，部分國家這一指標值普遍是中國的 4 倍以上，具體見表 16。

人才是發展壯大戰略性新興產業的首要資源，科技創新人才更是首要資源中的首要資源。從《2015 年中國科技人力資源發展狀況分析》報告內容來看，中國科技人力資源不僅在數量上不斷增加，而且在結構和質量方面也在不斷優化和提升，這為中國大力發展戰略性新興產業提供了豐厚的人才儲備。

2.3.2 政府人才開發狀況分析

2.3.2.1 一脈相承的國家戰略，為人才開發營造了有利的宏觀環境

國家戰略是戰略體系中最高層次的戰略，是為實現國家總目標而制定的總體性戰略概括，是指導國家各個領域的總方略。從宏觀的國家層面來看，中央

一直高度重視科技創新和科技人才工作，相繼提出了科教興國、人才強國和創新驅動發展戰略（見表17）。黨的十八大以來，以習近平同志為核心的黨中央，著眼於「四個全面」戰略佈局，對人才工作做出了一系列重大決策部署，強調人才是經濟社會發展的第一資源，創新驅動實質上是人才驅動。

表17　　　　　　　　　與國家科技創新人才相關的戰略情況

國家戰略	宣布時間及背景	主要內容
科教興國戰略	1979年以來，中國經濟增長速度舉世矚目。但其增長點主要是依靠資源、資金和廉價勞動力推動的外延式、粗放式的經濟。實現國民經濟持續、快速、健康發展，必須依靠科技進步，以解決好產業結構不合理、技術水準落後、勞動生產率低、經濟增長質量不高等問題，從而加速國民經濟增長從外延型向效益型的戰略轉變。為此，中國於1995年宣布實施科教興國的戰略	在科學技術是第一生產力思想的指導下，堅持教育為本，把科技和教育擺在經濟、社會發展的重要位置，增強國家的科技實力及向現實生產力轉化的能力，提高科技對經濟的貢獻率，提高全民族的科技文化素質，把經濟建設轉移到依靠科技進步和提高勞動者素質的軌道上來，加速實現國家的繁榮昌盛
人才強國戰略	2002年，面對中國加入WTO後的新形勢，直面經濟全球化和綜合國力競爭，為保證建設有中國特色社會主義事業健康發展，中共中央、國務院制定下發了《2002—2005年全國人才隊伍建設規劃綱要》，首次提出了「實施人才強國戰略」，對新時期中國人才隊伍建設進行了總體謀劃，明確了當前和今後一個時期內中國人才隊伍建設的指導方針、目標任務和主要政策措施	大力實施人才強國戰略的工作重心應當落在「人才資源強國」的建設和充分發揮人才的作用上，要調動各方面的積極性，通過各種途徑，大力開發人才資源，加快中國從人口大國向人才資源強國轉變的進程，努力造就一支規模宏大、素質優良、結構合理、活力旺盛，既能滿足中國經濟社會發展需要，又能參與國際競爭的人才大軍，為實現新世紀中國經濟社會發展的宏偉目標提供堅強有力的人才保障
創新驅動發展戰略	2012年年底黨的十八大明確提出：「科技創新是提高社會生產力和綜合國力的戰略支撐，必須擺在國家發展全局的核心位置。」強調要堅持走中國特色自主創新道路、實施創新驅動發展戰略	創新驅動發展戰略有兩層含義：一是中國未來的發展要靠科技創新驅動，而不是傳統的勞動力以及資源能源驅動；二是創新的目的是為了驅動發展，而不是為了發表高水準論文

註：根據百度百科聽相關內容整理。

2.3.2.2 與時俱進的科技人才政策，為人才開發提供了制度保障

為了進一步瞭解國家從政策層面對科技創新人才開發的支持情況，筆者通過對中國科技創新人才網站（http://www.italents.cn/）的調查，梳理和歸納了2015—2016年中國科技人才政策相關信息（見表18）。這些政策信息充分反應了國家對於科技創新人才開發的重視程度和支持力度。

表18　　　　　　　　2015—2016年國家科技人才政策情況

國家科技人才政策
◇2015年3月13日，《中共中央 國務院關於深化體制機制改革加快實施創新驅動發展戰略的若干意見》指出，創新是推動一個國家和民族向前發展的重要力量，也是推動整個人類社會向前發展的重要力量。面對全球新一輪科技革命與產業變革的重大機遇和挑戰，面對經濟發展新常態下的趨勢變化和特點，面對實現「兩個一百年」奮鬥目標的歷史任務和要求，必須深化體制機制改革，加快實施創新驅動發展戰略
◇2015年12月3日，國務院辦公廳印發《關於改革完善博士後制度的意見》。深入實施人才優先發展戰略，更好發揮博士後制度在培養高層次創新型青年人才、推動「大眾創業，萬眾創新」中的重要作用，就圍繞總體要求、改革管理制度、完善管理辦法、提高培養質量、支持創新創業、做好保障工作等提出20條措施
◇2015年12月22日，第17屆中國留學人員廣州科技交流會（簡稱留交會）圓滿閉幕。「以才引才」、邀請高端人才參展、發布人才成果是本屆留交會一大特色。廣州將設立區級政府投資基金等直接對參會的海外人才項目進行評估投資，並組織百餘家孵化器與海外人才進行直接對接，提高產業領軍人才的資助力度，最高予以3,00萬元的人才經費資助和3000萬元的項目經費資助
◇2016年1月，公安部推出20項出入境便利政策，助力北京聚集海外人才。主要包括：為符合認定標準的外籍高層次人才設立申請永久居留「直通車」；公安部在中關村設立外國人永久居留服務窗口，縮短審批期限；對中關村創業團隊外籍成員和企業選聘的外籍技術人才提供辦理口岸簽證和長期居留許可的便利；對具有博士研究生以上學歷或在中關村長期創業的外籍華人提供申請永久居留的便捷通道；允許境外高校外國學生在中關村短期實習；允許在京高校外國留學生在中關村進行兼職創業等
◇2016年2月18日電，中共中央辦公廳、國務院辦公廳印發《關於加強外國人永久居留服務管理的意見》。增設外籍高層次人才申請永久居留市場化渠道，探索計點積分制。調整永久居留申請，實施積極的投資移民政策。全面落實永久居留資格待遇，明確享有的國民待遇的事項範圍，推動永久居留資格待遇規定入法
◇2016年2月16日，科技部印發《關於發布國家重點研發計劃納米科技等重點專項2016年度項目申報指南的通知》。在納米科技、量子調控與量子通信、蛋白質機器與生命過程調控3個重點專項中設立青年科學家項目，支持不超過35週歲（1981年1月1日以後出生）的青年人才擔任項目負責人
◇2016年2月18日，國務院辦公廳印發《關於加快眾創空間發展服務實體經濟轉型升級的指導意見》。在重點產業領域，鼓勵龍頭骨幹企業建設眾創空間，鼓勵科研院所、高校圍繞優勢專業領域，建設國家級創新平臺和「雙創」基地，加強眾創空間的國際合作。實行獎勵和補助政策，支持科技人員到眾創空間創新創業

表18(續)

國家科技人才政策
◇2016年2月29日，財政部、科技部、國資委印發《國有科技型企業股權和分紅激勵暫行辦法》。運用股權和分紅，激勵關鍵職務科技成果的主要完成人，重大開發項目的負責人，對主導產品或者核心技術、工藝流程做出重大創新改進的主要技術人員；企業高級管理人員；以及省部級及以上人才計劃引進的重要技術人才和經營管理人才等
◇2016年3月2日，國務院印發《實施〈中華人民共和國促進科技成果轉化法〉若干規定》，明確科技成果轉化獎勵總額中給予主要貢獻人員獎勵不低於50%。相關事業單位正職領導可按規定獲得現金獎勵，原則上不得獲取股權激勵；其他擔任領導職務的科技人員，可按規定獲得現金、股份或者出資比例等獎勵和報酬。國家設立的研究開發機構、高等院校科技人員兼職到企業等從事科技成果轉化活動或離崗創業，原則上3年內保留人事關係
◇2016年3月17日，《中華人民共和國國民經濟和社會發展第十三個五年規劃綱要》印發實施，明確實施人才優先發展戰略，實施創新人才推進計劃、青年英才開發計劃、企業經營管理人才素質提升工程、「千人計劃」「萬人計劃」提升工程、專業技術人才知識更新工程、國家高技能人才振興計劃等重大人才工程，建設規模宏大的人才隊伍，促進人才優化配置，營造良好的人才發展環境
◇2016年3月21日，中共中央印發《關於深化人才發展體制機制改革的意見》。「堅持黨管人才、服務發展大局、突出市場導向、體現分類施策、擴大人才開放」的基本原則，圍繞推進人才管理體制改革、改進人才培養支持機制、創新人才評價機制、健全人才順暢流動機制、強化人才創新創業激勵機制、構建具有國際競爭力的引才用才機制、建立人才優先發展保障機制、加強對人才工作的領導等提出了27項改革舉措
◇2016年3月，人力資源和社會保障部擬啟動「博士後創新人才支持計劃」。瞄準國家重大戰略領域、戰略性高新技術領域、前沿和基礎科學領域，擇優遴選數百名新近畢業（含應屆）的優秀博士，通過「個人申報、擬進站單位推薦、專家評審」的辦法，給予每人每2年60萬元經費資助，支持其進入國內一流高校、科研院所等從事研究
◇2016年3月25日，科技部、發展改革委、教育部等15部門聯合印發《國家科技計劃（專項、基金等）嚴重失信行為記錄暫行規定》。實行科技計劃和項目相關責任主體的誠信承諾制度，對於嚴重失信行為記錄的責任主體，階段性或永久取消其申請國家科技計劃、項目，或參與項目實施與管理的資格；對行為惡劣、影響較大的嚴重失信行為，按程序向社會公布失信行為記錄信息
◇2016年3月31日，中科院促進科技成果轉移轉化專項行動啟動。發布「促進科技成果轉移轉化專項行動」實施方案，確定了五大方面25項重點任務。設立專項資金5億元，用於「科技成果轉移轉化重點專項」的實施，並將探索通過「後補助」等方式促進重大成果推廣應用
◇2016年4月18日，科技部、中央宣傳部印發《中國公民科學素質基準》，建立《科學素質綱要》實施的監測指標體系，定期開展中國公民科學素質調查和全國科普統計工作，為公民提高自身科學素質提供衡量尺度和指導

資料來源：根據中國科技創新人才網站(http://www.italents.cn/)相關內容整理。

2.3.3 高校人才開發狀況分析

2.3.3.1 高校增設多種戰略性新興產業相關專業

2010年，結合戰略性新興產業發展的實際需要，教育部公布了2010年同意設置的高等學校戰略性新興產業相關本科新專業的名單（見附錄5），本次新增專業25種140個專業點，其中，工學占絕大多數，有128個專業點，理學有9個專業點，另有3個專業點是社科類專業，涉及84所高校（見表19）。全面覆蓋了新能源產業、新一代信息技術產業、新材料產業、農業和醫藥產業以及空間、海洋和地球探索與資源開發利用等相關產業。2011年，各高校新增的戰略性新興產業相關本科專業開始招生，截至2017年7月，已有3屆本科畢業生，為戰略性新興產業培養和輸送了大量科技人才。

表19　增設戰略性新興產業相關本科專業的高校（84所）

學校	相關專業	學校	相關專業
大連理工大學	功能材料、納米材料與技術、物聯網工程、傳感網技術、能源化學工程、海洋資源開發技術	華中科技大學	功能材料、新能源科學與工程、物聯網工程、光電子材料與器件、生物制藥
華北電力大學	新能源材料與器件、新能源科學與工程、智能電網信息工程、能源化學工程	東北大學	功能材料、資源循環科學與工程、新能源科學與工程、物聯網工程
哈爾濱工業大學	物聯網工程、光電子材料與器件、能源化學工程	哈爾濱工程大學	物聯網工程、光電子材料與器件、水聲工程
中南大學	新能源材料與器件、新能源科學與工程、物聯網工程	四川大學	新能源材料與器件、物聯網工程、微電子材料與器件
中國藥科大學	生物制藥、藥物分析、藥物化學	電子科技大學	新能源材料與器件、物聯網工程、傳感網技術
蘇州大學	納米材料與技術、新能源材料與器件、物聯網工程	天津大學	功能材料、物聯網工程、微電子材料與器件
南京理工大學	納米材料與技術、新能源科學與工程	長春理工大學	新能源材料與器件、光電子材料與器件

表19(續)

學校	相關專業	學校	相關專業
北京理工大學	物聯網工程、能源化學工程	北京科技大學	納米材料與技術、物聯網工程
西北工業大學	物聯網工程、水聲工程	東北石油大學	海洋油氣工程、能源化學工程
山東大學	資源循環科學與工程、物聯網工程	湘潭大學	新能源材料與器件、環保設備工程
武漢理工大學	物聯網工程、建築節能技術與工程	西南石油大學	海洋油氣工程、新能源材料與器件
重慶大學	新能源科學與工程、物聯網工程	西北大學	物聯網工程、能源化學工程
西安建築科技大學	功能材料、資源循環科學與工程	西安交通大學	新能源科學與工程、物聯網工程
浙江大學	新能源科學與工程、海洋工程與技術	南昌大學	新能源材料與器件、建築節能技術與工程
東南大學	新能源材料與器件、傳感網技術	河海大學	新能源科學與工程、物聯網工程
南京工業大學	光電子材料與器件、建築節能技術與工程	華東理工大學	新能源材料與器件、資源循環科學與工程
湖南大學	物聯網工程、建築節能技術與工程	江蘇大學	新能源科學與工程、物聯網工程
沈陽建築大學	功能材料、建築節能技術與工程	合肥工業大學	新能源材料與器件、物聯網工程
武漢大學	物聯網工程、生物制藥	南開大學	資源循環科學與工程
福建師範大學	資源循環科學與工程	山東理工大學	資源循環科學與工程
北京航空航天大學	納米材料與技術	南京航空航天大學	物聯網工程
蘭州大學	功能材料	華僑大學	功能材料
北京工業大學	資源循環科學與工程	長春工業大學	資源循環科學與工程
上海理工大學	新能源科學與工程	南京郵電大學	智能電網信息工程
中國海洋大學	海洋資源開發技術	中國傳媒大學	新媒體與信息網絡
中國石油大學（北京）	能源化學工程	中國石油大學（華東）	環保設備工程

表19(續)

學校	相關專業	學校	相關專業
南京中醫藥大學	生物制藥	哈爾濱理工大學	傳感網技術
昆明理工大學	功能材料	蘭州理工大學	功能材料
華南師範大學	新能源材料與器件	成都理工大學	新能源材料與器件
西南交通大學	物聯網工程	山東科技大學	物聯網工程
天津中醫藥大學	中藥制藥	廣州中醫藥大學	中藥制藥
湖南師範大學	資源循環科學與工程	南京師範大學	海洋資源開發技術
新疆大學	能源化學工程	安徽大學	新能源材料與器件
江南大學	物聯網工程	南華大學	核安全工程
河北工業大學	功能材料	大連海事大學	傳感網技術
江西中醫學院	中藥制藥	中國人民大學	能源經濟
太原理工大學	物聯網工程	北京化工大學	能源化學工程
山西醫科大學	生物制藥	北京郵電大學	物聯網工程
沈陽工業大學	功能材料	中國礦業大學	能源化學工程
石家莊鐵道大學	功能材料	西安石油大學	海洋油氣工程
北京電影學院	數字電影技術	天津理工大學	功能材料
吉林大學	物聯網工程	東華大學	功能材料

資料來源：根據中華人民共和國教育部網站（http://www.moe.gov.cn/srcsite/A08/s7056/201007/t20100726_93011.html）發布的《教育部關於公布同意設置的高等學校戰略性新興產業相關本科新專業名單的通知》內容，依據學校增設專業的數量整理編製。

2.3.3.2　高校積極探索戰略性新興產業相關專業人才培養模式

獲教育部批准設置戰略性新興產業相關本科新專業的高等學校積極探索和創新適合戰略性新興產業發展的人才培養模式。筆者通過在中國知網（http://www.cnki.net/）數據庫檢索調查發現，關於「戰略性新興產業專業人才培養模式」的數據有5,755條。本書從這些數據中選取有代表性的案例，梳理出了有關戰略性新興產業相關專業探索和創新人才培養模式的具體對策、措施或做法（見表20）。

表 20　　　　部分高校戰略性新興產業相關專業人才開發情況

高校	專業人才培養	具體對策、措施或做法
福州大學	面向海西戰略新興產業的理工類創新創業型人才培養模式	「引進來」與「走出去」相結合，培育創新創業型師資隊伍；優化專業結構，探索創新創業人才實驗班；加強戰略性新興產業人才市場需求調查，推進人才培養計劃和課程體系改革；重視實踐教學基地建設，構建完整的實踐教學體系；健全創新創業保障機制，營造自由的創新創業氛圍；規範創新創業訓練項目管理，開展豐富的創新創業競賽活動；深化校際合作，共推創新創業型人才培養模式變革[149]。
合肥工業大學	新能源材料與器件專業人才培養模式	◇制定有特色的人才培養目標：培養適應國家戰略新興產業現代化建設需要，德智體美全面發展，基礎紮實、知識面寬，具有創新、創業意識，具有競爭和團隊精神，具有良好的外語運用能力，能在材料科學與工程領域，特別是在「新能源材料與器件」加工制備、新能源汽車、節能減排等領域從事科學研究、技術與產品開發、生產工藝工程設計、質量控制和生產經營管理等工作的、具有國際視野的高素質專業人才。◇制定有特色的課程體系：第一，在設置課程體系時，突出物理和化學基礎知識，設置了專業前導課程，分為材料物理課程體系和材料化學課程體系；第二，設置了專業基礎課程，包括材料科學基礎、固體物理、半導體物理、材料分析測試、電化學原理等課程；第三，考慮到學生將來潛在的就業方向，開設了選修課程。◇改革理論教學和實踐教學環節：教學過程中必須注意教學內容的前沿性，將教師的相關科研成果融入課程教學中；改革教學方法、教學手段和成績評定方式；改革實踐教學環節，提高學生的動手能力和科技創新能力。◇提高師資隊伍的綜合素質：打造「雙師型」教師；聘請從事新能源材料研究的專家、學者作為專職或兼職教師；鼓勵本校的專職教師加強和兼職教師之間的交流；建立課程組。◇建立和完善人才培養質量評價體系：逐步實現完全由獨立的「第三方」機構來評價人才培養的質量，將企業滿意度、就業質量、畢業生就業率、學生獲得專利、學生研究成果為企業帶來的經濟效益等作為衡量人才培養質量的重要指標，並對畢業後十年內甚至更長時間內學生的發展情況進行持續跟蹤，使教師能及時瞭解「新能源材料與器件」專業人才培養過程中存在的問題，能及時進行有針對性的整改，以保證人才培養的質量得到不斷的提升[150]。
湖北科技學院	核工程與技術專業人才培養模式	按照「產、學、研一體化」思路構建人才培養體系；按照「平臺+模塊+企業課程」的思路設計課程體系；按照「3L教學模式」(Learning by oneself：學會自學，Learning in practice：在實踐中學習，Learning on requirements：按需學習)完善教學技術方法與手段；按照「訂單式培養模式」提高人才培養的針對性和實用性[151]。

表20(續)

高校	專業人才培養	具體對策、措施或做法
武漢理工大學	船舶與海洋工程專業「卓越工程師」人才培養模式	◇建立「卓越計劃」試點班管理制度:《船舶與海洋工程專業卓越工程師班招生規模和選拔方案》《船舶與海洋工程專業卓越工程師班日常管理辦法》《船舶與海洋工程專業「卓越計劃」教師評聘與考核辦法》《船舶與海洋工程專業「卓越計劃」聘請企業教師暫行辦法》《船舶與海洋工程專業「卓越計劃」試點班學生校外實踐管理規定》《船舶與海洋工程專業「卓越計劃」試點班學生校外實踐實施方案》《船舶與海洋工程專業「卓越計劃」校外實踐安全管理辦法》《船舶與海洋工程專業「卓越計劃」專業教師工程實踐經歷培養管理規定》。◇優化課程體系、推進教學改革:「卓越計劃」培養課程體系的優化,新增課程,適應行業需求,整合課程,適應技術發展潮流,增加實踐周時,強化工程實踐;更新課程大綱,強調企業參與課程建設;更新教學手段,推進教學方法改革。◇構築校企深度參與的工程實踐培養體系:成立船舶與海洋工程專業建設委員會;構建完整的工程實踐教育模塊;企業深度參與,校企全面合作,切實落實企業工程實踐環節;引進和培養相結合,強化師資隊伍工程實踐能力[152]。
江蘇技術師範學院	資源循環科學與工程專業人才培養	◇實踐教學改革的思路:結合資源再生利用產業的需求,進行實踐知識的更新,培養節能環保類人才;實踐課程與理論課程有機結合,設立課程群和技能培訓項目;加大綜合性和自主開發性實驗的比例;採用「工學交替」模式,校外基地進行畢業論文(設計)工作,實施頂崗實習、畢業論文(設計)和就業三結合,使人才培養與企業需求掛鈎;採用「科學研究滲入實驗教學」的教學改革,培養創新型人才。◇校外基地建設的措施:建立產學研校外基地,促使高校與行業和企業進行「政、產、學、研、用」深度合作教育,促進協同創新平臺建設,為學生的實習實訓創造有利條件;校企深度融合,共享實踐教學改革的優質資源,實施實驗室的「兩化」原則(實驗室社會化和社會實驗室化)。◇師資隊伍建設的措施:要求教師必須具備「三種經歷」,即中青年教師必須有在企業鍛煉一年及以上的經歷,有到重點大學或國外進修學習的經歷,有作輔導員或班主任的經歷;實行青年教學導師制;在教學管理制度和監控體系不斷完善的基礎之上,出抬了一批激勵措施,鼓勵教師開展創新活動[153]。

資料來源:根據中國知網(http://www.cnki.net/)相關文章整理編製。

2.3.3.3 高校戰略性新興產業人才培養工作需要進一步改進的地方

筆者通過多渠道的調查發現,高校戰略性新興產業相關專業的人才培養還存在一些不足之處,需要加大力度進行完善和改進,具體表現在以下一些方面:

1. 專業建設相關問題

調查發現,一些高校的專業建設工作缺乏深入產業實踐的調研,沒有充分

把握社會經濟發展趨勢，沒有充分考慮市場需求，缺乏周密的規劃，不能適時完善和調整專業佈局。尤其是對戰略性新興產業關注不夠，對戰略性新興產業的特徵及其需求把握不夠準確，對急需的戰略性新興產業相關專業高端科技創新人才的需求標準、培養目標及培養規格等還處於不斷探索之中，培養出的人才社會適應性不強，和戰略性新興產業發展需要匹配度不高。另外，戰略性新興產業科技創新人才培養所需的課程建設、教材建設、教學內容選取、雙師型隊伍配備、實訓基地及實驗室建設都或多或少存在著一些問題，加上戰略性新興產業具有高風險性和諸多不確定性，對各類高端技術技能人才的需求也具有一定的不確定性，這就直接導致了對戰略性新興產業相關專業建設的資金投入渠道狹窄、積極性不高。這些導致了在校學生所學的專業與市場需求錯位，所學內容與戰略性新興產業發展需求不適應，學生結構性失業也就在所難免。

2. 科技創新人才培養與戰略性新興產業發展機制不健全

雖然國家有關部門出抬了相關政策措施，鼓勵校企合作培養人才，但是在具體的實施和操作層面還是存在一些問題。從目前的情況來看，許多高校既未建立起校企合作的長效機制，也未建立起以促進「政、產、學、研、介」多方共贏為目標的人才培養與產業發展機制，與政府部門、企業、科研機構、行業協會及相關仲介之間缺乏溝通交流，未能建立起常態化的互動交流機制，各方合作關係鬆散，往往形式大於內容，各方缺乏深度交流與合作。教育鏈、人才鏈和產業鏈「三鏈」不能實現有機融合，企業不能把需求有效傳遞給相關院校，相關院校也不能緊密跟蹤市場前沿和技術前沿，人才需求信息與供給信息不對稱，造成畢業生結構性失業；同時，也出現了一些戰略性新興產業的企業招工難的現象。校企合作培養人才，看似是企業與高校雙方合作的問題，它實際上牽涉社會的每一個方面。中國高等教育由政府主辦，政府在高校人才培養過程中應發揮重要的作用，但是在校企合作過程中，政府統籌協調不夠，缺少政策法規的支持與規約。目前，校企合作大多數是靠非制度因素（如同學、朋友關係）來建立的，合作關係十分脆弱，經不起市場經濟浪潮的衝擊。在缺乏制度的約束和保障的情況下，校企任何一方都不會付出太大的代價，可以隨意退出合作，從而，不僅給雙方造成損失，也給學生到企業實習增加了隱患。沒有體制機制的保障，企業的積極性難免會不高，參與合作培養人才的熱情就會受到影響。

3. 對學生創新能力和綜合素質的培養重視不夠

問卷調查發現，實踐中忽視了對學生創新能力和綜合素質的培養，難免使學生缺乏創新動力，缺少創新精神和創新能力，技術創新後勁不足。而戰略性

新興產業具有創新性和前瞻性，其高端技術技能人才也必須具有一定的創造性和創新精神。從對個別高校的問卷調查數據來看，學校在以下方面還需要加大改革和調整力度。第一，公平地對待每名學生，鼓勵個性發展和創新行為；第二，造良好的校園文化、學習環境和創新氛圍；第三，積極開展校企合作，為學生提供更多的實習實踐機會；第四，根據產業創新人才需求制定人才培養方案，並與時俱進做出調整；第五，設立專項基金，加大資金投入力度，優化獎勵制度，獎勵有創新突破的學生。第六，提升辦學條件，引進先進的教學設施設備，並鼓勵學生們充分開展創新活動；第七，打造科學合理，具備創新精神和創新實踐能力的師資隊伍，保障創新人才培養的需要；第八，根據學生的興趣、愛好和特點提供獨特靈活的教學設計和安排；第九，根據專業特點和職業創新能力要求，採取科學的教學模式、考核方式和評價標準；第十，根據人才培養目標，設計、組織、開展各類創新技能比賽，鼓勵學生們積極參與；第十一，經常邀請各類專家為學生們作專業或學科前沿的學術報告或講座；第十二，老師上課注重學生綜合能力的培養，設計開發特色教學環節，鼓勵學生勤於動手動腦；第十三，老師支持幫助學生開展各類創新創意活動，鼓勵並指導學生各級各類創新知識和技能比賽。

4.「雙師型」教師數量不足

從師資的角度來看，高校戰略性新興產業人才的培養缺乏「雙師型」教師，一方面高校教師中有相當一部分是從學校畢業就走向大學講堂的博士和碩士畢業生，缺乏實踐經驗，缺少理論與實踐的聯繫；另一方面，戰略性新興產業的高新技術有許多掌握在企業科技人員的手中，他們處於產業實踐發展的第一線，具備豐富的實踐經驗，但是，由於種種原因，他們很難走進大學課堂。所以，在戰略性新興產業的人才培養過程中，高校缺少由高校教師和企業教師組成的「雙師型」教師隊伍。同時，高校更缺少既具備理論教學素養又具備實踐教學素養，既取得教師職稱又獲得工程師、工藝師職稱的「雙師型」教師。

5.「產業人才培養計劃」項目投入經費不足

校企合作和產、學、研結合是開展戰略性新興產業人才培養計劃項目的重要內容，需要學校、院系、企業長期穩定的合作和持續的投入。調查發現，國家目前投入了大量資金，實施多種專項資金項目支持高校發展，但是戰略性新興產業專業人才培養實踐性強，實驗和實習環節多，人才培養成本高，需要更大的資金投入。部分高校對於戰略性新興產業人才培養所需要的實習實訓條件嚴重不足，學生難以得到應有的訓練。譬如有的院校實習基地不足，校內實

習、實驗設備陳舊且不足，導致學生實踐操作機會較少，接觸過時的設備和工藝，動手能力和操作技能均存在一些差距。

2.3.4 企業人才開發狀況分析

針對戰略性新興產業企業人才開發相關問題，本書設計了14個題目的調查問卷，分別從企業的科技創新環境、創新硬件建設、創新資金投入、創新文化氛圍、團隊合作氛圍、員工考察學習、創新激勵機制、人才培養制度、創新管理機制、工作生活條件、領導支持創新態度、領導工作風格、選拔晉升機制、職業生涯規劃方面以6點評分的形式進行了調查。對調查結果分析如下：

2.3.4.1 從戰略性新興產業企業規模角度分析

本書在戰略性新興產業企業科技創新人才開發調查問卷中，將企業的規模分為100人以內、100~500人、500~1,000人和1,000人以上四檔，通過對問卷數據的整理，將這四種不同規模的企業的科技創新人才開發情況的數據展示如表21和圖21所示。

表21　　　　　　　　按企業規模統計人才開發開發情況

調查題目內容	100人以內	100~500人	500~1,000人	1,000人以上
企業創新環境	4.03	3.96	4.27	4.63
創新硬件建設	4.03	3.78	4.26	4.70
創新資金投入	3.83	3.52	4.11	4.57
創新文化氛圍	4.03	4.11	4.27	4.65
團隊合作氛圍	4.06	4.22	4.29	4.67
員工考察學習	3.86	3.70	4.26	4.59
創新激勵機制	3.94	3.85	4.26	4.58
人才培養制度	3.88	3.63	4.25	4.57
創新管理機制	3.93	3.48	4.25	4.65
工作生活條件	3.70	3.96	4.12	4.59
領導創新態度	3.59	3.63	3.96	4.28
領導工作風格	3.72	3.96	3.96	4.24
選拔晉升機制	3.54	3.63	3.84	4.21
職業生涯規劃	3.23	3.52	3.49	4.02

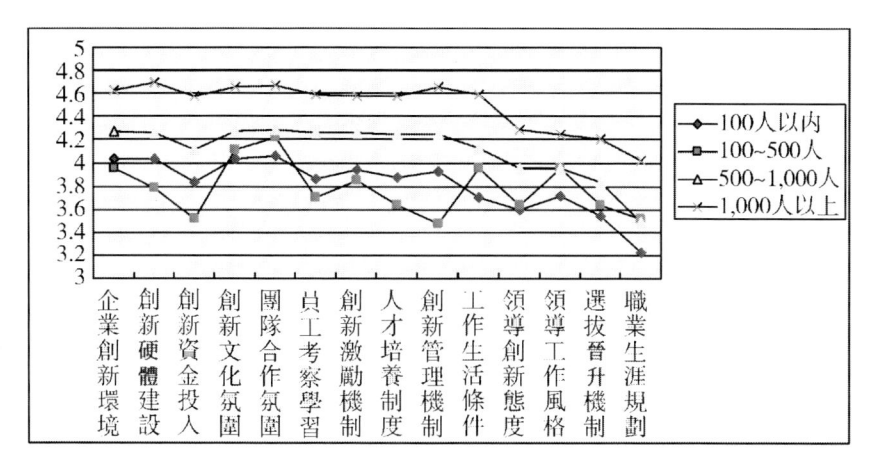

图21 不同規模的企業人才開發情況

我們通過表21的數據和圖21的可視化展示可以看出，大體上，規模越大的戰略性新興產業企業人才開發的水準相對越高，500人以上規模的企業在這方面表現得更好，500人以下的企業人才開發水準在各項指標上的反應有所起伏和變動。

2.3.4.2 從戰略性新興產業企業性質角度分析

本書在戰略性新興產業企業科技創新人才開發調查問卷中，將戰略性新興產業企業的性質分為股份制企業、國有獨資企業、國有控股企業、民營企業、外商投資企業等，通過對問卷數據的整理，將這五種不同性質的企業的科技創新人才開發情況數據展示如表22和圖22所示。

表22　　　　　　　　按企業性質統計人才開發開發情況

調查題目內容	股份制企業	國有獨資企業	國有控股企業	民營企業	外商投資企業
企業創新環境	4.20	4.31	4.48	4.27	4.36
創新硬體建設	4.35	4.28	4.48	4.19	4.32
創新資金投入	4.06	4.28	4.25	4.04	4.48
創新文化氛圍	4.28	4.22	4.47	4.33	4.40
團隊合作氛圍	4.33	4.19	4.55	4.27	4.56
員工考察學習	4.14	4.19	4.50	4.02	4.48
創新激勵機制	4.19	4.19	4.43	4.12	4.56
人才培養制度	4.13	4.09	4.43	4.08	4.52

表22(續)

調查題目內容	股份制企業	國有獨資企業	國有控股企業	民營企業	外商投資企業
創新管理機制	4.22	4.25	4.45	4.08	4.36
工作生活條件	4.16	4.09	4.38	3.96	4.36
領導創新態度	3.99	3.59	4.02	3.95	4.08
領導工作風格	4.01	3.78	4.07	3.95	4.04
選拔晉升機制	3.81	3.69	3.98	3.81	3.96
職業生涯規劃	3.43	3.63	3.62	3.67	3.72

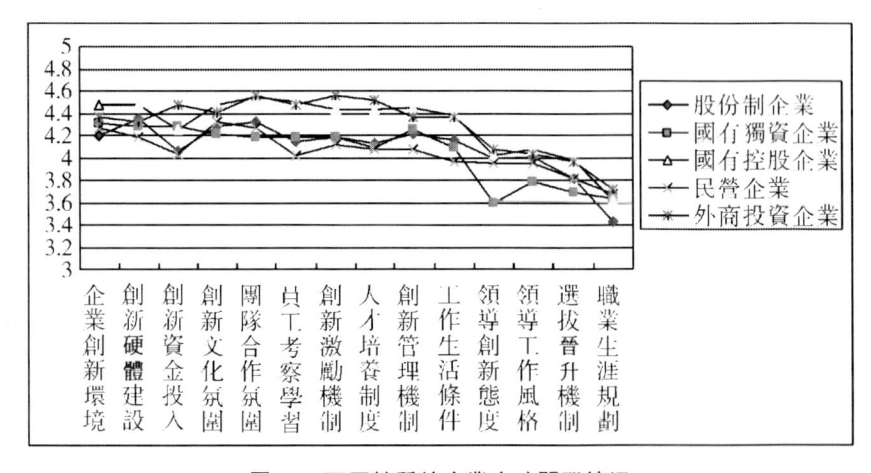

圖22　不同性質的企業人才開發情況

我們通過表22的數據和圖22的可視化展示可以看出，國有控股企業和外商投資企業在科技創新人才開發水準方面表現較為突出，而民營企業、國有獨資企業和股份制企業的科技創新人才開發水準的表現相對不理想。

2.3.4.3　從企業所屬的戰略性新興產業領域角度分析

本書在戰略性新興產業企業科技創新人才開發調查問卷中，將企業的所屬領域依照戰略性新興產業網絡經濟、生物經濟、高端製造、綠色低碳、數字創意五大領域的高端裝備製造業、節能環保產業、生物產業、數字創意產業、新材料產業、新能源產業、新能源汽車產業、新一代信息技術產業八大產業進行劃分，通過對問卷數據的整理，將這八個不同產業領域企業的科技創新人才開發情況的數據展示如表23和圖23所示。

表 23　　　　　按企業所屬領域統計人才開發開發情況

調查題目內容	高端裝備製造業	節能環保產業	生物產業	數字創意產業	新材料產業	新能源產業	新能源汽車產業	新一代信息技術產業
企業創新環境	4.90	3.97	4.66	4.17	4.22	4.09	4.06	4.21
創新硬件建設	5.03	3.84	4.56	4.27	4.25	4.26	4.10	4.06
創新資金投入	4.94	3.81	4.32	3.67	3.97	4.00	4.29	4.06
創新文化氛圍	5.10	3.91	4.64	4.17	4.33	4.11	4.16	4.06
團隊合作氛圍	5.00	3.91	4.66	4.13	4.39	4.26	4.23	4.15
員工考察學習	4.94	3.91	4.34	4.00	4.33	4.03	4.03	4.12
創新激勵機制	4.94	3.78	4.48	4.03	4.25	4.14	4.03	4.24
人才培養制度	5.00	3.78	4.34	4.07	4.19	3.97	4.06	4.21
創新管理機制	5.10	3.91	4.28	4.03	4.22	4.11	4.06	4.15
工作生活條件	5.00	3.66	4.46	4.00	4.14	3.86	3.94	4.12
領導創新態度	4.61	3.38	4.50	3.87	3.64	3.74	3.81	3.82
領導工作風格	4.55	3.47	4.42	3.93	3.92	3.71	3.74	4.06
選拔晉升機制	4.48	3.31	4.36	3.60	3.67	3.57	3.71	4.03
職業生涯規劃	4.26	3.06	4.18	3.30	3.53	3.31	3.32	3.67

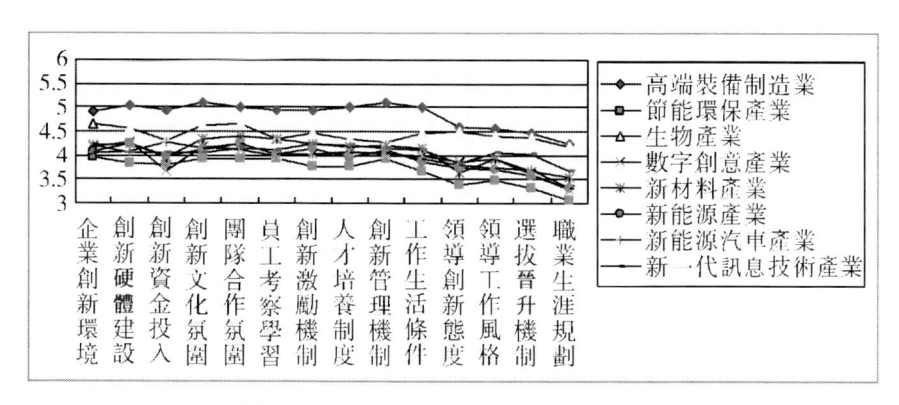

圖 23　不同產業領域的企業人才開發情況

我們通過表 23 的數據和圖 23 的可視化展示可以看出，高端裝備製造產業企業和生物產業企業的科技創新人才開發水準相對較高，節能環保產業企業的科技創新人才開發水準較其他產業企業相對低一些。

2.3.5 人才自我開發狀況分析

我們通過調查和觀察發現，戰略性新興產業科技創新人才自我開發情況存在如下一些問題：

2.3.5.1 自我開發意識不強

筆者通過問卷調查、觀察和訪談等方式獲取了人才自我開發的相關數據，對其進行研究發現，高校方面，被調查的大部分學生自我學習意識不強，缺乏對專業學習的興趣，容易受外界環境的影響；企業方面，被調查的大部分員工存在職業倦怠，缺乏自我開發的意識等情況。

2.3.5.2 自我開發動力不足

筆者通過問卷調查、觀察和訪談等方式獲取了人才自我開發的相關數據，對其進行研究發現，高校方面，被調查的大部分學生自我開發動力不足，缺乏奮鬥的目標和努力的方向，對未來發展沒有清晰的認識；企業方面，被調查的員工同樣存在成長動力不足的現象。

2.3.5.3 缺乏職業生涯規劃

筆者通過問卷調查、觀察和訪談等方式獲取了人才自我開發的相關數據，對其進行研究發現，高校方面，被調查的大部分學生缺乏奮鬥的目標和努力的方向，對未來發展沒有清晰的認識，沒有職業生涯規劃的意識和行動；企業方面，被調查的員工也存在類似現象，對自己的職業生涯缺乏系統的規劃和設計。

2.4 本章小結

本章通過多種渠道收集、整理有關戰略性新興產業科技創新人才開發的數據資料，並對其進行了分析。本章通過分析得出如下結論：

第一，國家政府層面不斷加大戰略性新興產業的投入力度，更加大了對戰略性新興產業人才的開發力度，尤其是對戰略性新興產業科技創新人才的政策支持力度，但同時體制機制僵化、政策執行落實等方面的問題需要不斷完善和改進。

第二，高等院校層面根據戰略性新興產業的發展需求，增設戰略性新興產業相關專業，創新辦學理念，積極探索構建適合戰略性新興產業發展需要的人才培養模式，不斷加大創新人才培養投入力度，但是也還存在專業建設與產業

需求錯位、科技創新人才培養與戰略性新興產業發展機制不健全、對學生創新能力和綜合素質的培養重視不夠、「雙師型」教師數量不足、「產業人才培養計劃」項目投入經費不足等問題。

　　第三，從企業層面來看，不同規模、不同類型以及不同產業領域的戰略性新興產業企業的科技創新人才開發情況有所差別。調查發現，大體上，規模越大的戰略性新興產業企業的人才開發水準相對越高，國有控股企業和外商投資企業在科技創新人才開發水準方面表現較為突出，高端裝備製造產業企業和生物產業企業的科技創新人才開發水準相對較高。

　　第四，人才自我開發方面來看，相關人才還存在自我開發意識不強，自我開發動力不足，缺乏職業生涯規劃等問題。

3 戰略性新興產業科技創新人才勝任力模型構建

本章的主要任務是構建戰略性新興產業科技創新人才勝任力模型，主要通過三個步驟完成，第一步是初始勝任力模型構建，第二步是勝任力模型檢驗，第三步是最終勝任力模型確定。本章的整體邏輯結構見圖24。

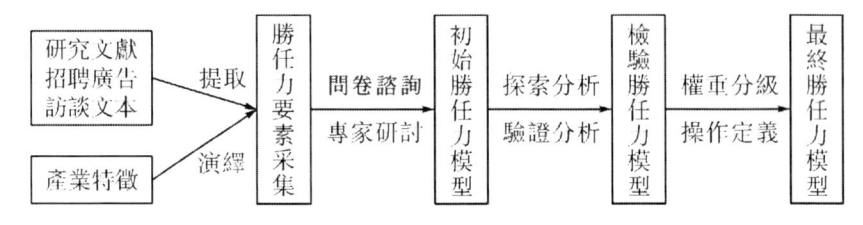

圖24　第3章研究思維導圖

3.1　初始勝任力模型構建

構建勝任力模型的關鍵環節是勝任力要素的科學採集與提取。本書運用多種方法，從多種渠道對戰略性新興產業科技創新人才的勝任力要素進行採集和提取。

3.1.1　基於研究文獻的勝任力要素提取

該部分借鑑扎根理論的研究思路和方法，結合內容分析法，以科技創新人才相關文獻資料為研究數據進行深入挖掘和分析，採集和提取科技創新人才勝任力要素，通過編碼和比較分析進行概念化、範疇化和結構識別，並圍繞核心範疇探索科技創新人才勝任力維度。

3.1.1.1 數據收集與整理

首先，我們利用中國知網（http://www.cnki.net/）數據庫，以「科技創新人才」為檢索關鍵詞進行「篇名」模糊檢索，找到3,078條結果（2017年7月18日檢索），通過初步篩選，得到與科技創新人才或者創新型科技人才能力、素質、特徵、特質、勝任力有關的文獻132篇，我們對這132篇文獻再進一步閱讀，淘汰了77篇內容重複、質量不高的文獻，精選出54篇文獻。針對這54篇文獻，我們進行了深入細緻的研讀並梳理出創新人才的能力、素質、特徵、特質、勝任力、勝任特徵等有關的具體要素，將這些要素匯總並進行了頻次分析。綜合考慮文獻的研究內容、質量和評價等因素，最終精選出28篇文獻作為研究分析的理論樣本（見表24）。

表24　　　　　　　　　　篩選的文獻樣本情況

編號	名稱	作者	來源期刊	時間
YB01	科技創新人才的素質特徵	翁慶餘	現代大學教育	2002
YB02	科技創新人才的心理素質及其培養	陳士俊	天津大學學報（社會科學版）	2002
YB03	科技人才創新素質的構成與培養	羅輯壯	科技與管理	2003
YB04	從諾貝爾獎獲得者看高層次科技創新人才素質的構成	鄭婧等	技術與創新管理	2005
YB05	基於問題解決的科技創新人才能力培養策略研究	孫銳等	自然辯證法研究	2007
YB06	科技人才創新能力的模糊綜合評價	胡瑞卿	科技管理研究	2007
YB07	創新型科技人才的典型特質及培育政策建議——基於84名創新型科技人才的實證分析	王廣民等	科技進步與對策	2008
YB08	基於遺傳算法的模糊綜合評價法在科技人才創新能力評價中的應用	劉澤雙等	西安理工大學學報	2008
YB09	科技成果轉化人才自主創新能力模型	劉希宋等	科技進步與對策	2008
YB10	企業科技創新人才內涵及素質特徵分析	劉曉農	生產力研究	2008
YB11	淺析創新型科技人才應具備的基本素質和品格	邢媛媛	科技管理研究	2008
YB12	現代科技人才實現創新的特質——兼論人文素質對提高創新活力的作用	王岩峰等	東方論壇	2008

表24（續）

編號	名稱	作者	來源期刊	時間
YB13	創新型科技人才素質模型構建研究——基於對87名創新型科技人才的實證調查	廖志豪	科技進步與對策	2010
YB14	基於3Q的四維度創新型科技人才素質模型	王養成等	科技進步與對策	2010
YB15	創新型科技人才的特徵及其創新性管理	韓利紅	河北學刊	2012
YB16	創新型科技人才評價理論模型的構建	趙偉等	科技管理研究	2012
YB17	基於層次分析法的河南科技創新人才創新能力評價研究	崔穎	科技進步與對策	2012
YB18	創新型科技人才及其素質特徵	麻盼盼	山東省農業管理幹部學院學報	2012
YB19	基於素質模型的高校創新型科技人才培養研究	廖志豪	華東師範大學博士論文	2012
YB20	中青年科技領軍人才創新素質與創新行為關係研究	趙偉等	中國科技論壇	2013
YB21	農業科技創新型人才素質結構與培育	薛金鋒等	高等農業教育	2013
YB22	基於洋蔥理論的科技創新人才素質模型的構建	餘佳平等	人力資源管理	2014
YB23	對科技創新型人才關鍵素質的探討	唐德才	遵義師範學院學報	2014
YB24	中國科技創新領軍人才素質特徵研究	李燕等	中國人力資源開發	2015
YB25	科技拔尖人才的素質特徵與大學教育生態優化——基於N大學傑出校友調查數據的層次分析	黃嵐等	高等教育研究	2017
YB26	科技領軍人才成長的素質特徵與培育路徑探析	李慧敏	吉林省教育學院學報	2017
YB27	院士科技創新素質結構及對創新人才培育的啟示	黃小平	蘇州大學學報（教育科學版）	2017
YB28	五因子素質結構模型構建及其對中國高校創新型科技人才培養的啟示	黃小平	復旦教育論壇	2017

註：根據中國知網（http://www.cnki.net/）相關數據整理。

這些樣本都從某一個或幾個方面論述了科技創新人才或者創新型科技人才所應該具備的勝任力特質。深入挖掘、細緻歸納這些理論樣本中的有效信息，

有助於科學有效地提取科技創新人才勝任力要素和探索科技創新人才勝任力維度。

將樣本書獻有效內容以「句」為分析單位進行編碼。如文獻樣本 1 中的內容逐句編碼為：YB01-001，YB01-002，YB01-003，YB01-004……具體以樣本 2 示例如下：

隨著自己知識和經驗的累積，他們看到了更為廣闊的天地，接觸到了更多的未知現象和新異事物。[YB02-003] 正如蘇聯生理學家巴甫洛夫所指出的：「我們達到了更高的水準，看到了更廣闊的大地，見到了原先在視野之外的東西。」[YB02-004] 知識之球越大，他與未知世界接觸的界面也就越大，看到和接觸到的新異現象和未知的東西就越多，因而科技創造者的好奇心不僅不會隨著年齡的增長和知識經驗的累積而削弱，反而會有所加強。[YB02-005]……

3.1.1.2 數據編碼與挖掘

首先選擇一個最具代表性的文獻樣本為主樣本進行單樣本扎根分析（見表 25），以確定研究重點範圍，為了保證研究結論的普遍性和全面性，選取其他文獻樣本進行比較分析，驗證主樣本中發現的概念和範疇，同時補充主樣本中尚未發現的概念和範疇，進而對研究作進一步修正和完善，最終達到理論飽和。這裡以樣本 19 為分析起點進行多樣本補充比較分析（見表 26）。

表 25　　　　　　　　代表性單樣本（YB19）扎根分析

文獻樣本中的勝任力特徵描述性語句	概念化	範疇化
熟練掌握……提出新的觀點。[YB19-001]	理論知識	博、專結合的知識體系
精通……提出創新性科學或技術問題解決方案。[YB19-002]	專業知識	
善於運用……有機地結合起來。[YB19-003]	交叉學科知識	
關注……有較深刻的理解。[YB19-004]	學科前沿知識	
善於……的科學技術實踐活動。[YB19-005]	科學研究方法論	
善於……揭示其內在的規律性。[YB19-006]	邏輯思維	多元的思維結構
善於……來觀察和分析問題。[YB19-007]	發散思維	
善於……解決問題方案為目標線索。[YB19-008]	輻合思維	
善於……獲得更多的設想、預見和推測。[YB19-009]	聯想思維	
善於……的解決方案。[YB19-010]	逆向思維	
善於……創新的目標和解決問題的方法。[YB19-011]	類比思維	
善於……得到解決線索。[YB19-012]	靈感思維	
善於……並從中作出優化抉擇。[YB19-013]	直覺思維	

表25(續)

文獻樣本中的勝任力特徵描述性語句	概念化	範疇化
胸懷崇高……轉換為現實的生產力。[YB19-014]	探索精神	
主動……而勇攀高峰。[YB19-015]	成就導向	
能夠……解決問題的能力。[YB19-016]	自信心	
在深思、慎思和精思基礎上……自己的主張。[YB19-017]	質疑性	
能夠以百折不撓……矢志不移。[YB19-018]	堅韌執著	
以揭示研究對象的……而毫不苟且。[YB19-019]	嚴謹求實	
在科技職業生涯中，……作出新的突破。[YB19-020]	變革性	
投身……圍繞個人興趣指向而展開。[YB19-021]	興趣驅動	積極的個性品質
深悟作為科技工作者……的角色價值。[YB19-022]	責任心	
樂於將自己的……嘗試新實驗。[YB19-023]	勤勉性	
善於關注……適當的方法重新獲得平衡的願望。[YB19-024]	好奇心	
	求知欲	
突出……實現創新。[YB19-025]	獨立自主	
以開放的胸襟對待……不同於己的「異質思維」。[YB19-026]	開放包容	
充分考慮……的各種風險。[YB19-027]	關懷精神	
善於統籌計劃……條理分明。[YB19-028]	條理性	
善於……新設想、新方案與新方法。[YB19-029]	靈活性	
善於……技術開發的盲點。[YB19-030]	問題發現	
善於……發展變化規律。[YB19-031]	洞察力	
善於……形成新知識。[YB19-032]	分析力	
善於……的合乎實際的結論。[YB19-033]	推理力	
善於……達到更高的水準。[YB19-034]	信息搜尋	
善於……未被發現的規律。[YB19-035]	規律探求	全面的創新能力
善於……能力水準不斷得到提升。[YB19-036]	持續學習	
善於……合適表達形式的成果。[YB19-037]	實踐能力	
不僅善於……達成預期目標。[YB19-038]	團隊合作	
善於……知道它是「為什麼」。[YB19-039]	理解力	
善於……以應用於新情境。[YB19-040]	經驗遷移	
善於……靈活轉移和適當分配。[YB19-041]	注意力	

註：根據廖志豪博士論文《基於素質模型的高校創新型科技人才培養研究》相關內容整理編製。

表 26　　　多樣本補充比較分析進一步概念化與範疇化

階段1、2:勝任力要素補充、調整與頻次分析	階段3:勝任力要素比較分析並進一步概念化	階段1:勝任力維度補充與調整	階段4:比較分析並進一步範疇化
理論基礎知識(11)	知識儲備	博、專結合的知識體系;創新任務投入能力;基礎知識存量水準;認知特徵;……	創新認知
專業知識(11)			
交叉學科知識(7)			
學科前沿知識(8)			
科學研究方法論(11)			
科學研究認識論(2)			
學歷層次水準(4)			
知識面(3)			
知識基礎(2)			
知識累積(1)			
知識結構(11)			
人文素質(3)			
實踐經驗(8)	實踐經驗		
輻合思維(11)	思維方式	多元的思維結構;創新性思維能力;思維特徵;……	創新思維
質疑思維(9)			
直覺思維(9)			
發散思維(8)			
靈感思維(8)			
批判思維(6)			
想像思維(6)			
類比思維(6)			
逆向思維(7)			
邏輯思維(5)			
聯想思維(5)			
辯證思維(6)			
跳躍思維(4)			
形象思維(3)			
變通思維(3)			
系統思維(2)			

表26(續)

階段1、2:勝任力要素補充、調整與頻次分析	階段3:勝任力要素比較分析並進一步概念化	階段1:勝任力維度補充與調整	階段4:比較分析並進一步範疇化
概念力(1)	思維能力	多元的思維結構;創新性思維能力;思維特徵;……	創新思維
分析力(7)			
推理力(7)			
提煉能力(2)			
持續學習(11)			
記憶力(2)			
理解力(3)			
遷移能力(4)			
注意力(7)			
假設能力(5)			
預測能力(2)			
前瞻能力(2)			
洞察力(13)			
統籌能力(1)			
策劃能力(1)			
思維獨創性(1)	思維品質		
才思敏捷(2)			
思維嚴密(1)			
思維新穎(1)			
思維結構(3)			
思維活躍(2)			
思維開放(2)			
善於反思(3)	思維習慣		
創新意識(9)	創新意識	積極的個性品質;突出的創新精神;創新性元能力;個性心理特徵;……	創新個性
成就導向(7)			
創新慾望(1)			
好奇心(10)			
求知慾(9)			
興趣驅動(14)	創新志趣		
追求真理(1)			
冒險精神(2)	創新膽識		
大膽假設(1)			

表26(續)

階段1、2:勝任力要素補充、調整與頻次分析	階段3:勝任力要素比較分析並進一步概念化	階段1:勝任力維度補充與調整	階段4:比較分析並進一步範疇化
保持激情(1)	創新品質	積極的個性品質；突出的創新精神；創新性元能力；個性心理特徵；……	創新個性
自信心(6)			
探索精神(7)			
鑽研精神(2)			
主動性(4)			
敏感性(5)			
勤勉性(9)			
條理性(3)			
靈活性(3)			
適應性(1)			
精益求精(4)			
開放包容(7)			
獨立自主(6)			
自我概念(17)			
幽默感(1)			
謙遜(1)			
感恩(1)			
樸素(1)			
競爭意識(1)			
關懷精神(5)			
責任心(10)			
使命感(1)			
敬業精神(2)			
愛國情懷(3)			
科學道德(5)			
科學理想(1)			
獻身精神(4)			
科學的世界觀(2)			
科學的價值觀(6)			
科學的人生觀(2)			
積極樂觀(4)	創新態度		
嚴謹求實(11)			
堅韌執著(21)	創新意志		
抗壓性(1)			
耐挫性(2)			

表26(續)

階段1、2:勝任力要素補充、調整與頻次分析	階段3:勝任力要素比較分析並進一步概念化	階段1:勝任力維度補充與調整	階段4:比較分析並進一步範疇化
規劃能力(2)	規劃設計	全面的創新能力;卓越的實踐能力;創新性任務的產出能力;創新性提出問題的能力,創新性分析問題的能力,創新性解決問題的能力,其他方面的創新性能力;創新知識識別能力,創新知識整合能力,創新知識實踐能力;……	創新實踐
設計能力(1)			
測查能力(3)	調查搜尋		
信息搜尋(6)			
規律探求(6)	探索發現		
善於發問(7)			
捕捉加工(2)	捕捉整理		
整理總結(3)			
實踐操作(19)	實踐操作		
應變能力(1)	應變掌控		
調配掌控(2)			
變革突破(8)	開拓突破		
開拓超越(11)			
問題解決(9)	問題解決		
溝通協調(9)	溝通協作		
團隊合作(17)			
善於組織(6)	組織管理		
善於管理(4)			
影響他人(3)	影響感召		
感召力(1)			
領導能力(2)			
激發活力(2)			

註:「()」裡面的數字代表該勝任力要素在文獻中出現的頻數。

依照扎根理論的研究思路,階段1:深入扎根文獻樣本,提取文獻樣本中與科技創新人才勝任力要素相關的關鍵詞、短語或短句,補充代表性樣本中的勝任力要素,補充過程中出現完全相同的關鍵詞、短語或短句情況時,在該關鍵詞、短語或短句後面加括號並標明出現頻次情況,如「好奇心」在補充文獻樣本中第二次出現時,標為「好奇心(2)」,如果出現不完全相同的類似表達,就以「;」進行分隔直接補充到代表樣本勝任力要素關鍵詞、短語或短句後面,如果出現完全不同的勝任力要素關鍵詞、短語或短句,就增加單元格對新出現的勝任力要素關鍵詞、短語或短句進行補充添加。同時,按照同樣的

思路將文獻樣本中的對應的勝任力維度提取出來。階段2：根據階段1提取的關鍵詞、短語或短句的含義、屬性、關係或內在聯繫，進行初步的聚類調整，如將好奇心、求知欲、興趣、愛好等聯繫緊密的勝任力要素所在的單元格進行靠近調整，這樣便於下一階段的進一步比較、歸納、概念化和範疇化。階段3：在階段1和階段2的基礎上，對提取的勝任力要素進行進一步概念化。階段4：結合階段3的概念化結果和階段1提取的勝任力維度，進行範疇化處理，形成新的勝任力維度。整個概念化、範疇化等研究過程，作者組織多名人員通過反覆研討完成。經過文獻挖掘、提取與初步整理而成的科技創新人才勝任力要素及頻次見表27。

表27　　　　　　　　　勝任力要素頻數排序

勝任力要素	頻次	勝任力要素	頻次	勝任力要素	頻次	勝任力要素	頻次
堅韌執著	21	分析力	7	善於管理	4	規劃能力	2
實踐操作	19	推理力	7	知識面	3	捕捉加工	2
自我概念	17	注意力	7	人文素質	3	調配掌控	2
團隊合作	17	成就導向	7	形象思維	3	領導能力	2
興趣驅動	14	探索精神	7	變通思維	3	激發活力	2
洞察力	13	開放包容	7	理解力	3	知識累積	1
理論基礎知識	11	善於發問	7	思維結構	3	概念力	1
專業知識	11	批判思維	6	善於反思	3	統籌能力	1
科學研究方法論	11	想像思維	6	條理性	3	策劃能力	1
知識結構	11	類比思維	6	靈活性	3	思維獨創性	1
輻合思維	11	辯證思維	6	愛國情懷	3	思維嚴密	1
持續學習	11	自信心	6	測查能力	3	思維新穎	1
嚴謹求實	11	獨立自主	6	整理總結	3	創新慾望	1
開拓超越	11	科學的價值觀	6	影響他人	3	追求真理	1
好奇心	10	信息搜尋	6	科學研究認識論	2	大膽假設	1
責任心	10	規律探求	6	知識基礎	2	保持激情	1
質疑思維	9	善於組織	6	系統思維	2	適應性	1
直覺思維	9	邏輯思維	5	提煉能力	2	幽默感	1
創新意識	9	聯想思維	5	記憶力	2	謙遜	1
求知欲	9	假設能力	5	預測能力	2	感恩	1
勤勉性	9	敏感性	5	前瞻能力	2	樸素	1

表27(續)

勝任力要素	頻次	勝任力要素	頻次	勝任力要素	頻次	勝任力要素	頻次
問題解決	9	關懷精神	5	才思敏捷	2	競爭意識	1
溝通協調	9	科學道德	5	思維活躍	2	使命感	1
學科前沿知識	8	學歷層次水準	4	思維開放	2	科學理想	1
實踐經驗	8	跳躍思維	4	冒險精神	2	抗壓性	1
發散思維	8	遷移能力	4	鑽研精神	2	設計能力	1
靈感思維	8	主動性	4	敬業精神	2	應變能力	1
變革突破	8	精益求精	4	科學的世界觀	2	感召力	1
交叉學科知識	7	獻身精神	4	科學的人生觀	2		
逆向思維	7	積極樂觀	4	耐挫性	2		

3.1.1.3 勝任力維度與要素

經過多名人員的研討，筆者進一步分類及合併內涵相同的勝任力要素，得到4個維度、44項勝任力要素（見表28）。

表28　進一步歸類、概念化與範疇化的勝任力維度與要素

勝任力維度	勝任力要素
創新知識	知識儲備、實踐經驗
創新思維	思維能力、思維方式、思維品質、大膽假設
創新個性	敏感好奇、責任心、保持激情、精益求精、積極樂觀、成就導向、開放包容、自信心、獨立自主、堅韌執著、自我概念、興趣驅動、嚴謹求實、創新意識、求知欲、勤勉敬業、冒險精神、耐挫抗壓、科學的價值觀
創新實踐	設計能力、應變能力、實踐操作、探索鑽研、問題發現、團隊合作、捕捉加工、調配掌控、統籌規劃、組織管理、影響感召、信息搜尋、規律探求、開拓超越、變革突破、問題解決、溝通協調、整理總結、持續學習

3.1.2 基於招聘廣告的勝任力要素提取

本部分是基於以下假設開展研究的：一是企業招聘活動組織者往往將企業認為最重要的信息列入招聘廣告；二是在版面與字數有限的招聘廣告中，某個體現職位所需能力的關鍵詞出現得越頻繁，表明企業對該方面要求的關注程度越高，或者可以認為該要求已經得到越來越多企業的認同。因此，這樣的關鍵詞可以作為提取勝任特徵要素的依據。[154]

本部分的研究是為了從戰略性新興產業各個領域的相關企業在互聯網上公開的招聘廣告中提取科技創新人才的勝任特徵要素，將大量的文字定量分析，以探析招聘廣告中的本質性信息和趨勢。因此，採用定性與定量分析相結合的內容分析法是合理的選擇。

3.1.2.1 樣本獲取與崗位選擇

本部分以前程無憂（http://www.51job.com/）、智聯招聘（http://ts.zhaopin.com/）、中華英才網（http://www.chinahr.com/）、卓博人才網（http://www.jobcn.com/）、智通人才網（http://www.job5156.com）等國內著名招聘網站為平臺，搜索整理了222家戰略性新興產業相關企業的237份有關科技創新人才崗位的招聘廣告信息。其中包括新一代信息技術產業企業22家，高端裝備製造產業企業24家，新材料產業企業34家，生物產業企業32家，新能源汽車產業企業28家，新能源產業企業36家，節能環保產業企業28家，數字創意產業企業18家，等等。具體科技創新人才崗位包括：技術研發工程師、新產品開發工程師、研發主管、研發總監、研發經理、技術實驗員等。具體選擇的戰略性新興產業相關企業及其招聘的科技創新人才相關職位情況見附錄6。

3.1.2.2 勝任力要素篩選與提取

筆者以這237份戰略性新興產業企業科技創新人才相關崗位招聘廣告為研究數據樣本，運用內容分析法從數據樣本中篩選、提取、梳理與歸納出能夠反應戰略性新興產業科技創新人才勝任力要素的關鍵詞或短語，並對這些關鍵詞或短語進行頻次分析。勝任力要素關鍵詞或短語的篩選、提取、梳理與歸納由2人分別獨立進行，之後討論核對。整個過程分為四步：第一步，由兩人分別對237份招聘廣告內容原始數據進行初步處理和編碼（見表29）。編碼過程就是概念化的過程，概念化過程中對戰略性新興產業科技創新人才勝任力要素的命名盡量遵照原始數據中出現的關鍵詞或短語。比如，筆者對「3. 學習和研究新技術以滿足產品的需求」進行編碼，概念化為「[1] 學習能力，[2] 研究能力」；將「1. 本科以上學歷，3年以上Android開發經驗，重視應用性能優化並具有成熟產品開發經驗；加分項：1. 有即時消息開發經驗；2. 有音視頻開發經驗；3. 有通話回音抑制與降噪開發經驗」概念化為「[3] 學歷水準，[4] 實踐經驗」；將「2. 深入瞭解Android動畫，UI事件傳遞、佈局、繪製等原理，能夠編寫自定義UI控件；3. 具有良好的數據結構和算法基礎，熟練掌握Java」概念化為「[5] 知識儲備，[6] 動手能力」；將「4. 熟悉網絡編程，熟悉Android下網絡通信機制，對Socket通信、TCP/IP和HTTP有一定理解和經驗」概念化為「[4] 實踐經驗，[5] 知識儲備，[7] 理解能力」；將「5. 強

烈的責任心和團隊精神，善於溝通與合作，吃苦耐勞」概念化為「[8] 責任心，[9] 團隊合作，[10] 溝通能力，[11] 吃苦耐勞」。第二步，兩人一起討論存在差異的編碼條目，並爭取對存在差異的條目達成共識；第三步，在將 237 份招聘廣告逐份編碼並達成共識後，對編碼條目進行匯總和統計分析，根據編碼條目的內容與性質，將編碼條目歸納為最低學歷、工作經驗和勝任力要素三類；第四步，參照前面從文獻中提取的科技創新人才勝任力要素，通過深入討論，兩人根據各個編碼條目的屬性、含義和聯繫將編碼條目再次進行合併歸類並計算出頻數。比如，編碼條目「責任心」「責任感」「責任意識」「負責」統一為「責任心」；編碼條目「溝通能力」「善於溝通」「協調能力」「善於交流」等合併為「溝通協調」；對原有編碼條目頻數進行疊加統計，比如，「追蹤前沿」頻數是 8，「跟蹤前沿」頻數是 2，「關注前沿」頻數是 2，「把握前沿」頻數是 1，「熱衷於前沿技術探索」頻數是 1，「快速掌握新知識及新技術」頻數是 1，「對未知技術和領域能快速掌握並實踐」頻數是 1，「對新事物的判斷接受能力」頻數是 1，「跟蹤趨勢」頻數是 1，「樂於接受新鮮事物」頻數是 1，「樂於接受變化」頻數是 1，「敏銳把握技術動態和方向」頻數是 1，「深入瞭解行業發展趨勢」頻數是 1，「先進技術感知能力」頻數是 1，以上編碼條目頻數統一合併為「追蹤前沿」頻數，是 23（見表 30）。

表 29　　　　　　　　招聘廣告編碼分析過程示例

招聘廣告原始數據	數據初步處理	數據編碼
安卓開發工程師 聯想集團有限公司 職位月薪：面議 工作地點：北京 發布日期：2017-07-15 工作性質：全職 工作經驗：5~10 年 最低學歷：本科 招聘人數：1 人 職位類別：Android 開發工程師 崗位職責： 1. 負責 android 客戶端業務功能的開發； 2. 負責看家寶 android 客戶端相關代碼維護、重構和性能優化； 3. 學習和研究新技術以滿足產品的需求。	安卓開發工程師 工作經驗：5~10 年 最低學歷：本科 崗位職責： 1. 負責 Android 客戶端業務功能的開發； 2. 負責看家寶 Android 客戶端相關代碼維護、重構和性能優化； 3. 學習和研究新技術以滿足產品的需求。 任職要求： 1. 本科以上學歷，3 年以上 Android 開發經驗，重視應用性能優化並具有成熟產品開發經驗；	[1] 學習能力 [2] 研究能力 [3] 學歷水準 [4] 實踐經驗 [5] 知識儲備

表29(續)

招聘廣告原始數據	數據初步處理	數據編碼
任職要求： 1. 本科以上學歷，3年以上Android開發經驗，重視應用性能優化並具有成熟產品開發經驗； 2. 深入瞭解android動畫、UI事件傳遞、佈局、繪製等原理，能夠編寫自定義UI控件； 3. 具有良好的數據結構和算法基礎，熟練掌握Java； 4. 熟悉網絡編程，熟悉Android下網絡通信機制，對Socket通信、TCP/IP和HTTP有一定理解和經驗； 5. 強烈的責任心和團隊精神，善於溝通與合作，吃苦耐勞。 加分項： 1. 有即時消息開發經驗； 2. 有音視頻開發經驗； 3. 有通話回音抑制與降噪開發經驗。 工作地址： 北京市海澱區聯想軟件園二期聯想總部西區	2. 深入瞭解Android動畫、UI事件傳遞、佈局、繪製等原理，能夠編寫自定義UI控件； 3. 具有良好的數據結構和算法基礎，熟練掌握Java； 4. 熟悉網絡編程，熟悉Android下網絡通信機制，對Socket通信、TCP/IP和HTTP有一定理解和經驗； 5. 強烈的責任心和團隊精神，善於溝通與合作，吃苦耐勞。 加分項： 1. 有即時消息開發經驗； 2. 有音視頻開發經驗； 3. 有通話回音抑制與降噪開發經驗。	[6] 動手能力 [7] 理解能力 [8] 責任心 [9] 團隊合作 [10] 溝通能力 [11] 吃苦耐勞

註：根據智聯招聘（http://ts.zhaopin.com/）網站招聘廣告整理編製。

表30　　　　　　　　　基於招聘廣告的勝任力要素

勝任力要素	出現頻數與頻率（%）	勝任力要素	出現頻數與頻率（%）
知識儲備	226	勇於挑戰	16
實踐經驗	221	歸納總結	15
溝通協調	206	正直沉穩	14
團隊合作	156	探索鑽研	13
實踐操作	126	理解能力	12
責任心	107	職業道德	12
獨立自主	78	興趣驅動	12
組織管理	75	文字功底	12
分析判斷	67	進取心	11
善於思考	63	領導能力	11
耐挫抗壓	62	研發能力	10

表30(續)

勝任力要素	出現頻數與頻率（%）	勝任力要素	出現頻數與頻率（%）
英文水準	59	洞察力	10
善於學習	58	誠實守信	9
規劃設計	48	局勢把控	9
認真踏實	44	應變能力	8
問題解決	41	時間觀念	7
善於表達	38	領悟遷移	7
積極主動	38	堅韌執著	7
創新能力	24	好奇敏感	6
嚴謹務實	24	良好習慣	5
追蹤前沿	23	精益求精	5
熱情激情	22	自我意識	4
細心專注	21	成就導向	4
勤勉敬業	21	認同感	3
適應性	19	樂觀外向	3
客戶導向	18	身體健康	2
創新意識	17	安全意識	2
信息檢閱	16	提煉整合	2

註：根據招聘廣告信息編碼、整理、統計後編製。

3.1.3 基於訪談數據的勝任力要素參考

本部分參考借鑑了國家社會科學基金重點項目「中國戰略性新興產業創新主體勝任力模型構建與開發機制研究」（批准號：11AGL002）研究成果的部分內容，分別是楊木春博士通過關鍵行為事件訪談和開放式問卷調查獲得的生物產業科技創新人才勝任力要素（見表31）和王歡博士通過行為事件訪談獲取的新一代信息技術產業科技創新人才勝任力要素及典型描述舉例（見表32）。

表31　關鍵行為事件訪談和開放式問卷調查獲得勝任力特徵

排序	勝任特徵	頻次	百分比
1	創新性	20	100%
2	信息搜集	20	91%
3	問題解決	20	91%

表31(續)

排序	勝任特徵	頻次	百分比
4	專業技能	19	86%
5	成就導向	19	86%
6	團隊協作	18	82%
7	堅持不懈	18	82%
8	認同度	18	82%
9	戰略思考	18	82%
10	影響他人	17	77%
11	市場敏感度	17	77%
12	強烈的自我概念	17	77%
13	客戶服務	16	73%
14	人際溝通	16	73%
15	持續學習	16	73%
16	前瞻性	14	64%
17	敢於質疑	12	55%
18	經驗總結	10	45%
19	心理素質	10	45%
20	關注細節	8	36%
21	進取心	7	32%
22	時間管理	6	19%

資料來源：該表來自楊木春博士的博士論文《生物農業企業技術創新人才勝任力模型構建與應用研究》。

表32　新一代信息技術產業科技創新人才勝任力要素及典型描述舉例

勝任力因素	典型描述舉例
學習能力	A. 要重視日常對研究方向新技術的學習，做到有備而戰。 B. 做好知識管理，對掌握的知識做好分類，做好電子筆記，可以用有道雲筆記等，並定期消化。 C. 對新知識、新技能具有強烈的渴求和意願，善於總結失敗和成功的經驗，積極利用多途徑為自己創造學習機會並主動學習。
創新能力	A. 在核心技術和管理上要不斷創新，並加以應用。 B. 缺乏創新力，喜歡按部就班，不願嘗試新方法，不利於技術創新。 C. 在技術創新過程中，做事縮手縮腳，不願意打破常規，一般能以取得成功。

表32(續)

勝任力因素	典型描述舉例
系統思考	A. 把握方向，有取捨，同時關注重點，解決主要矛盾，這都是有益於實現技術創新目的的思考方式。 B. 重視系統性思考，做決策時能夠從全局角度考慮問題。 C. 要想實現技術創新，思考問題時就要具有一定的預見性。
專業技術水準	A. 不斷充實自身的專業知識、專業技術，保證自己能緊跟技術潮流，提高自身技術實力。 B. 多接觸各種行業內、行業外的知識，開闊視野。 C. 瞭解最新的行業和行業相關知識，多關注相關專業的新聞網站、專業論壇時，擴展自己的知識面，強化自己的思維。
全局把控與統籌能力	A. 做決策時能夠從全局角度考慮問題。 B. 多個緊急任務並發時，能夠協調安排處理妥當。 C. 面臨多而繁雜的工作，能夠理清工作的重點，重點解決關鍵問題。
目標導向	A. 有明確的目標，且目標不會隨時更改。 B. 能夠明確及細化目標，並始終以既定的目標為導向。 C. 為自己制定階段性目標並努力確保實現。
執行力	A. 強有力的執行，能很好推動技術項目的進展。 B. 對項目進展的跟蹤把握，並能根據實際情況調整計劃。 C. 制訂合理的標準來約束人的行為，通過階段性的考核，開展工作流程管理。
時間管理	A. 在技術創新過程中，要注重時間節點掌控，設定合理檢查點。 B. 通過有效的規劃工作時間來滿足多項工作並發處理要求，區分每項工作的優先級，確保重要工作優先處理。 C. 我要利用好碎片時間，靜下心裡，爭取成為技術專家。
客戶導向	A. 與需求方保持經常溝通，瞭解最新工作思路和動態，保證項目各個時間節點完成既定內容。 B. 與客戶多次溝通，明確需求，防止交流時只瞭解到客戶表述部分的需求，不瞭解深層次的需求。 C. 重視換位思考，從客戶視角思考。
溝通能力	A. 不定期與項目組成員交流，及時向領導匯報工作並得到反饋。 B. 實事求是，但以別人能接受的方法、方式表達。 C. 增強人際溝通方面的靈活性和有效性。
團隊精神	A. 所在的團隊內能做到開誠布公，充分和項目組成員交流信息及思想，共同做決定。 B. 重視團隊的凝聚力，以團結的凝聚力，以團結的心態去面對工作中的問題和困難。 C. 注重團隊合作，最大限度發揮團隊合作力。
合作共贏	A. 創造合作的機會，齊心協力，綜合統效，能夠取得更多的成果。 B. 建立雙贏思維，令自己與合作夥伴都受益。 C. 協調各方資源共同努力。

資料來源：該表來自王歡博士的博士論文《新一代信息技術產業技術創新主體勝任力研究》。

3.1.4 基於產業特徵的勝任力要素演繹

本部分將基於戰略性新興產業的特徵,運用演繹分析法,組織相關專家演繹分析出戰略性新興產業科技創新人才的勝任力要素。具體做法如下:第一,編製基於戰略性新興產業特徵的科技創新人才勝任力要素開放式問卷,獲取專家的相關數據信息;第二,整理專家提供的數據信息,梳理、歸納出戰略性新興產業科技創新人才勝任力要素;第三,將梳理、歸納的勝任力要素編製成專家評分表,讓專家依據勝任力要素的重要程度進行評分;第四,根據專家對勝任力要素的評分情況,對勝任力要素進行排序。

3.1.4.1 勝任力要素的演繹獲取

以問卷星網站為信息收集平臺,將編製好的開放式專家諮詢問卷(見附錄7)通過微信發給6名專家(3名人力資源管理專家、3名戰略性新興產業專家,具體專家信息見表33),邀請專家根據戰略性新興產業特徵演繹出戰略性新興產業科技創新人才應該具備的勝任力,並歸納成勝任力要素。收集、整理、歸納專家們演繹出的勝任力要素見表34。

表33   專家相關信息

類別	樣本分析	數量	百分比(%)
專業領域	人力資源管理	3	50.00
	戰略性新興產業	3	50.00
性別	男	3	50.00
	女	3	50.00
學歷	碩士研究生	1	16.67
	博士研究生	5	83.33
職稱/職務	初級	1	16.67
	中級	2	33.33
	高級	3	50.00
工作年限	1~5年	1	16.67
	6~10年	1	16.67
	11~15年	1	16.67
	16~20年	2	33.33
	20年以上	1	16.67

表 34　　　　　　　　　演繹分析獲取的勝任力要素

序號	特徵	內涵	專家演繹獲取的勝任力要素
1	戰略全局長遠性	戰略性新興產業關係國民經濟社會發展全局，代表未來經濟和科技發展方向，意味著未來國際產業話語權的分配，對國家戰略安全具有重大深遠的影響，並且對於經濟社會發展的貢獻是全面的、長期的、穩定的和可持續的	原創能力、責任感、使命感、奉獻精神、大局意識、戰略思維
2	成長風險難測性	戰略性新興產業當前仍處於初成期或萌芽期，還需要較長的時間才能發展到成熟期，在成長過程中可以借助其技術革新使能力快速增長、穩定成長，但是由於市場需求難以預測性、技術研發路徑的複雜多樣性、新的組織管理和營運模式的探索性和曲折性等，也存在諸多不確定性的潛在風險	創新膽識、抗壓耐挫、堅韌執著、應變把控
3	創新驅動突破性	戰略性新興產業，以科技創新為靈魂，以重大核心技術突破為基礎，以創新為主要驅動力，是在當前全球科技創新密集以及技術經濟範式更迭時代下新興科技與新興產業深度融合的結果，是整個生產鏈條中科技創新最為集中的領域，可以突破原有資源依賴式的經濟增長方式，甚至會引發新一輪的產業革命	原創能力、追蹤前沿、開拓突破、求異思維
4	關聯帶動整合性	戰略性新興產業運用到的技術是多學科或交叉學科的，其技術創新涉及的產業聯繫比較緊密，具有一定基礎性和共有性，一些重大的技術創新可以在許多領域獲得廣泛的運用，可以實現產業間的技術互動和價值連結與整合，可以帶動相關和配套產業的發展	前沿知識、交叉知識、整合能力、合作精神、融合思維
5	技術密集依賴性	戰略性新興產業不僅採用和涉及顛覆現有產業技術路徑或催生全新產業的突破性前沿核心技術，而且對其配套技術也有著複雜的要求，需要眾多技術的配合、支持，甚至要求相關配套技術也要有重要的突破性進展	開拓突破、原創能力、合作精神
6	動態調整演化性	在不同的歷史時期、產業生命週期以及經濟環境下，隨著技術的進步和推廣，戰略性新興產業的內容與領域並不是一成不變的，是要根據時代變遷和內外部環境的變化進行適時調整和不斷更新的，為適應經濟、社會、科技、人口、資源、環境等變化提出的要求，其內涵和外延也會有所不同	應變把控、捕捉能力、抗壓耐挫、堅韌執著、好奇敏感、時間觀念
7	前瞻導向輻射性	戰略性新興產業的選擇具有信號作用，具有引領和帶動作用，具有前瞻性安排的作用，能夠明確政府的政策導向和未來的經濟發展重點，引導資金投放、人才集聚、技術研發和政策制定；另外，其回顧效應、旁側效應、前向效應等擴散效應可以帶動相關產業的發展，形成完整的產業鏈或一定規模的產業集群	預測假設、前瞻能力、整合能力

表34(續)

序號	特徵	內涵	專家演繹獲取的勝任力要素
8	低碳可持續性	戰略性新興產業屬於技術密集、知識密集、人才密集的高科技產業,通過創造性地使用新能源、新技術,擺脫資源約束,提高產品附加值,對發展低碳經濟、綠色經濟,實現高質量、可持續的經濟增長有重要作用	責任心、使命感、客戶導向、環保意識
9	國際競爭合作性	戰略性新興產業的發展必須做好參與激烈國際競爭的準備,在新一輪技術變革引發的全球產業再洗牌中全力搶占新一輪科技經濟競爭制高點,此外,參與國際競爭的同時也會出現越來越多的國際合作	跨文化溝通、外語水準、競爭意識、合作精神、追求卓越
10	市場需求引導性	戰略性新興產業能滿足和培育重大需求,具有巨大的市場潛力和市場規模,具有廣闊市場前景,能夠實現經濟的持續快速發展	市場思維、客戶導向

註:根據6名專家開放式諮詢問卷提供的數據信息匯總和整理。

對6名專家提供的數據信息進行梳理和歸納得到了30個勝任力要素,具體見表35。

表35　　演繹分析法獲得的勝任力要素

序號	勝任力要素	序號	勝任力要素	序號	勝任力要素
1	原創能力	11	開拓突破	21	時間觀念
2	責任感	12	求異思維	22	前瞻能力
3	使命感	13	前沿知識	23	預測假設
4	奉獻精神	14	交叉知識	24	客戶導向
5	大局意識	15	市場思維	25	環保意識
6	戰略思維	16	整合能力	26	跨文化溝通
7	創新膽識	17	融合思維	27	外語水準
8	抗壓耐挫	18	應變把控	28	合作精神
9	堅韌執著	19	捕捉能力	29	追求卓越
10	追蹤前沿	20	好奇敏感	30	競爭意識

註:根據6名專家開放式諮詢問卷提供的數據信息梳理與歸納。

3.1.4.2　勝任力要素重要性排序

將梳理、歸納出的30個勝任力要素編製成《基於產業特徵的戰略性新興產業科技創新人才勝任力要素重要性評分表》(見附錄8)再次發給6名專家

進行評分，根據專家們的評分數據統計獲得勝任力要素的重要性排序，具體見表36。

表36 演繹分析法獲得的勝任力要素

序號	勝任力要素	重要性平均分	序號	勝任力要素	重要性平均分
1	追蹤前沿	5.00	16	交叉知識	4.17
2	原創能力	4.83	17	前瞻能力	4.17
3	應變把控	4.83	18	融合思維	4.00
4	捕捉能力	4.83	19	預測假設	4.00
5	好奇敏感	4.83	20	客戶導向	4.00
6	合作精神	4.83	21	使命感	3.67
7	開拓突破	4.67	22	時間觀念	3.67
8	創新膽識	4.50	23	奉獻精神	3.50
9	抗壓耐挫	4.50	24	環保意識	3.50
10	追求卓越	4.50	25	跨文化溝通	3.50
11	堅韌執著	4.33	26	戰略思維	3.33
12	整合能力	4.33	27	市場思維	3.33
13	責任感	4.17	28	外語水準	3.33
14	求異思維	4.17	29	大局意識	3.17
15	前沿知識	4.17	30	競爭意識	3.17

註：根據《基於戰略性新興產業特徵的科技創新人才勝任力要素評分表》數據整理，具體見附錄9。

3.1.5 初始勝任力模型確定

根據從研究文獻、招聘廣告、訪談數據、專家諮詢數據等渠道獲取的勝任力要素，本部分將通過勝任力要素對照、分析與整合，確定戰略性新興產業科技創新人才勝任力要素，初步構建勝任力模型。

3.1.5.1 勝任力要素對照與整合

將多渠道獲取的勝任力要素進行對照（見表37），本書邀請另外兩名專家（一名心理學專家，一名教育學專家）根據勝任力要素對照表，展開充分的研討，並盡量依照分類學的相關理論和原則，通過整合將相似勝任力要素的名稱進行規範和統一，最終確定30個勝任力要素（見表38）入選勝任力模型。

表 37　　　　　　　　　　多渠道獲取的勝任力要素對照

研究文獻提取的勝任力要素	招聘廣告提取的勝任力要素	訪談及問卷提取的勝任力要素		產業特徵演繹獲得的勝任力要素
		生物產業	新一代信息技術產業	
堅韌執著、實踐操作、自我概念、團隊合作、興趣驅動、思維能力、知識儲備、思維方式、持續學習、嚴謹求實、開拓超越、敏感好奇、責任心、創新意識、求知欲、勤勉敬業、問題解決、溝通協調、實踐經驗、變革突破、成就導向、探索鑽研、開放包容、問題發現、自信心、獨立自主、科學的價值觀、信息搜尋、規律探求、組織管理、精益求精、積極樂觀、整理總結、影響感召、思維品質、冒險精神、耐挫抗壓、捕捉加工、調配掌控、統籌規劃、大膽假設、保持激情、設計能力、應變能力	知識儲備、實踐經驗、溝通協調、團隊合作、實踐操作、責任心、獨立自主、組織管理、分析判斷、善於思考、挫抗壓、英文水準、善於學習、規劃設計、認真踏實、問題解決、善於表達、積極主動、創新能力、嚴謹務實、追蹤前沿、熱情激情、細心專注、勤勉敬業、適應性、客戶導向、創新意識、信息檢閱、勇於挑戰、歸納總結、正直沉穩、探索鑽研、理解能力、職業道德、興趣驅動、文字功底、進取心、領導能力、研發能力、洞察力、局勢把控、應變能力、時間觀念、領悟遷移、堅韌執著、好奇敏感、良好習慣、精益求精、自我意識、成就導向、認同感、樂觀外向、身體健康、安全意識、提煉整合	創新性、信息搜集、問題解決、專業技能、成就導向、團隊協作、堅持不懈、認同度、戰略思考、影響他人、市場敏感度、強烈的自我概念、客戶服務、人際溝通、持續學習、前瞻性、敢於質疑、經驗總結、心理素質、關注細節、進取心、時間管理	學習能力、創新能力、系統思考、專業技術水準、全局把控與統籌能力、目標導向、執行力、時間管理、客戶導向、溝通能力、團隊精神、合作共贏、信息獲取與分享	追蹤前沿、原創能力、應變把控、捕捉能力、好奇敏感、合作精神、開拓突破、創新膽識、抗壓耐挫、追求卓越、堅韌執著、整合能力、責任感、求異思維、前沿知識、交叉知識、前瞻能力、融合思維、預測假設、客戶導向、使命感、時間觀念、奉獻精神、環保意識、跨文化溝通、戰略思維、市場思維、外語水準、大局意識、競爭意識

註：根據前面多渠道獲取的勝任力要素匯總編製。

表38　　　　　　　入選勝任力理論模型的勝任力要素

序號	勝任力要素	序號	勝任力要素	序號	勝任力要素
1	影響感召	11	堅韌執著	21	知識儲備
2	實踐操作	12	盡職盡責	22	經驗累積
3	問題解決	13	興趣驅動	23	敢於冒險
4	追蹤前沿	14	積極主動	24	獨立自主
5	應變把控	15	精益求精	25	勤勉敬業
6	信息檢閱	16	時間觀念	26	開放包容
7	原創能力	17	溝通協作	27	嚴謹務實
8	開拓突破	18	組織管理	28	保持激情
9	探索鑽研	19	善於學習	29	誠實守信
10	善於思考	20	成就導向	30	客戶導向

3.1.5.2　初始勝任力模型確定

結合已有的創新人才勝任力研究成果（見表39），借鑑勝任力的因果流程模型（見圖3），通過與兩位專家研討，本書試圖提出戰略性新興產業科技創新人才「五動力」勝任力理論模型（見表40）和因果流程模型（見圖25）。

表39　　　　　　　創新人才勝任力維度與要素梳理

勝任力維度與要素	簡介	來源
◇創新意識：個人意識、氛圍意識； ◇創新精神：創新人格、創新品質； ◇創新知識：知識水準、經驗感知與教育背景； ◇創新技能：基本技能、實際操作技能	創新人才勝任力構成要素	何健文[155]（2011）
◇創新能力：想像力、溝通能力、觀察力、決斷力、分析能力、學習能力、思維能力、問題解決能力、預見力； ◇創新品德：熱情、誠實正直、責任感； ◇創新知識：專業知識、工作經驗、知識面、前沿知識； ◇創新精神：進取精神、毅力、探索精神、團隊合作精神、質疑精神； ◇創新人格：樂觀、抗壓性、適應性、好奇心、獨立性、自信	創新人才勝任力結構模型	周霞,景保峰,歐凌峰[156]（2012）
◇創新人格：樂觀、自信、抗壓性； ◇創新意識：動機、需要、成就感； ◇創新精神：質疑精神、團隊協作精神、探索精神； ◇創新能力：思維能力、學習能力、構想力、問題解決能力	基層創新人才勝任力指標	趙海濤,靳曉娜[157]（2013）

註：根據相關文獻整理編製

表 40　　　　　　　　　　初始勝任力模型構成

勝任力維度	勝任力要素
創新驅動力——創新意識	成就導向
	客戶導向
	興趣驅動
創新啓動力——創新思維	善於思考
	善於學習
創新助動力——創新品質	知識儲備
	經驗累積
	敢於冒險
	獨立自主
	勤勉敬業
	開放包容
	嚴謹務實
	保持激情
	誠實守信
	堅韌執著
	盡職盡責
	積極主動
	精益求精
	時間觀念
創新互動力——創新人際	溝通協作
	組織管理
	影響感召
創新行動力——創新技能	實踐操作
	問題解決
	追蹤前沿
	應變把控
	信息檢閱
	原創能力
	開拓突破
	探索鑽研

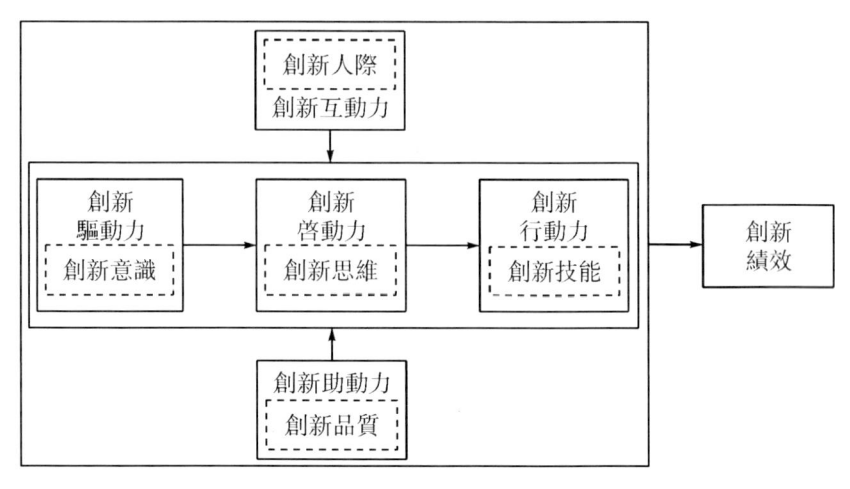

圖 25　初始勝任力因果流程模型

3.2　勝任力模型的專家檢驗

本部分採用專家問卷諮詢和專家研討諮詢兩種方式相結合來初步驗證、調整和完善戰略性新興產業科技創新人才勝任力理論模型。

3.2.1　專家選擇

該部分採取非概率的「主觀抽樣」選擇諮詢專家。在高校、科研機構、企業共邀請41位專家參與問卷諮詢，其中包括人力資源管理專家4人，教育學專家8人，心理學專家3人，戰略性新興產業專家26人。這樣既能夠保證專家組成員在研究主題上具有專業的理論認識，也能體現他們對研究主題的實踐感知。專家組成員的基本信息詳見表41。

表 41　　專家組成員構成基本背景信息

類別	樣本分析	數量	百分比（%）
專業領域	戰略性新興產業	26	63.41
	教育學	8	19.51
	心理學	3	7.32
	人力資源管理	4	9.76

表41(續)

類別	樣本分析	數量	百分比（%）
性別	男	27	65.85
	女	14	34.15
學歷	本科	3	7.32
	碩士研究生	9	21.95
	博士研究生	29	70.73
職稱/職務	初級	2	4.88
	中級	16	39.02
	高級	23	56.10
工作年限	1~5 年	9	21.95
	6~10 年	7	17.07
	11~15 年	15	36.59
	16~20 年	7	17.07
	20 年以上	3	7.32

註：根據專家相關信息編製。

3.2.2 研究工具

本研究採用自編的諮詢問卷作為研究工具。

工具一：《戰略性新興產業科技創新人才勝任力模型諮詢問卷（一）》（見附錄10）。結合戰略性新興產業科技創新人才勝任力理論模型構成要素進行編製，主要用來收集專家們對戰略性新興產業科技創新人才勝任力要素與維度的初步認識，由若干道開放性與半開放性題目組成。

工具二：《戰略性新興產業科技創新人才勝任力模型諮詢問卷（二）》（見附錄11）。主要對戰略性新興產業科技創新人才勝任力要素與維度適合程度進行判斷並提出修改意見。該問卷採用三級量表（1分：不適合；2分：修改後適合；3分：適合）採集各項維度和要素適合度的相關數據，並通過一個開放性題目徵集專家的相關意見。

工具三：《戰略性新興產業科技創新人才勝任力模型諮詢問卷（三）》（見附錄12）。用於判斷勝任力結構模型的科學性、準確性和全面性，並徵集專家對模型的優化意見。該問卷採用五級量表（1分：非常不符合；2分：不太符合；3分：不確定；4分：比較符合；5分：非常符合）採集相關數據，並通過一個開放性題目收集專家的相關意見。

工具四：《戰略性新興產業科技創新人才勝任力模型諮詢問卷（四）》（見附錄13）。該工具用於勝任力模型權重的諮詢，並徵集專家的模型優化意見。

3.2.3 研究程序

該部分分兩個階段、四輪專家諮詢和四輪專家研討來進行。第一個階段主要是獲得專家對戰略性新興產業科技創新人才勝任力模型的認識與優化數據，優化的目的是為了能更加準確地確定戰略性新興產業科技創新人才勝任力結構模型。本階段工作主要通過三輪專家問卷諮詢和三輪專家研討諮詢進行。第一輪諮詢通過發放《戰略性新興產業科技創新人才勝任力模型諮詢問卷（一）》，獲得專家對戰略性新興產業科技創新人才勝任力理論模型的認識數據，將專家提出的補充、修改或調整意見進行整理，並針對不確定的內容與部分專家進行研討，完善戰略性新興產業科技創新人才勝任力理論模型；在此基礎上，編製第二輪諮詢問卷（《戰略性新興產業科技創新人才勝任力模型諮詢問卷（二）》），獲取專家對模型適合度的判斷數據和相關意見，並針對個別不確定的內容與部分專家進行研討，優化戰略性新興產業科技創新人才勝任力結構模型；在此基礎上，編製第三輪諮詢問卷（《戰略性新興產業科技創新人才勝任力模型諮詢問卷（三）》），獲取專家對優化模型科學性、準確性和全面性的判斷數據和相關意見。針對個別不確定的內容或可能遺漏的內容，再次與部分專家進行研討，最終得到有數據支撐和初步驗證的戰略性新興產業科技創新人才勝任力結構模型。

第二階段主要是確定戰略性新興產業科技創新人才勝任力結構模型的權重，進一步完善戰略性新興產業科技創新人才勝任力結構模型，本階段工作主要通過第四輪專家諮詢進行。編製第四輪諮詢問卷（《戰略性新興產業科技創新人才勝任力模型諮詢問卷（四）》），獲得專家對勝任力模型權重的判斷數據和相關意見，針對個別情況與部分專家進行研討，形成賦予權重的戰略性新興產業科技創新人才勝任力結構模型。具體研究流程見圖26。

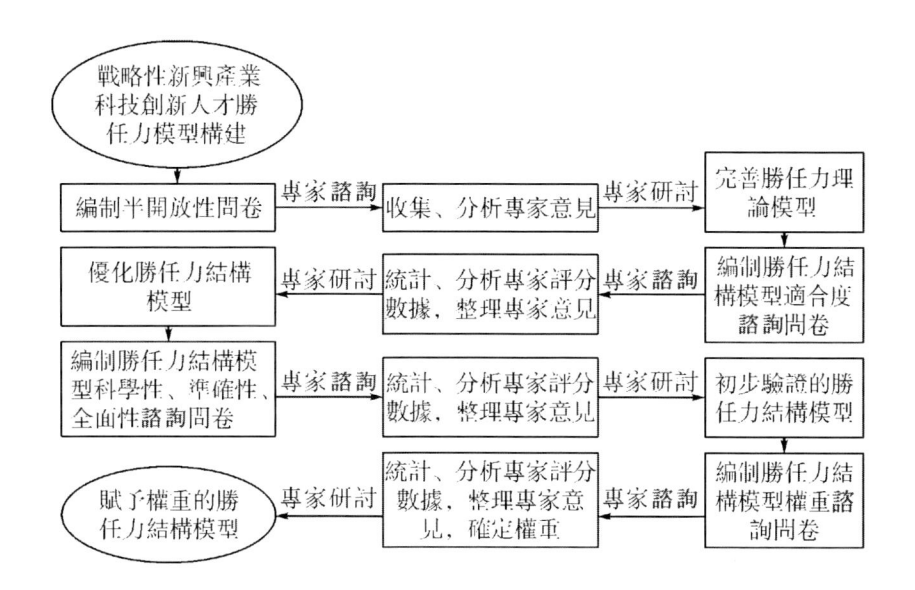

圖 26 專家諮詢流程圖

3.2.4 統計分析

本部分運用 SPSS20.0 進行數據統計分析，以均值（集中度）、標準差（離散度）與變異系數作為判斷、篩選與確定戰略性新興產業科技創新人才勝任力模型要素與維度的統計量。集中度、離散度和變異系數都是要素或指標必要度在某一方面的反應，如集中度越大、離散度越小、變異系數越小，則要素或指標的必要度越高。我們通過相關統計量可以從數據層面瞭解專家對戰略性新興產業科技創新人才勝任力模型適合度、科學性、準確性和全面性的判斷情況。

四輪問卷均發放 41 份，回收有效問卷均為 41 份，問卷回收率均為 100%。本書通過對四輪問卷的整理和分析，結合專家研討、初步驗證、調整和完善了戰略性新興產業科技創新人才勝任力理論模型（包括結構模型和因果模型）。

3.2.4.1 勝任力模型的補充與完善

在整理第一輪專家們對戰略性新興產業科技創新人才勝任力理論模型提出的補充、修改與調整意見的基礎上（見附錄 14），針對個別不確定的內容與部分專家進行了深度研討，綜合專家們的意見，將戰略性新興產業科技創新人才勝任力理論模型調整為 5 個維度 40 項要素（見表 42）。在本輪諮詢過程中，部分專家認為 5 個維度有交叉重合之處，這裡我們先暫不做調整，待下一輪諮

詢後再做考慮。

表 42　　　　　　　　　補充後的勝任力維度與要素

勝任力維度	勝任力要素
創新驅動力——創新意識（C_1）	成就導向（C_{1-1}）
	好奇敏感（C_{1-2}）
	市場意識（C_{1-3}）
	客戶導向（C_{1-4}）
	興趣驅動（C_{1-5}）
創新啓動力——創新思維（C_2）	善於思考（C_{2-1}）
	分析判斷（C_{2-2}）
	領悟遷移（C_{2-3}）
	善於學習（C_{2-4}）
	提煉整合（C_{2-5}）
創新助動力——創新品質（C_3）	知識儲備（C_{3-1}）
	經驗累積（C_{3-2}）
	敢於冒險（C_{3-3}）
	獨立自主（C_{3-4}）
	勤勉敬業（C_{3-5}）
	開放包容（C_{3-6}）
	嚴謹務實（C_{3-7}）
	保持激情（C_{3-8}）
	誠實守信（C_{3-9}）
	認真踏實（C_{3-10}）
	細心專注（C_{3-11}）
	堅韌執著（C_{3-12}）
	盡職盡責（C_{3-13}）
	耐挫抗壓（C_{3-14}）
	積極主動（C_{3-15}）
	精益求精（C_{3-16}）
	時間觀念（C_{3-17}）

表42(續)

勝任力維度	勝任力要素
創新互動力——創新人際（C_4）	溝通協作（C_{4-1}）
	組織管理（C_{4-2}）
	協調配合（C_{4-3}）
	影響感召（C_{4-4}）
創新行動力——創新技能（C_5）	實踐操作（C_{5-1}）
	規劃設計（C_{5-2}）
	問題解決（C_{5-3}）
	追蹤前沿（C_{5-4}）
	應變把控（C_{5-5}）
	信息檢閱（C_{5-6}）
	原創能力（C_{5-7}）
	開拓突破（C_{5-8}）
	探索鑽研（C_{5-9}）

3.2.4.2 勝任力模型的調整與優化

1. 勝任力模型適合度判斷

筆者通過對第二輪諮詢問卷反饋意見的整理和統計，得到了戰略性新興產業科技創新人才勝任力維度和要素適合度（認同度和協調程度）的相關統計量（見表43）。其中，均值越高，得分率就越高，得分率越高則說明專家對勝任力維度或要素的認同度越高。比如，C_{2-1}的均值為2.90，那麼這就意味該勝任力要素的得分率為2.90÷3.00×100% = 96.67%。標準差越低則反應專家對勝任力維度或要素的認同度越高。但「由於均值和標準差都是平均指標，有時這二者表示的結果可能不完全一致，這時就需要使用變異系數進行判斷，它等於標準差與平均值的比值，反應專家對指標（或評價標準）評價的協調程度。[158]」這為我們判斷勝任力維度和要素提供了數據支持。為獲得認同度較高、數量適當的勝任力維度和要素，取指標均值大於等於2.7，即專家認同度在90%以上，得到3個維度29項要素的勝任力結構模型。這些維度和要素的標準差為0~0.549；變異系數值為0~0.20，反應了整個專家組對戰略性新興產業科技創新人才勝任力維度和要素的認同度、協調度較高。另外，專家諮詢和研討認為，由於勝任力要素C_{1-3}（市場意識）和C_{1-4}（客戶導向）內涵有重合，在專家判斷時打分出現分散情況，所以研討決定保留勝任力要素C_{1-4}（客戶導向）。

表 43　　　　　　　勝任力維度與要素適合度相關統計量

測試項目	C_1	C_{1-1}	C_{1-2}	C_{1-3}	C_{1-4}	C_{1-5}	C_2	C_{2-1}	C_{2-2}
均值	2.85	2.85	2.83	2.56	2.61	2.83	2.80	2.90	2.49
標準差	0.478	0.422	0.442	0.550	0.586	0.495	0.511	0.374	0.553
變異系數	0.17	0.15	0.16	0.21	0.22	0.17	0.18	0.13	0.22
測試項目	C_{2-3}	C_{2-4}	C_{2-5}	C_3	C_{3-1}	C_{3-2}	C_{3-3}	C_{3-4}	C_{3-5}
均值	2.46	2.88	2.49	2.56	2.78	2.80	2.85	2.85	2.83
標準差	0.596	0.400	0.597	0.594	0.525	0.511	0.478	0.358	0.442
變異系數	0.24	0.14	0.24	0.23	0.19	0.18	0.17	0.13	0.16
測試項目	C_{3-6}	C_{3-7}	C_{3-8}	C_{3-9}	C_{3-10}	C_{3-11}	C_{3-12}	C_{3-13}	C_{3-14}
均值	2.78	2.83	2.83	2.44	2.56	2.56	2.90	2.76	2.76
標準差	0.475	0.442	0.495	0.594	0.594	0.550	0.374	0.489	0.538
變異系數	0.17	0.16	0.17	0.24	0.23	0.21	0.13	0.18	0.19
測試項目	C_{3-15}	C_{3-16}	C_{3-17}	C_4	C_{4-1}	C_{4-2}	C_{4-3}	C_{4-4}	C_5
均值	2.76	2.78	2.73	2.59	2.85	2.73	2.37	2.73	2.85
標準差	0.538	0.525	0.549	0.591	0.422	0.549	0.581	0.549	0.478
變異系數	0.19	0.19	0.20	0.23	0.15	0.20	0.25	0.20	0.17
測試項目	C_{5-1}	C_{5-2}	C_{5-3}	C_{5-4}	C_{5-5}	C_{5-6}	C_{5-7}	C_{5-8}	C_{5-9}
均值	2.88	2.83	2.59	2.85	2.88	2.44	2.56	2.76	2.80
標準差	0.400	0.495	0.591	0.422	0.331	0.594	0.594	0.538	0.511
變異系數	0.14	0.17	0.23	0.15	0.11	0.24	0.23	0.19	0.18

註：根據《戰略性新興產業科技創新人才勝任力模型諮詢問卷（二）》回收的數據整理，具體見附件15。

最後，根據模型適合度統計數據結果和專家研討結果，這裡將戰略性新興產業科技創新人才勝任力模型調整為3個維度30項要素（見表44）。

表 44　　　　　　　　調整後的勝任力維度與要素

維度（編號）	勝任力要素（編號）
創新驅動力（C_1）——創新意識	成就導向（C_{1-1}）
	好奇敏感（C_{1-2}）
	客戶導向（C_{1-3}）
	興趣驅動（C_{1-4}）

表44(續)

維度（編號）	勝任力要素（編號）
創新啓動力（C_2）——創新思維+創新品質	善於思考（C_{2-1}）
	善於學習（C_{2-2}）
	知識儲備（C_{2-3}）
	經驗累積（C_{2-4}）
	敢於冒險（C_{2-5}）
	獨立自主（C_{2-6}）
	勤勉敬業（C_{2-7}）
	開放包容（C_{2-8}）
	嚴謹務實（C_{2-9}）
	保持激情（C_{2-10}）
	堅韌執著（C_{2-11}）
	盡職盡責（C_{2-12}）
	耐挫抗壓（C_{2-13}）
	積極主動（C_{2-14}）
	精益求精（C_{2-15}）
	時間觀念（C_{2-16}）
創新行動力（C_3）——創新人際+創新技能	溝通協作（C_{3-1}）
	組織管理（C_{3-2}）
	影響感召（C_{3-3}）
	實踐操作（C_{3-4}）
	規劃設計（C_{3-5}）
	追蹤前沿（C_{3-6}）
	應變把控（C_{3-7}）
	原創能力（C_{3-8}）
	開拓突破（C_{3-9}）
	探索鑽研（C_{3-10}）

2. 勝任力模型科學性、準確性和全面性判斷

筆者經過第三輪問卷諮詢，得到了專家們對優化後的戰略性新興產業科技創新人才勝任力結構模型科學性、準確性和全面性的判斷數據（見表45）。從模型科學性、準確性和全面性的均值、標準差和系數值來看，專家們的判斷基本趨於一致，表明該模型在科學性、準確性和全面性方面得到了專家們的一定認可。另

外，在返回的專家意見中，有些專家再度強調之前被合併的一些勝任力要素的重要性以及個別勝任力要素名稱需要調整。基於專家們對模型科學性、準確性、全面性的判斷數據，綜合之前的勝任力要素以及專家的意見，筆者通過調整和修訂，將勝任力要素「成就導向」調整為「成就動機」，「知識儲備」調整為「知識運用」，「經驗累積」調整為「經驗遷移」。本書最終通過優化形成 3 個維度 30 項勝任力要素的戰略性新興產業科技創新人才勝任力模型（見表 46）。

表 45　　　　　勝任模型科學性、準確性和全面性相關統計量

測試項目	科學性	準確性	全面性
均值	4.51	4.44	4.32
標準差	0.506	0.502	0.521
變異系數	0.11	0.11	0.12

註：根據《戰略性新興產業科技創新人才勝任力模型諮詢問卷（三）》回收的數據整理，具體見附件 16。

表 46　　　　　　　　優化後的勝任力維度與要素

維度（編號）	勝任力要素（編號）
創新驅動力（C_1）——創新意識	成就動機（C_{1-1}）
	好奇敏感（C_{1-2}）
	客戶導向（C_{1-3}）
	興趣驅動（C_{1-4}）
創新啟動力（C_2）——創新思維+創新品質	善於思考（C_{2-1}）
	善於學習（C_{2-2}）
	知識運用（C_{2-3}）
	經驗遷移（C_{2-4}）
	敢於冒險（C_{2-5}）
	獨立自主（C_{2-6}）
	勤勉敬業（C_{2-7}）
	開放包容（C_{2-8}）
	嚴謹務實（C_{2-9}）
	保持激情（C_{2-10}）
	堅韌執著（C_{2-11}）
	盡職盡責（C_{2-12}）
	耐挫抗壓（C_{2-13}）
	積極主動（C_{2-14}）
	精益求精（C_{2-15}）
	時間觀念（C_{2-16}）

表46(續)

維度（編號）	勝任力要素（編號）
創新行動力（C_3）——創新人際+創新技能	溝通協作（C_{3-1}）
	組織管理（C_{3-2}）
	影響感召（C_{3-3}）
	實踐操作（C_{3-4}）
	規劃設計（C_{3-5}）
	追蹤前沿（C_{3-6}）
	應變把控（C_{3-7}）
	原創能力（C_{3-8}）
	開拓突破（C_{3-9}）
	探索鑽研（C_{3-10}）

3.2.4.3 勝任力模型權重的確定

在勝任力模型中，維度和要素的重要程度未必相同。一般通過權重體現維度和要素的重要程度，因此分析維度和要素的重要性，實質上是分析各維度以及各維度構成要素的相對權重。本書通過第四輪專家問卷諮詢來確定勝任力模型的權重問題。筆者通過對第四輪諮詢問卷數據的整理、統計後發現（見表47），專家們在3個維度的賦分基本趨於一致，並無較大的偏差，反應了專家們對模型各個維度和要素重要程度的判斷具有普遍的共識，具體維度和要素的權重情況見表48。

表47　　　　　勝任力模型權重評分相關統計量

維度	均值	標準差	變異系數
創新驅動力	41.17	4.438	0.11
創新啓動力	29.20	2.348	0.08
創新行動力	29.63	2.488	0.08

註：根據《戰略性新興產業科技創新人才勝任力模型諮詢問卷（四）》回收的數據整理，具體見附件17。

表48　　　　　勝任力維度與要素權重

維度(編號)	維度權重(%)	勝任力要素(編號)	要素權重(%)
創新驅動力（C_1）——創新意識	41.17	成就動機（C_{1-1}）	27.22
		好奇敏感（C_{1-2}）	25.76
		客戶導向（C_{1-3}）	21.05
		興趣驅動（C_{1-4}）	25.98

表48(續)

維度(編號)	維度權重(%)	勝任力要素(編號)	要素權重(%)
創新啓動力（C_2）——創新思維+創新品質	29.20	善於思考（C_{2-1}）	11.49
		善於學習（C_{2-2}）	8.61
		知識運用（C_{2-3}）	5.61
		經驗遷移（C_{2-4}）	5.56
		敢於冒險（C_{2-5}）	6.29
		獨立自主（C_{2-6}）	5.46
		勤勉敬業（C_{2-7}）	5.39
		開放包容（C_{2-8}）	6.02
		嚴謹務實（C_{2-9}）	5.78
		保持激情（C_{2-10}）	6.93
		堅韌執著（C_{2-11}）	6.44
		盡職盡責（C_{2-12}）	5.66
		耐挫抗壓（C_{2-13}）	5.29
		積極主動（C_{2-14}）	5.24
		精益求精（C_{2-15}）	5.17
		時間觀念（C_{2-16}）	5.05
創新行動力（C_3）——創新人際+創新技能	29.63	溝通協作（C_{3-1}）	14.59
		組織管理（C_{3-2}）	7.54
		影響感召（C_{3-3}）	7.8
		實踐操作（C_{3-4}）	10.49
		規劃設計（C_{3-5}）	9.22
		追蹤前沿（C_{3-6}）	10.49
		應變把控（C_{3-7}）	8.78
		原創能力（C_{3-8}）	12.76
		開拓突破（C_{3-9}）	9.12
		探索鑽研（C_{3-10}）	9.22

註：根據《戰略性新興產業科技創新人才勝任力模型諮詢問卷（四）》回收的數據整理，具體見附件17。

3.2.5 模型確定

本書通過運用德爾菲法對模型進行專家檢驗，將戰略性新興產業產業科技創新人才勝任力理論模型由「五動力」模型調整為「三動力」模型（見表49和圖27）。

表 49　戰略性新興產業科技創新人才勝任力結構模型

勝任力維度（權重）	勝任力要素（權重）
創新驅動力—— 創新意識（41.17）	成就動機（27.22）、興趣驅動（25.98）、好奇敏感（25.76）、客戶導向（21.05）
創新啟動力—— 創新思維+創新品質（29.20）	善於思考（11.49）、善於學習（8.61）、保持激情（6.93）、堅韌執著（6.44）、敢於冒險（6.29）、開放包容（6.02）、嚴謹務實（5.78）、盡職盡責（5.66）、知識運用（5.61）、經驗遷移（5.56）、獨立自主（5.46）、勤勉敬業（5.39）、耐挫抗壓（5.29）、積極主動（5.24）、精益求精（5.17）、時間觀念（5.05）
創新行動力—— 創新人際+創新技能（29.63）	溝通協作（14.59）、原創能力（12.76）、實踐操作（10.49）、追蹤前沿（10.49）、規劃設計（9.22）、探索鑽研（9.22）、開拓突破（9.12）、應變把控（8.78）、影響感召（7.80）、組織管理（7.54）

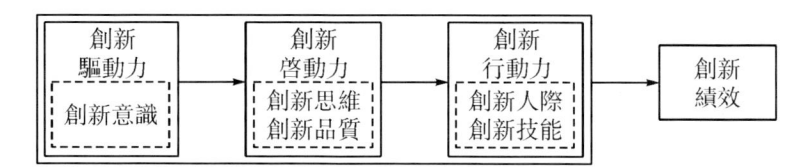

圖 27　勝任力因果流程模型

3.3　勝任力模型大樣本檢驗

為了保證勝任力模型的科學性、有效性和普遍性，我們編製了測量量表對勝任力模型進行大樣本實證檢驗。

3.3.1　測量量表分析

3.3.1.1　編擬預試問卷

高校戰略性新興產業相關專業的學生是戰略性新興產業科技創新人才的後備力量，是潛在的戰略性新興產業科技創新人才。出於研究需要，本部分將前期研究得到的 30 項勝任力要素結合已有研究成果加以通俗化說明後，編製成企業版和高校版兩個版本的戰略性新興產業科技創新人才勝任力測量量表（見表 50）。由於題項內容不涉及敏感問題，故量表未設置「測謊題」，另外，量表採用李克特 6 點量表（Likert-type 6 points Scale）。

表 50　　　　　　　　企業版和高校版勝任力要素測量指標體系

維度	構成要素	勝任力要素表述（企業）	勝任力要素表述（高校）	指標選編主要參考文獻
創新驅動力（C_1）——創新意識	成就動機（C_{1-1}）	喜歡挑戰，樂於突破	喜歡挑戰，樂於突破	SPENCER 勝任力辭典[159]
	好奇敏感（C_{1-2}）	對未知或奇異現象廣泛關注	對未知或奇異現象廣泛關注	何健文[160]
	客戶導向（C_{1-3}）	善於換位思考，考慮和關注客戶需求	善於換位思考，考慮和關注他人的需求	SPENCER 勝任力辭典[161]
	興趣驅動（C_{1-4}）	對新事物保持高度的熱情和興趣	對新事物保持高度的熱情和興趣	SPENCER 勝任力辭典[162]
創新啓動力（C_2）——創新思維+創新品質	善於思考（C_{2-1}）	喜歡辯證、獨立、多角度思考，決不人云亦云	喜歡辯證、獨立、多角度思考，決不人云亦云	何健文[163]
	善於學習（C_{2-2}）	能從先前的學習、創新中得到啓發並進一步學習、創新	能從先前的學習、創新中得到啓發並進一步學習、創新	何健文[160]
	知識運用（C_{2-3}）	能借鑑、運用所學專業知識解決新問題	能借鑑、運用所學專業知識解決新問題	何健文[160]
	經驗遷移（C_{2-4}）	善於運用經驗解決新問題	善於運用經驗解決新問題	SPENCER 勝任力辭典[159]
	敢於冒險（C_{2-5}）	不怕艱險，勇於探尋不熟悉的事物	不怕艱險，勇於探尋不熟悉的事物	何健文[160]
	獨立自主（C_{2-6}）	能夠獨立開展研發工作	能夠獨立解決問題	SPENCER 勝任力辭典[159]
	勤勉敬業（C_{2-7}）	工作勤懇，兢兢業業	學習勤奮刻苦，不懈怠	SPENCER 勝任力辭典[159]
	開放包容（C_{2-8}）	能夠接納一切美好的新事物	能夠接納一切美好的新事物	SPENCER 勝任力辭典[159]
	嚴謹務實（C_{2-9}）	尊重事實，敢於質疑權威並表達自己的看法	尊重事實，敢於質疑權威並表達自己的看法	何健文[160]
	保持激情（C_{2-10}）	對工作學習充滿熱情，喜歡快速學習新事物、新思想	對學習充滿熱情，喜歡快速學習新事物、新思想	何健文[160]
	堅韌執著（C_{2-11}）	遇到困難不輕言放棄，並盡力完成	遇到困難不輕言放棄，並盡力完成	何健文[160]
	盡職盡責（C_{2-12}）	認真負責，勇於承擔責任而不計較得失	認真負責，勇於承擔責任而不計較得失	何健文[160]
	耐挫抗壓（C_{2-13}）	在壓力極大的時候仍保持冷靜並合理地緩解壓力	在壓力極大的時候仍保持冷靜並合理地緩解壓力	何健文[160]
	積極主動（C_{2-14}）	積極主動地處理問題	積極主動地處理問題	SPENCER 勝任力辭典[159]
	精益求精（C_{2-15}）	做事情力求完美，爭取做到最好	做事情力求完美，爭取做到最好	SPENCER 勝任力辭典[159]
	時間觀念（C_{2-16}）	能夠按時完成各項任務	能夠按時完成各項任務	SPENCER 勝任力辭典[159]

表50(續)

維度	構成要素	勝任力要素表述（企業）	勝任力要素表述（高校）	指標選編主要參考文獻
創新行動力（C_3）——創新人際+創新技能	溝通協作（C_{3-1}）	樂於參與團隊工作，重視不同觀點，支持團隊決定	樂於參與團隊工作，重視不同觀點，支持團隊決定	何健文[160]
	組織管理（C_{3-2}）	合理分派任務，督促團隊有效完成	在團隊合作中，能合理分派任務，督促團隊有效完成	SPENCER 勝任力辭典[159]
	影響感召（C_{3-3}）	用積極情緒帶動他人完成任務	在團隊合作中，能用積極情緒帶動他人完成任務	SPENCER 勝任力辭典[159]
	實踐操作（C_{3-4}）	能熟練使用多種工具開展工作	學習或解決問題過程中，能熟練使用多種工具完成任務	SPENCER 勝任力辭典[159]
	規劃設計（C_{3-5}）	能合理規劃設計解決方案	學習或解決問題過程中，能合理規劃設計解決方案	SPENCER 勝任力辭典[159]
	追蹤前沿（C_{3-6}）	善於捕捉、整理、歸納最新有用知識和信息	學習或解決問題過程中，善於捕捉、整理、歸納最新信息	SPENCER 勝任力辭典[159]
	應變把控（C_{3-7}）	能適時調整方案並掌控進程	學習或解決問題過程中，能適時調整方案並掌控進程	SPENCER 勝任力辭典[159]
	原創能力（C_{3-8}）	能開拓新領域，提出新想法，創造新成果	學習或解決問題過程中，能提出全新的方案或方法	SPENCER 勝任力辭典[159]
	開拓突破（C_{3-9}）	不安於現狀，力圖變革以追求卓越	不安於現狀，力圖變革以追求卓越	何健文[160]
	探索鑽研（C_{3-10}）	善於挖掘數據信息並找到規律和關鍵	學習或解決問題過程中，善於挖掘數據信息並找到規律和關鍵	SPENCER 勝任力辭典[159]

戰略性新興產業科技創新人才勝任力體現的是績效優秀的科技創新人才的勝任能力，因此，在效標關聯的題目上，我們在借鑑姚豔虹與衡元元的知識員工創新績效測量量表[161]的基礎上，編製了企業版和高校版的戰略性新興產業科技創新人才創新績效測量量表（見表51）。

表51　　企業版和高校版創新績效測量量表

企業版	高校版
1. 能提供改進技術的新想法	1. 學習或解決問題過程中，能提出新想法
2. 能採用新方法或新技術降低成本、提高效率或增加產出	2. 學習或解決問題過程中，能挑戰難題
3. 能創造性地解決難題或自己的創新成果獲得了專利	3. 學習或解決問題過程中，能提出獨創且可行的問題解決方案

表51(續)

企業版	高校版
4. 提出的創新建議或做出的新成果獲得獎勵	4. 學習或解決問題過程中，能採用新方法提高效率
5. 開發改進的新產品、新技術更具特色	5. 學習或解決問題過程中，能總結出獨特可行的新辦法或訣竅
6. 開發改進的新產品、新技術質量更高	6. 能創造性地解決難題
7. 開發改進的新產品、新技術被應用到較多的工作場合	7. 提出的創新建議或做出的創新性成果獲得了獎勵
8. 開發改進的新產品、新技術受到客戶好評	8. 提出的新想法或新方案受到了廣泛的認可和好評
9. 開發改進的新產品、新技術帶來了經濟效益或社會效益	

然後，根據研究目的，確定了被試的個人信息，編擬了企業版和高校版兩版預試問卷。企業版預試問卷包含30個勝任力要素題項和9個創新績效題項，共39題；高校版預試問卷包括30個勝任力要素題項和8個創新績效題項，共38題。具體預試問卷見附錄18和附錄19。

3.3.1.2 預試

預試問卷編擬完成後，開始選擇預試對象實施預試。根據已有研究，預試對象人數以問卷中包括最多題項之「分量表」的3~5倍人數為原則[162]。所以，本次預試的對象在90~150人為宜。本研究選擇戰略性新興產業企業產品（技術）研發人員和高校戰略性新興產業相關專業學生為預試對象，打算分別發放150份問卷。

將編製好的調查問卷上傳問卷星平臺，並將問卷連結通過微信和QQ轉發給調查對象進行填寫。筆者對高校戰略性新興產業相關專業科技創新人才勝任力的調查，主要是通過同事關係或同學關係聯繫相關院校相關院系的輔導員，通過他們將調查問卷的連結轉發至相關專業的學生微信群或QQ群，要求學生根據個人實際情況進行填寫。筆者對戰略性新興產業企業科技創新人才勝任力的調查，充分利用了各種人脈資源，通過朋友、同事、老師、同學等將問卷連結轉發給在戰略性新興產業企業裡面從事產品或技術研發工作的朋友或者同學，請他們幫忙填寫。

3.3.1.3 問卷整理

問卷通過問卷星平臺回收後，筆者進行一份一份的篩選和分析，刪除數據不全或不誠實填答的問卷。對於填答均選擇同一性答案者，研究者綜合考慮問

卷題項本身的內容與描述，以及填答者的個人信息，審慎判斷後決定是否刪除。兩個版本預試問卷均發放 150 份，回收整理後，企業版有效問卷 123 份，高校版有效問卷 124 份，有效率分別是 82.00% 和 82.67%。樣本的人口特徵分佈及相關情況見表 52 和表 53。

表 52　　　　　　　企業樣本基本情況（N=123）

人口特徵變量	分類	人數	比例
性別	男	88	56.52%
	女	35	43.48%
年齡階段	20~29 歲	65	52.85%
	30~39 歲	22	17.89%
	40~49 歲	30	24.39%
	50 歲及以上	6	4.88%
學歷	大學本科以下	4	3.25%
	大學本科	55	44.72%
	碩士研究生	33	26.83%
	博士研究生	31	25.20%
工作領域	新一代信息技術產業	24	19.51%
	高端裝備製造產業	8	6.50%
	新材料產業	14	11.38%
	生物產業	58	47.15%
	新能源汽車產業	4	3.25%
	新能源產業	6	4.88%
	節能環保產業	4	3.25%
	數字創意產業	5	4.07%
職級	初級技術/產品研發人員	71	57.72%
	中級技術/產品研發人員	31	25.20%
	高級技術/產品研發人員	21	17.07%
工作年限	1~5 年	65	52.85%
	5~10 年	34	27.64%
	10~15 年	20	16.26%
	15 年以上	4	3.25%

表52(續)

人口特徵變量	分類	人數	比例
所在企業的登記註冊類型	國有獨資企業	12	9.76%
	國有控股企業	10	8.13%
	股份制企業	27	21.95%
	外商投資企業	2	1.63%
	民營企業	72	58.54%
所在企業的人力資源規模	100人以內	27	21.95%
	100~500人	67	54.47%
	500~1,000人	25	20.33%
	1,000人以上	4	3.25%

表53　　高校樣本基本情況（N=124）

人口特徵變量	分類	人數	比例
性別	男	43	34.68%
	女	81	65.32%
所學專業	中藥制藥	58	46.77%
	新媒體與信息網絡	66	53.23%
所在年級	本科二年級	66	53.23%
	本科三年級	58	46.77%
就讀學校	通化師範學院	124	100.00%

3.3.1.4　項目分析

項目分析即求出每一個題項的「臨界比率」（critical ratio，簡稱CR值），其求法是將所有受試者在預試量表的得分總和依高低排列，得分前25%至33%者為高分組，得分後25%至33%者為低分組，求出高低二組受試者在每題得分平均數差異的顯著性檢驗（多數數據分析時，均以測驗總分最高的27%及最低的27%，作為高低分組界限），如果題項的CR值達顯著水準（α<0.05或α<0.01），即表示這個題項能鑑別不同受試者的反應程度。此為題項是否刪除首應考慮的[163]。

該部分運用IBM SPSS Statistics Version 20軟件，分別對123份企業有效問卷和124份高校有效問卷進行獨立樣本T檢驗。根據統計分析結果（見表54、表55、表56、表57），兩版勝任力量表和創新績效量表的所有題項均通過檢驗，說明兩版量表的題項具有較好的區分度（鑑別度）。

表 54　　　　企業版勝任力量表勝任力要素獨立樣本 T 檢驗

勝任力要素	分組	N	均值	T	P
好奇敏感	高分組	33	5.15	6.073	0.000
	低分組	34	3.24		
保持激情	高分組	33	5.73	8.129	0.000
	低分組	34	3.65		
善於思考	高分組	33	5.70	7.924	0.000
	低分組	34	3.82		
客戶導向	高分組	33	5.64	8.418	0.000
	低分組	34	3.62		
成就動機	高分組	33	5.82	11.012	0.000
	低分組	34	3.41		
興趣驅動	高分組	33	5.88	11.033	0.000
	低分組	34	3.74		
精益求精	高分組	33	5.85	9.000	0.000
	低分組	34	3.94		
經驗遷移	高分組	33	5.61	9.361	0.000
	低分組	34	3.53		
善於學習	高分組	33	5.85	11.726	0.000
	低分組	34	3.50		
知識運用	高分組	33	5.85	12.675	0.000
	低分組	34	3.29		
嚴謹務實	高分組	33	5.67	11.290	0.000
	低分組	34	3.26		
敢於冒險	高分組	33	5.76	11.658	0.000
	低分組	34	3.26		
獨立自主	高分組	33	5.61	9.676	0.000
	低分組	34	3.29		
勤勉敬業	高分組	33	5.79	9.685	0.000
	低分組	34	3.50		
開放包容	高分組	33	5.82	10.283	0.000
	低分組	34	3.41		

表54(續)

勝任力要素	分組	N	均值	T	P
盡職盡責	高分組	33	5.73	8.222	0.000
	低分組	34	3.82		
積極主動	高分組	33	5.82	10.746	0.000
	低分組	34	3.56		
耐挫抗壓	高分組	33	5.82	11.874	0.000
	低分組	34	3.53		
堅韌執著	高分組	33	5.76	10.012	0.000
	低分組	34	3.59		
時間觀念	高分組	33	5.82	11.599	0.000
	低分組	34	3.53		
溝通協作	高分組	33	5.85	11.877	0.000
	低分組	34	3.47		
組織管理	高分組	33	5.82	12.206	0.000
	低分組	34	3.59		
影響感召	高分組	33	5.91	10.441	0.000
	低分組	34	3.71		
開拓突破	高分組	33	5.79	12.372	0.000
	低分組	34	3.44		
規劃設計	高分組	33	5.85	13.381	0.000
	低分組	34	3.32		
探索鑽研	高分組	33	5.79	10.208	0.000
	低分組	34	3.50		
追蹤前沿	高分組	33	5.85	9.830	0.000
	低分組	34	3.65		
實踐操作	高分組	33	5.76	11.756	0.000
	低分組	34	3.41		
應變把控	高分組	33	5.79	11.062	0.000
	低分組	34	3.44		
原創能力	高分組	33	5.82	10.221	0.000
	低分組	34	3.50		

表55　　　企業版創新績效量表創新績效題項獨立樣本 T 檢驗

創新績效題項	分組	N	均值	T	P
能提供改進技術的新想法	高分組	33	5.58	11.332	0.000
	低分組	36	3.19		
能採用新方法或新技術降低成本、提高效率或增加產出	高分組	33	5.91	15.167	0.000
	低分組	36	3.36		
能創造性地解決難題或自己的創新成果獲得了專利	高分組	33	5.70	10.406	0.000
	低分組	36	3.11		
提出的創新建議或做出的新成果獲得獎勵	高分組	33	5.58	10.643	0.000
	低分組	36	2.97		
開發改進的新產品、新技術更具特色	高分組	33	5.70	11.542	0.000
	低分組	36	3.08		
開發改進的新產品、新技術質量更高	高分組	33	5.73	14.270	0.000
	低分組	36	3.06		
開發改進的新產品、新技術被應用到較多的工作場合	高分組	33	5.52	11.690	0.000
	低分組	36	2.92		
開發改進的新產品、新技術受到客戶好評	高分組	33	5.48	9.427	0.000
	低分組	36	3.36		
開發改進的新產品、新技術帶來了經濟效益或社會效益	高分組	33	5.52	10.407	0.000
	低分組	36	3.08		

表56　　　高校版勝任力量表勝任力要素獨立樣本 T 檢驗

勝任力要素	分組	N	均值	T	P
好奇敏感	高分組	35	4.46	3.929	0.000
	低分組	35	3.37		
保持激情	高分組	35	4.77	7.501	0.000
	低分組	35	3.23		
善於思考	高分組	35	4.77	7.220	0.000
	低分組	35	3.23		
客戶導向	高分組	35	5.37	8.550	0.000
	低分組	35	3.57		
成就動機	高分組	35	5.00	7.647	0.000
	低分組	35	3.34		

表56(續)

勝任力要素	分組	N	均值	T	P
興趣驅動	高分組	35	5.14	8.230	0.000
	低分組	35	3.54		
精益求精	高分組	35	5.06	8.061	0.000
	低分組	35	3.40		
經驗遷移	高分組	35	5.00	9.129	0.000
	低分組	35	3.49		
善於學習	高分組	35	4.89	8.797	0.000
	低分組	35	3.40		
知識運用	高分組	35	4.97	7.955	0.000
	低分組	35	3.60		
嚴謹務實	高分組	35	4.94	9.792	0.000
	低分組	35	3.34		
敢於冒險	高分組	35	4.89	7.746	0.000
	低分組	35	3.43		
獨立自主	高分組	35	5.14	11.081	0.000
	低分組	35	3.29		
勤勉敬業	高分組	35	4.71	6.441	0.000
	低分組	35	3.40		
開放包容	高分組	35	5.03	9.583	0.000
	低分組	35	3.51		
盡職盡責	高分組	35	5.34	12.740	0.000
	低分組	35	3.29		
積極主動	高分組	35	4.94	6.941	0.000
	低分組	35	3.57		
耐挫抗壓	高分組	35	5.20	10.398	0.000
	低分組	35	3.49		
堅韌執著	高分組	35	5.11	9.497	0.000
	低分組	35	3.46		
時間觀念	高分組	35	5.06	7.619	0.000
	低分組	35	3.49		

表56(續)

勝任力要素	分組	N	均值	T	P
溝通協作	高分組	35	5.06	7.300	0.000
	低分組	35	3.66		
組織管理	高分組	35	5.06	7.234	0.000
	低分組	35	3.60		
影響感召	高分組	35	5.14	9.492	0.000
	低分組	35	3.51		
開拓突破	高分組	35	5.09	7.292	0.000
	低分組	35	3.57		
規劃設計	高分組	35	5.09	9.439	0.000
	低分組	35	3.46		
探索鑽研	高分組	35	5.11	8.541	0.000
	低分組	35	3.40		
追蹤前沿	高分組	35	5.14	7.664	0.000
	低分組	35	3.63		
實踐操作	高分組	35	5.00	5.867	0.000
	低分組	35	3.71		
應變把控	高分組	35	5.06	7.866	0.000
	低分組	35	3.57		
原創能力	高分組	35	4.97	7.024	0.000
	低分組	35	3.60		

表57 高校版創新績效量表創新績效題項獨立樣本 T 檢驗

創新績效題項	分組	N	均值	T	P
學習或解決問題過程中，能提出新想法	高分組	37	4.27	7.264	0.000
	低分組	36	2.89		
學習或解決問題過程中，能挑戰難題	高分組	37	4.73	9.607	0.000
	低分組	36	3.08		
學習或解決問題過程中，能提出獨創且可行的問題解決方案	高分組	37	4.89	12.912	0.000
	低分組	36	2.92		
學習或解決問題過程中，能採用新方法提高效率	高分組	37	5.03	12.773	0.000
	低分組	36	3.06		

表57(續)

創新績效題項	分組	N	均值	T	P
學習或解決問題過程中，能總結出獨特可行的新辦法或訣竅	高分組	37	4.95	13.223	0.000
	低分組	36	2.97		
能創造性地解決難題	高分組	37	4.78	9.546	0.000
	低分組	36	3.19		
提出的創新建議或做出的創新性成果獲得了獎勵	高分組	37	4.81	8.919	0.000
	低分組	36	2.92		
提出的新想法或新方案受到了廣泛的認可和好評	高分組	37	4.62	7.249	0.000
	低分組	36	3.11		

3.3.1.5 因素分析

因素分析的目的是在多變量系統中，把多個很難解釋而彼此有關的變量，轉化成少數有概念化意義而彼此獨立性高的因素，從而分析多個因素的關係。在具體應用時，大多數採用「主成分因素分析」法，它是因素分析中最常使用的方法。下面運用 IBM SPSS Statistics Version 20 軟件，分別對企業版和高校版勝任力預試量表、創新績效量表進行因素分析。

1. 企業版勝任力量表及創新績效量表因素分析

運用 IBM SPSS Statistics Version 20 軟件進行因素分析，操作步驟為：分析→降維→因子分析→描述：「原始分析結果」「KMO 和 Bartlett 的球形度檢驗」、其他選項為默認；抽取：「方法：主成分」「分析：相關矩陣」「輸出：未旋轉的因子解、碎石圖」「基於特徵值：特徵值大於 1」，其他選項為默認；旋轉：「方法：最大方差法、輸出：旋轉解」，其他選項為默認；得分：選擇為默認；選項：「缺失值：按列表排除個案」「系數顯示格式：按大小排列、取消小系數」「絕對值如下：0」。

KMO 是 Kaiser-Meyer-Olkin 的取樣適當性量數，當 KMO 值愈大時，表示變量間的共同因素愈多，愈適合進行因素分析，根據專家 Kaiser（1974）觀點，如果 KMO 的值小於 0.5 時，就不宜進行因素分析。此處的 KMO 值為 0.942，表明該勝任力量表適合進行因素分析。此外，從 Bartlett 的球形檢驗來看，近似卡方值為 4,665.399，自由度（df）為 435，達到顯著，代表母群體的相關矩陣間有共同因素存在（見表 58），適合進行因素分析。

表 58　　　　　企業版勝任力量表 KMO 和 Bartlett 的檢驗

取樣足夠度的 Kaiser-Meyer-Olkin 度量		0.942
Bartlett 的球形度檢驗	近似卡方	4,665.399
	df	435
	Sig.	0.000

　　筆者通過統計分析，提取了特徵值大於 1 的 3 個共同因子，方差貢獻率分別為 66.057%、5.970%、4.411%，累計方差總貢獻率為 76.438%，說明丟失的信息相對較少。從旋轉後的因子看，重新分配了各個因子解釋原有變量的方差，改變各個因子的方差貢獻率，分別為 29.052%、26.472%、20.915%，但是總的方差貢獻率沒有改變，還是 76.438%，說明沒有影響原有的共同度。

　　本書通過使用主成分分析法，採用最大變異法旋轉，對勝任力要素進行因子負荷檢驗，所得的數據結果如表 59 所示。從表中的數據情況來看，除了個別勝任力要素與前期構建的勝任力模型維度有一定出入外，絕大部分勝任力要素都與前期構建的勝任力模型維度相一致，從實證數據層面說明了前期確定的勝任力模型具有一定的科學性、可靠性和穩定性。這裡要根據表 49 的實證數據對勝任力要素做進一步的篩選。勝任力要素的篩選借鑑已有研究的篩選標準（Timothy R. Hinkin[164]，1998；Han Luo[165]，2014；趙斌等[166]，2015；王麗平等[167]，2017）：①在某一因子上的負荷大於 0.5；②與其他因子之間的交叉負荷之差大於 0.15；③內涵必須與同一因子其他勝任力要素內涵一致。筆者依照以上標準，結合專家諮詢與研討，刪除不符合標準的勝任力要素，篩選後得到 17 項勝任力要素。

表 59　　　　　　　企業版勝任力量表旋轉成分矩陣[a]

勝任力要素	成分		
	1	2	3
勤勉敬業	0.847	0.289	0.275
溝通協作	0.760	0.268	0.334
積極主動	0.742	0.308	0.382
開放包容	0.725	0.225	0.471
盡職盡責	0.709	0.353	0.132
影響感召	0.697	0.488	0.238
堅韌執著	0.696	0.552	0.236
時間觀念	0.644	0.494	0.355

表59(續)

勝任力要素	成分 1	成分 2	成分 3
善於學習	0.631	0.402	0.503
組織管理	0.622	0.583	0.270
知識運用	0.606	0.453	0.473
經驗遷移	0.591	0.361	0.451
嚴謹務實	0.560	0.416	0.439
追蹤前沿	0.295	0.839	0.228
應變把控	0.309	0.817	0.288
探索鑽研	0.306	0.810	0.302
規劃設計	0.439	0.759	0.236
耐挫抗壓	0.515	0.708	0.259
獨立自主	0.225	0.697	0.213
實踐操作	0.313	0.680	0.515
原創能力	0.239	0.671	0.544
開拓突破	0.490	0.641	0.274
成就動機	0.403	0.285	0.762
保持激情	0.408	0.211	0.753
興趣驅動	0.445	0.262	0.729
好奇敏感	-0.006	0.416	0.655
客戶導向	0.563	0.147	0.645
善於思考	0.292	0.423	0.587
敢於冒險	0.503	0.424	0.566
精益求精	0.528	0.236	0.547
初始特徵值	19.817	1.791	1.323
方差百分比	29.052	26.472	20.915

註：提取方法：主成分。
　　旋轉法：具有 Kaiser 標準化的正交旋轉法。
　　a. 旋轉在 9 次迭代後收斂。

對篩選後得到的17項勝任力要素再次進行因素分析，分析結果顯示，累計方差解釋率達79.161%，較之前（76.438%）有所提高（近3個百分點），說明篩選後的勝任力量表質量有所提升。筆者在這部分採用最大變異法旋轉後，17項勝任力要素的因子載荷也均達到標準（見表60）。

表 60　　　　　　　　篩選後企業版勝任力量表旋轉成分矩陣[a]

勝任力要素	成分 1	成分 2	成分 3
勤勉敬業	0.833	0.322	0.261
溝通協作	0.812	0.271	0.306
開放包容	0.768	0.219	0.459
積極主動	0.768	0.307	0.366
盡職盡責	0.743	0.337	0.129
影響感召	0.682	0.508	0.232
追蹤前沿	0.271	0.859	0.238
探索鑽研	0.262	0.830	0.335
應變把控	0.308	0.815	0.297
規劃設計	0.407	0.791	0.245
實踐操作	0.327	0.675	0.517
開拓突破	0.479	0.637	0.308
保持激情	0.410	0.197	0.757
成就動機	0.447	0.253	0.739
好奇敏感	0.044	0.358	0.720
興趣驅動	0.466	0.255	0.692
善於思考	0.270	0.396	0.643
初始特徵值	10.990	1.364	1.103
方差百分比	29.108	27.779	22.275
因子命名	創新助動力	創新行動力	創新啓動力

註：提取方法：主成分。

旋轉法：具有 Kaiser 標準化的正交旋轉法。

a. 旋轉在 7 次迭代後收斂。

本書通過以上一系列定量與定性分析，確定企業版戰略性新興產業科技創新人才勝任力量表包含 3 個維度 17 項勝任力要素。經過專家諮詢與研討，筆者將 3 個維度進行重新命名，成分 1 命名為創新助動力，成分 2 命名為創新行動力，成分 3 命名為創新啓動力（見表 60），最後確定企業版勝任力量表（見表 61）。

表61　　　　　　　因素分析篩選後的企業版勝任力量表

維度	勝任力要素	勝任力要素簡潔表述
創新啟動力	保持激情	對工作學習充滿熱情，喜歡快速學習新事物、新思想
	成就動機	喜歡挑戰，樂於突破
	好奇敏感	對未知或奇異現象廣泛關注
	興趣驅動	對新事物保持高度的熱情和興趣
	善於思考	喜歡辯證、獨立、多角度思考，決不人雲亦雲
創新助動力	勤勉敬業	工作勤懇，兢兢業業
	溝通協作	樂於參與團隊工作，重視不同觀點，支持團隊決定
	開放包容	能夠接納一切美好的新事物
	積極主動	積極主動地處理問題
	盡職盡責	認真負責，勇於承擔責任而不計較得失
	影響感召	用積極情緒帶動他人完成任務
創新行動力	追蹤前沿	善於捕捉、整理、歸納最新有用知識和信息
	探索鑽研	善於挖掘數據信息並找到規律和關鍵
	應變把控	能適時調整方案並掌控進程
	規劃設計	能合理規劃設計解決方案
	實踐操作	能熟練使用多種工具開展工作
	開拓突破	不安於現狀，力圖變革以追求卓越

筆者運用 IBM SPSS Statistics Version 20 軟件對企業版創新績效量表進行因素分析得出，企業版創新績效量表的 KMO 值為 0.913，表明該勝任力量表適合進行因素分析。此外，從 Bartlett 的球形檢驗來看，近似卡方值為 993.723，自由度（df）為 36，達到顯著，代表母群體的相關矩陣間有共同因素存在，適合進行因素分析。筆者通過使用主成分分析法，對創新績效量表進行成分分析，只提取出 1 個因子，方差貢獻率為 71.031%（見表62），說明企業版創新績效量表的 9 個題項能夠較好地測量創新績效這個構念。

表62　　　　　　　創新績效量表解釋的總方差

成分	初始特徵值			提取平方和載入		
	合計	方差貢獻率(%)	累積(%)	合計	方差貢獻率(%)	累積(%)
1	6.393	71.031	71.031	6.393	71.031	71.031
2	0.694	7.716	78.746			
3	0.526	5.848	84.594			

表62(續)

成分	初始特徵值			提取平方和載入		
	合計	方差貢獻率(%)	累積(%)	合計	方差貢獻率(%)	累積(%)
4	0.370	4.106	88.700			
5	0.358	3.973	92.674			
6	0.183	2.039	94.712			
7	0.180	2.000	96.712			
8	0.155	1.719	98.431			
9	0.141	1.569	100.000			

提取方法：主成分分析法。

2. 高校版勝任力量表及創新績效量表因素分析

參照企業版勝任力量表因素分析步驟和過程，筆者對高校版勝任力量表進行因素分析。運用 IBM SPSS Statistics Version 20 軟件對高校版勝任力量表進行因素分析，由於按照特徵值大於 1 來提取公共因子只提取了 2 個公共因子，為了與企業版勝任力量表結構保持一致，所以此處選擇「抽取：因子固定數量——要提取的因子數輸入 3」，其他操作步驟與企業版勝任力量表一致。

從表 63 的數據來看，高校版勝任力量表的 KMO 值為 0.944，表明該勝任力量表適合進行因素分析。此外，從 Bartlett 的球形檢驗來看，近似卡方值為 4597.765，自由度（df）為 435，達到顯著，代表母群體的相關矩陣間有共同因素存在，適合進行因素分析。

表 63　　　高校版勝任力量表 KMO 和 Bartlett 的檢驗

取樣足夠度的 Kaiser-Meyer-Olkin 度量		0.944
Bartlett 的球形度檢驗	近似卡方	4597.765
	df	435
	Sig.	0.000

筆者通過統計分析，提取了 3 個共同因子，方差貢獻率分別為 69.258%、3.760%、3.078%，累計方差總貢獻率為 76.096%，說明丟失的信息相對較少。從旋轉後的因子看，重新分配了各個因子解釋原有變量的方差，改變各個因子的方差貢獻率，分別為 31.643%、25.267%、19.185%，但是總的方差貢獻率沒有改變，還是 76.096%，說明沒有影響原有的共同度。

筆者通過使用主成分分析法，採用最大變異法旋轉，對勝任力量表進行因子負荷檢驗，所得的數據結果如表 64 所示。從表中的數據情況來看，除了個

別勝任力要素與前期構建的勝任力模型維度有一定出入外，絕大部分勝任力要素都與前期構建的勝任力模型維度相一致，從實證數據層面說明了前期確定的勝任力模型具有一定的科學性、可靠性和穩定性。這裡要根據表 56 的實證數據對勝任力要素做進一步的篩選。勝任力要素的篩選借鑑已有研究的篩選標準（Timothy R. Hinkin, 1998；Han Luo, 2014；趙斌等, 2015；王麗平等, 2017）：①在某一因子上的負荷大於 0.5；②與其他因子之間的交叉負荷之差大於 0.15；③內涵必須與同一因子其他勝任力要素內涵一致。依照以上標準，「原創能力」「勤勉敬業」「影響感召」「嚴謹務實」「溝通協作」「耐挫抗壓」「獨立自主」「興趣驅動」8 項勝任力要素與其他因子之間的交叉負荷之差小於 0.15，故刪除這些勝任力要素；專家諮詢與研討認為，「知識運用」「經驗遷移」「善於學習」3 項勝任力要素與同一因子其他勝任力要素內涵不一致，故刪除這 3 項勝任力要素，篩選後得到 19 項勝任力要素。

表 64　　　　　　　高校版勝任力量表旋轉成分矩陣[a]

勝任力要素	成分 1	成分 2	成分 3
探索鑽研	0.769	0.361	0.236
開拓突破	0.757	0.395	0.181
應變把控	0.745	0.369	0.299
追蹤前沿	0.734	0.326	0.408
規劃設計	0.732	0.416	0.379
實踐操作	0.726	0.392	0.274
知識運用	0.694	0.254	0.433
經驗遷移	0.691	0.343	0.434
善於學習	0.664	0.349	0.450
組織管理	0.658	0.422	0.367
原創能力	0.639	0.364	0.510
勤勉敬業	0.594	0.549	0.102
影響感召	0.578	0.520	0.458
敢於冒險	0.569	0.369	0.378
嚴謹務實	0.566	0.443	0.366
溝通協作	0.505	0.475	0.427
盡職盡責	0.381	0.785	0.316
客戶導向	0.273	0.760	0.424

表64(續)

勝任力要素	成分 1	成分 2	成分 3
積極主動	0.422	0.688	0.373
開放包容	0.468	0.676	0.331
堅韌執著	0.480	0.669	0.263
時間觀念	0.446	0.668	0.359
精益求精	0.418	0.641	0.451
耐挫抗壓	0.495	0.639	0.365
獨立自主	0.570	0.626	0.322
好奇敏感	0.218	0.222	0.758
善於思考	0.337	0.312	0.729
保持激情	0.418	0.332	0.718
成就動機	0.309	0.513	0.669
興趣驅動	0.350	0.480	0.549
初始特徵值	20.777	1.128	0.923
方差百分比	31.643	25.267	19.185

註：提取方法：主成分。

旋轉法：具有 Kaiser 標準化的正交旋轉法。

a. 旋轉在 13 次迭代後收斂。

筆者對篩選後得到的 19 項勝任力要素再次進行因素分析，採用最大變異法旋轉後結果顯示（見表65），勝任力要素「敢於冒險」和「成就動機」與其他因子之間的交叉負荷之差小於 0.15，故依照標準將這兩項勝任力要素予以刪除，刪除後對剩下的 17 項勝任力要素再次進行因素分析。筆者對篩選後得到的 17 項勝任力要素再次進行因素分析，採用最大變異法旋轉後，結果顯示（見表66），17 項勝任力要素均達到標準。

表 65　　篩選後高校版勝任力量表旋轉成分矩陣[a]

勝任力要素	成分 1	成分 2	成分 3
開拓突破	0.797	0.331	0.223
探索鑽研	0.785	0.334	0.252
應變把控	0.785	0.352	0.287
追蹤前沿	0.768	0.331	0.393

表65（續）

勝任力要素	成分 1	成分 2	成分 3
實踐操作	0.725	0.421	0.253
規劃設計	0.722	0.429	0.367
組織管理	0.684	0.398	0.378
敢於冒險	0.503	0.395	0.423
客戶導向	0.297	0.782	0.371
盡職盡責	0.413	0.780	0.282
時間觀念	0.441	0.707	0.314
開放包容	0.433	0.696	0.322
積極主動	0.457	0.688	0.343
堅韌執著	0.516	0.680	0.205
精益求精	0.406	0.679	0.411
好奇敏感	0.254	0.193	0.782
善於思考	0.306	0.359	0.742
保持激情	0.398	0.383	0.709
成就動機	0.271	0.566	0.641
初始特徵值	13.148	1.028	0.779
方差百分比	31.033	28.235	19.445

註：提取方法：主成分。

旋轉法：具有 Kaiser 標準化的正交旋轉法。

a. 旋轉在5次迭代後收斂。

表66　　再次篩選後高校版勝任力量表旋轉成分矩陣[a]

勝任力要素	成分 1	成分 2	成分 3
開拓突破	0.801	0.345	0.195
探索鑽研	0.782	0.346	0.248
應變把控	0.782	0.363	0.291
追蹤前沿	0.757	0.349	0.408
規劃設計	0.718	0.446	0.355
實踐操作	0.714	0.441	0.245
組織管理	0.681	0.414	0.375
客戶導向	0.282	0.795	0.367

表66(續)

勝任力要素	成分 1	成分 2	成分 3
盡職盡責	0.403	0.789	0.273
時間觀念	0.441	0.716	0.286
開放包容	0.425	0.716	0.280
精益求精	0.385	0.700	0.407
積極主動	0.451	0.699	0.335
堅韌執著	0.506	0.690	0.198
好奇敏感	0.250	0.210	0.797
善於思考	0.279	0.400	0.734
保持激情	0.397	0.404	0.699
初始特徵值	11.932	0.927	0.774
方差百分比	32.061	30.332	17.801
因子命名	創新行動力	創新助動力	創新啟動力

註：提取方法：主成分。
旋轉法：具有 Kaiser 標準化的正交旋轉法。
a. 旋轉在5次迭代後收斂。

表66顯示，篩選後的17項勝任力要素累計方差解釋率達80.194%，較之前（76.096%）有所提高（近4.1個百分點），說明篩選後的勝任力量表質量有所提升。

本書通過以上一系列定量與定性分析，確定高校版戰略性新興產業科技創新人才勝任力量表包含3個維度17項勝任力要素。經過專家諮詢與研討，本書將三個維度進行重新命名，成分1命名為創新行動力，成分2命名為創新助動力，成分3命名為創新啟動力（見表66），最後確定高校版勝任力量表（見表67）。

表67　　因素分析篩選後確定的高校版勝任力量表

維度	勝任力要素	勝任力要素簡潔表述
創新啟動力	好奇敏感	對未知或奇異現象廣泛關注
	善於思考	喜歡辯證、獨立、多角度思考，絕不人雲亦雲
	保持激情	對學習充滿熱情，喜歡快速學習新事物、新思想

表67(續)

維度	勝任力要素	勝任力要素簡潔表述
創新助動力	客戶導向	善於換位思考，考慮和關注他人的需求
	盡職盡責	認真負責，勇於承擔責任而不計較得失
	時間觀念	能夠按時完成各項任務
	開放包容	能夠接納一切美好的新事物
	精益求精	做事情力求完美，爭取做到最好
	積極主動	積極主動地處理問題
	堅韌執著	遇到困難不輕言放棄，並盡力完成
創新行動力	開拓突破	不安於現狀，力圖變革以追求卓越
	探索鑽研	學習或解決問題過程中，善於挖掘數據並找到規律和關鍵
	應變把控	學習或解決問題過程中，能適時調整方案並掌控進程
	追蹤前沿	學習或解決問題過程中，善於捕捉、整理、歸納最新信息
	規劃設計	學習或解決問題過程中，能合理規劃設計解決方案
	實踐操作	學習或解決問題過程中，能熟練使用多種工具完成任務
	組織管理	在團隊合作中，能合理分派任務，督促團隊有效完成

筆者運用 IBM SPSS Statistics Version 20 軟件對高校版創新績效量表進行因素分析，高校版創新績效量表的 KMO 值為 0.926，表明該勝任力量表適合進行因素分析。此外，從 Bartlett 的球形檢驗來看，近似卡方值為 1,127.523，自由度 (df) 為 28，達到顯著，代表母群體的相關矩陣間有共同因素存在，適合進行因素分析。筆者通過使用主成分分析法，對創新績效量表進行成分分析，只提取出 1 個成分，方差貢獻率為 79.721%（見表68），說明高校版創新績效量表的 8 個題項能夠較好地測量創新績效這一構念。

表 68　　　　　　　　創新績效量表解釋的總方差

成分	初始特徵值			提取平方和載入		
	合計	方差貢獻率(%)	累積(%)	合計	方差貢獻率(%)	累積(%)
1	6.378	79.721	79.721	6.378	79.721	79.721
2	0.444	5.550	85.271			
3	0.373	4.666	89.937			
4	0.220	2.752	92.689			
5	0.215	2.688	95.378			
6	0.180	2.250	97.628			
7	0.107	1.334	98.962			
8	0.083	1.038	100.000			

提取方法：主成分分析。

3.3.1.6 信度分析

信度分析的目的是對量表的可靠性與有效性進行檢驗。如果一個量表的信度愈高，代表量表愈穩定，也就表示受試者在不同時間測量得分具有一致性，因而又稱「穩定系數」。根據不同專家的觀點，量表的信度系數如果在 0.9 以上，表示量表的信度甚佳。但是對於可接受的最小信度系數值是多少，許多專家的看法不一致，有些專家定為 0.8 以上，有的專家定位 0.7 以上。通常認為，如果研究者編製的量表的信度過低，如在 0.6 以下，應以重新編製較為適宜。下面對因素分析後確定企業版和高校版勝任力量表進行信度分析。

1. 企業版勝任力量表及創新績效量表信度分析

本書運用 IBM SPSS Statistics Version 20 軟件對企業版勝任力量表和創新績效量表進行信度（可靠性）分析，兩個量表總體信度分別達到了 0.965 和 0.947，具體勝任力維度和要素以及創新績效各個題項的信度值如表 69、表 70 的 Cronbach'a 值所示。結合相關專家的觀點，這表明企業版勝任力量表和創新績效量表的信度較好。

表 69　　　　　　　　企業版勝任力量表的信度檢驗

勝任力維度	Cronbach's Alpha 值	勝任力要素	Cronbach's Alpha 值
創新啓動力	0.888	保持激情	0.851
		成就動機	0.843
		好奇敏感	0.901
		興趣驅動	0.854
		善於思考	0.872
創新助動力	0.946	勤勉敬業	0.928
		溝通協作	0.933
		開放包容	0.933
		積極主動	0.932
		盡職盡責	0.949
		影響感召	0.940
創新行動力	0.955	追蹤前沿	0.945
		探索鑽研	0.943
		應變把控	0.944
		規劃設計	0.944
		實踐操作	0.948
		開拓突破	0.954

表 70　　　　　　　　　企業版創新績效量表的信度檢驗

維度	Cronbach's Alpha 值	創新績效題項	Cronbach's Alpha 值
創新績效	0.947	能提供改進技術的新想法	0.942
		能採用新方法或新技術降低成本、提高效率或增加產出	0.940
		能創造性地解決難題或自己的創新成果獲得了專利	0.943
		提出的創新建議或做出的新成果獲得獎勵	0.940
		開發改進的新產品、新技術更具特色	0.946
		開發改進的新產品、新技術質量更高	0.938
		開發改進的新產品、新技術被應用到較多的工作場合	0.938
		開發改進的新產品、新技術受到客戶好評	0.942
		開發改進的新產品、新技術帶來了經濟效益或社會效益	0.939

2. 高校版勝任力量表及創新績效量表信度分析

本書運用 IBM SPSS Statistics Version 20 軟件對高校版勝任力量表和創新績效量表進行信度（可靠性）分析，兩個量表的總體信度分別達到了 0.973 和 0.957，具體勝任力維度和要素以及創新績效各個題項的信度值如表 71、表 72 的 Cronbach'a 值所示。結合相關專家的觀點，這表明高校版勝任力量表和創新績效量表的信度較好。

表 71　　　　　　　　　高校版勝任力量表的信度檢驗

勝任力維度	Cronbach's Alpha 值	勝任力要素	Cronbach's Alpha 值
創新啓動力	0.848	好奇敏感	0.867
		善於思考	0.766
		保持激情	0.729
創新助動力	0.957	客戶導向	0.950
		盡職盡責	0.947
		時間觀念	0.951
		開放包容	0.952
		精益求精	0.951
		積極主動	0.950
		堅韌執著	0.953

表71（續）

勝任力維度	Cronbach's Alpha 值	勝任力要素	Cronbach's Alpha 值
創新行動力	0.958	開拓突破	0.953
		探索鑽研	0.953
		應變把控	0.950
		追蹤前沿	0.949
		規劃設計	0.949
		實踐操作	0.954
		組織管理	0.953

表 72　　　　　高校版創新績效量表的信度檢驗

維度	Cronbach's Alpha 值	創新績效題項	Cronbach's Alpha 值
創新績效	0.957	學習或解決問題過程中，能提出新想法	0.955
		學習或解決問題過程中，能挑戰難題	0.950
		學習或解決問題過程中，能提出獨創且可行的問題解決方案	0.947
		學習或解決問題過程中，能採用新方法提高效率	0.950
		學習或解決問題過程中，能總結出獨特可行的新辦法或訣竅	0.948
		能創造性地解決難題	0.949
		提出的創新建議或做出的創新性成果獲得了獎勵	0.954
		提出的新想法或新方案受到了廣泛的認可和好評	0.955

綜合以上分析，本書最終確定企業版戰略性新興產業科技創新人才勝任力量表包括 3 個維度、17 項勝任力要素，創新績效量表包括 9 個創新績效題項；高校版戰略性新興產業科技創新人才勝任力量表包括 3 個維度、17 項勝任力要素，創新績效量表包括 8 個創新績效題項，並將兩版量表編製成再試問卷（見附錄 20 和附錄 21）發放獲取數據進行後續檢驗統計分析。

3.3.2　檢驗統計分析

在檢驗統計分析方面，本研究借鑑國內學者在勝任力模型檢驗上的一些通用方法，主要採用方法為驗證性因子分析和結構方程模型分析。企業版和高校

版再試問卷分別發放 400 份和 800 份，回收後剔除未作答或未認真作答的無效問卷，得到有效問卷分別為 276 份和 691 份，有效回收率分別為 69.00% 和 86.38%。樣本的人口特徵分佈及相關情況見表 73 和表 74。

表 73　　　　　　　　　企業樣本基本情況（N=276）

人口特徵變量	分類	人數	比例（%）
性別	男	156	56.52%
	女	120	43.48%
年齡階段	20~29 歲	65	23.55%
	30~39 歲	175	63.41%
	40~49 歲	30	10.87%
	50 歲及以上	6	2.17%
學歷	大學本科以下	27	9.78%
	大學本科	114	41.30%
	碩士研究生	100	36.23%
	博士研究生	35	12.68%
工作領域	新一代信息技術產業	33	11.96%
	高端裝備製造產業	31	11.23%
	新材料產業	36	13.04%
	生物產業	50	18.12%
	新能源汽車產業	31	11.23%
	新能源產業	35	12.68%
	節能環保產業	31	11.23%
	數字創意產業	29	10.51%
職級	初級技術/產品研發人員	71	25.72%
	中級技術/產品研發人員	121	43.84%
	高級技術/產品研發人員	84	30.43%
工作年限	1~5 年	65	23.55%
	5~10 年	118	42.75%
	10~15 年	77	27.90%
	15 年以上	16	5.80%

表73(續)

人口特徵變量	分類	人數	比例（%）
所在企業的登記註冊類型	國有獨資企業	32	11.59%
	國有控股企業	60	21.74%
	股份制企業	69	25.00%
	外商投資企業	25	9.06%
	民營企業	82	29.71%
	其他	8	2.90%
所在企業的人力資源規模	100人以內	27	9.78%
	100~500人	67	24.28%
	500~1,000人	85	30.80%
	1,000人以上	97	35.14%

表74　　　　　　　　高校樣本基本情況（N=691）

人口特徵變量	分類	人數	比例（%）
性別	男	133	19.25%
	女	558	80.75%
所學專業	傳感網技術	4	0.58%
	納米材料與技術	6	0.87%
	功能材料	4	0.58%
	生物制藥	145	20.98%
	新媒體與信息網絡	128	18.52%
	中藥制藥	233	33.72%
	藥物化學	171	24.75%
所在年級	本科二年級	540	78.15%
	本科三年級	121	17.51%
	本科四年級	16	2.32%
	碩士一年級	1	0.14%
	碩士二年級	2	0.29%
	博士一年級	1	0.14%
	博士三年級	6	0.87%
	博士四年級	4	0.58%
就讀學校	通化師範學院	677	97.97%
	哈爾濱工業大學	14	2.03%

3.3.2.1 驗證性因子分析

本研究運用 IBM SPSS AMOS Version 22.0 軟件，使用再試問卷獲取的數據，對戰略性新興產業科技創新人才勝任力結構模型進行驗證性因子分析。表75、圖28 和圖29 為驗證性因子分析的主要結果，所有參數估計值均為完全標準化解。我們通過檢驗結果可以看出，企業版和高校版戰略性新興產業科技創新人才勝任力模型3個維度的因子負荷值均為 0.68~0.91，所有觀測變量所對相應的因子負荷絕大多數在 0.5 以上，說明觀測變量對相應的一階因子具有較大的解釋度。從模型整體適配度指標統計量來看（見表75），只有個別指標略低於或高於標準值（企業版模型：GFI = 0.875 < 0.90，AGFI = 0.835 < 0.90，RMSEA = 0.084 > 0.08；高校版模型：3 < NC = 3.873 < 5），但根據相關研究[168]，均在可以接受的範圍，其他各項指標均達到相關評價標準，證明模型具有較好的擬合效果。

表75　企業版和高校版勝任力模型整體適配度指標統計量摘要

結構方程模型適配度評價標準	企業版模型 適配度指標值	企業版模型 模型適配判斷	高校版模型 適配度指標值	高校版模型 模型適配判斷
絕對適配度指數				
NC 值（x^2 與自由度比值）：1 < NC < 3，表示模型有簡約適配；NC > 5，表示模型需要修正。	2.933	是	3.873	略高,尚可接受
GFI 值 > 0.90	0.875	略低,尚可接受	0.929	是
AGFI 值 > 0.90	0.835	略低,尚可接受	0.907	是
RMR 值 < 0.05	0.034	是	0.031	是
RMSEA 值 < 0.05（適配良好），< 0.08 適配合理。	0.084	略高,尚可接受	0.065	適配合理
CN 值 > 200	278	是	691	是
增值適配度指數				
NFI 值 > 0.90	0.938	是	0.965	是
RFI 值 > 0.90	0.927	是	0.958	是
IFI 值 > 0.90	0.958	是	0.973	是
TLI 值（NNFI 值）> 0.90	0.951	是	0.969	是
CFI 值 > 0.90	0.958	是	0.973	是
簡約適配度指數				

表75(續)

結構方程模型適配度評價標準	企業版模型 適配度指標值	企業版模型 模型適配判斷	高校版模型 適配度指標值	高校版模型 模型適配判斷
PGFI 值>0.50	0.663	是	0.705	是
PNFI 值>0.50	0.800	是	0.823	是
PCFI 值>0.50	0.817	是	0.830	是

註：參考吳明隆. 結構方程模型——AMOS 實務進階 [M]. 重慶：重慶大學出版社, 2013：235.

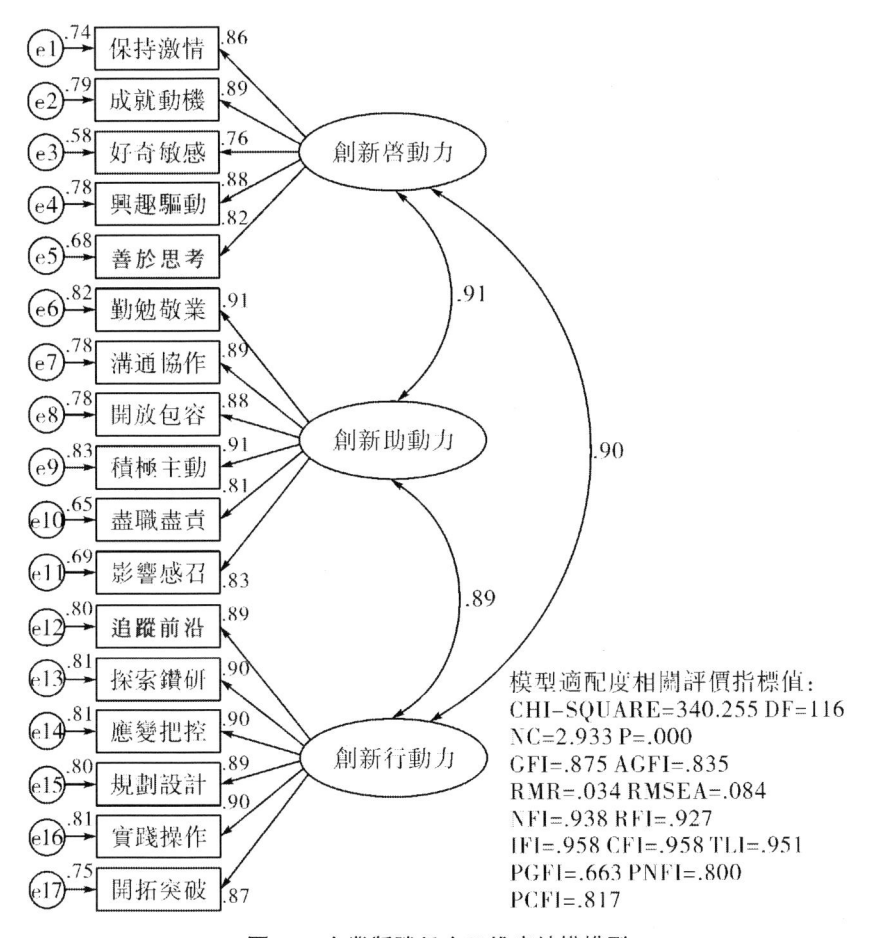

圖中標註：

e1 .74 保持激情 .86
e2 .79 成就動機 .89
e3 .58 好奇敏感 .76
e4 .78 興趣驅動 .88
e5 .68 善於思考 .82
e6 .82 勤勉敬業 .91
e7 .78 溝通協作 .89
e8 .78 開放包容 .88
e9 .83 積極主動 .91
e10 .65 盡職盡責 .81
e11 .69 影響感召 .83
e12 追蹤前沿 .89
e13 .81 探索鑽研 .90
e14 .81 應變把控 .90
e15 .80 規劃設計 .89
e16 .81 實踐操作 .90
e17 .75 開拓突破 .87

創新啟動力、創新助動力、創新行動力
.91、.89、.90

模型適配度相關評價指標值：
CHI-SQUARE=340.255 DF=116
NC=2.933 P=.000
GFI=.875 AGFI=.835
RMR=.034 RMSEA=.084
NFI=.938 RFI=.927
IFI=.958 CFI=.958 TLI=.951
PGFI=.663 PNFI=.800
PCFI=.817

圖28 企業版勝任力三維度結構模型

3 戰略性新興產業科技創新人才勝任力模型構建

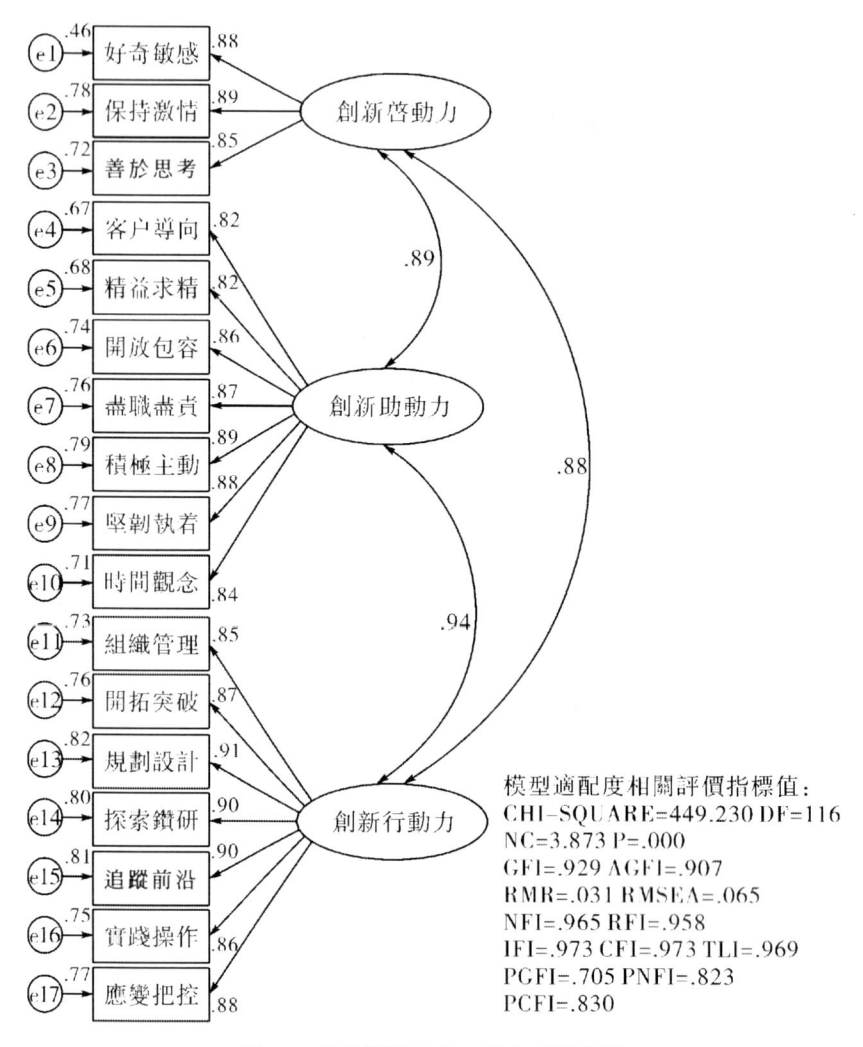

圖 29　高校版勝任力三維度結構模型

3.3.2.2　勝任力因果流程模型驗證

根據前期構建的勝任力理論因果流程模型，結合實證數據對其進行多模型對照驗證分析，以選擇相對最優的勝任力因果流程模型。

1. 企業版勝任力因果流程模型數據驗證

此處，利用再試問卷獲取的數據對借鑑萊爾·M. 斯潘塞和西格尼·M. 斯潘塞（Lyle M. Spencer & Signe M. Spencer，1993）的勝任力因果流程模型構建的戰略性新興產業科技創新人才勝任力因果流程模型進行實證檢驗，檢驗的思路是根據各個勝任力維度潛變量之間可能存在的因果或相關關係構建了四個因

果流程模型，然後通過結構方程模型驗證判斷各個模型的擬合效果，通過對比選擇擬合效果最優的模型。四個模型擬合效果見圖30、圖31、圖32、圖33和表76。

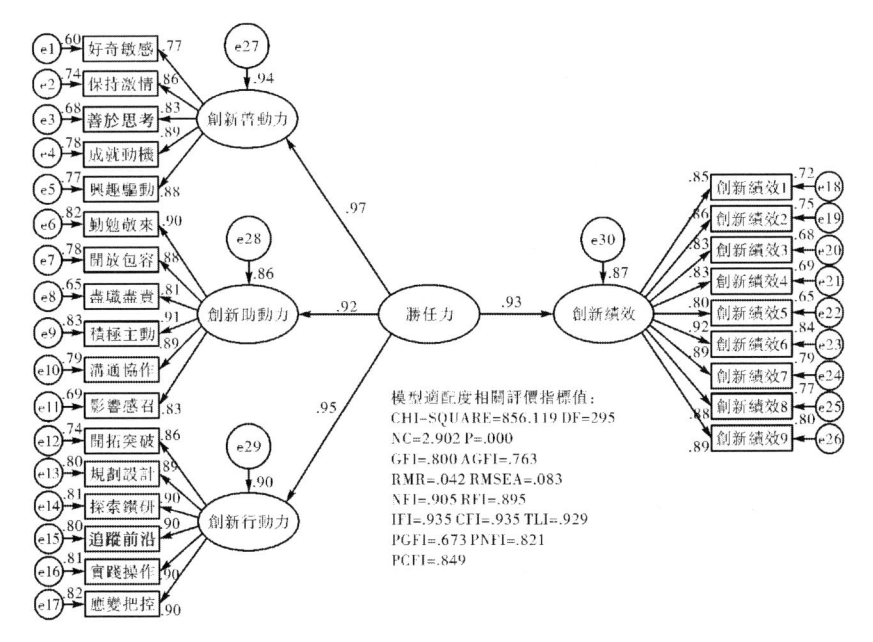

圖30　企業版勝任力因果流程模型Ⅰ

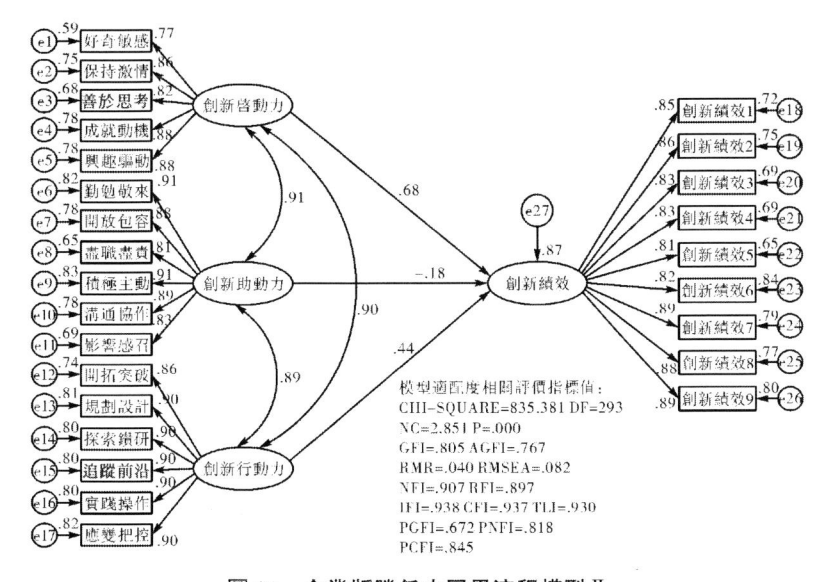

圖31　企業版勝任力因果流程模型Ⅱ

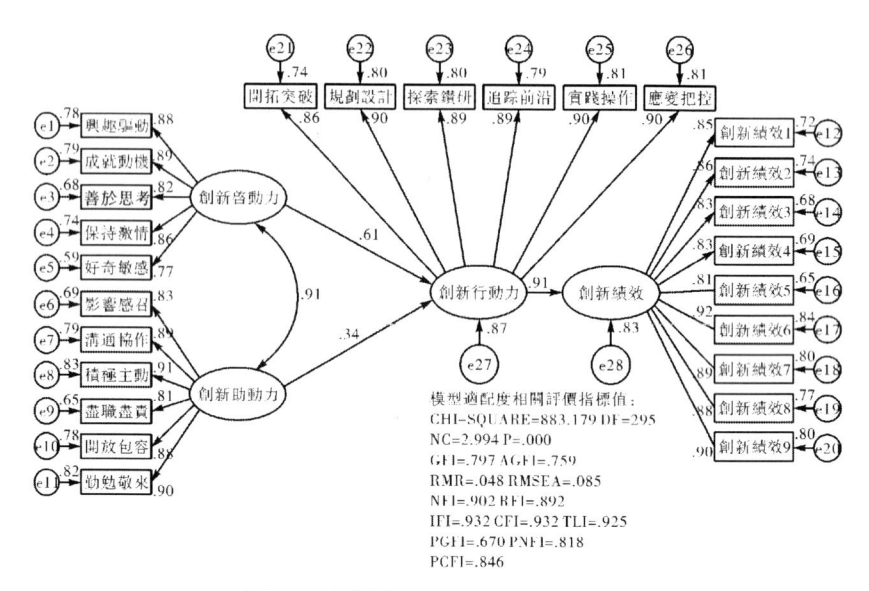

圖 32　企業版勝任力因果流程模型 III

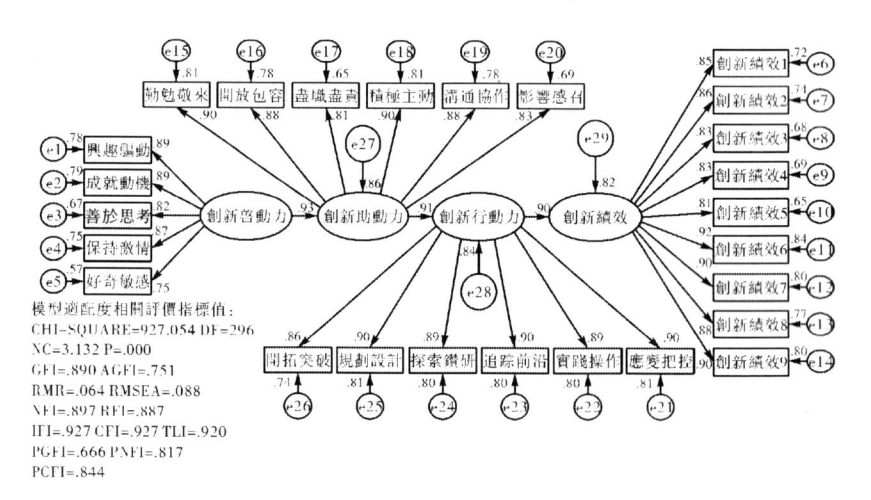

圖 33　企業版勝任力因果流程模型 IV

表 76　　　企業版四種勝任力因果流程模型的評價指標對照

絕對適配度指數	企業版模型 I 適配度指標值	企業版模型 II 適配度指標值	企業版模型 III 適配度指標值	企業版模型 IV 適配度指標值
NC 值（x^2 與自由度比值）：$1 < NC < 3$，表示模型有簡約適配度；$NC > 5$，表示模型需要修正。	2.902	2.851	2.994	3.132

表76(續)

絕對適配度指數	企業版模型Ⅰ適配度指標值	企業版模型Ⅱ適配度指標值	企業版模型Ⅲ適配度指標值	企業版模型Ⅳ適配度指標值
GFI 值>0.90	0.800	0.805	0.797	0.790
AGFI 值>0.90	0.763	0.767	0.759	0.751
RMR 值<0.05	0.042	0.040	0.048	0.064
RMSEA 值 < 0.05（適配良好），<0.08 適配合理。	0.083	0.082	0.085	0.088
CN 值>200	278	278	278	278
增值適配度指數				
NFI 值>0.90	0.905	0.907	0.902	0.897
RFI 值>0.90	0.895	0.897	0.892	0.887
IFI 值>0.90	0.935	0.938	0.932	0.927
TLI 值（NNFI 值）>0.90	0.929	0.930	0.925	0.920
CFI 值>0.90	0.935	0.937	0.932	0.927
簡約適配度指數				
PGFI 值>0.50	0.673	0.672	0.670	0.666
PNFI 值>0.50	0.821	0.818	0.818	0.817
PCFI 值>0.50	0.849	0.845	0.846	0.844

註：參考吳明隆. 結構方程模型——AMOS 實務進階［M］. 重慶：重慶大學出版社，2013：235.

最終根據模型擬合效果對比綜合判斷，模型Ⅱ的擬合數據在四個模型中是相對較好的，所以，將模型Ⅱ作為戰略性新興產業科技創新人才勝任力因果流程模型。

2. 高校版勝任力因果流程模型數據驗證

參照企業版勝任力因果流程模型的驗證過程，通過運用 AMOS 結構方程模型的數據進行驗證，根據擬合數據判斷，四個高校版的勝任力因果流程模型中，模型Ⅱ的擬合效果也是相對較好的，所以，確定模型Ⅱ為高校版戰略性新興產業科技創新人才勝任力因果流程模型。具體情況見圖34、圖35、圖36、圖37和表77。

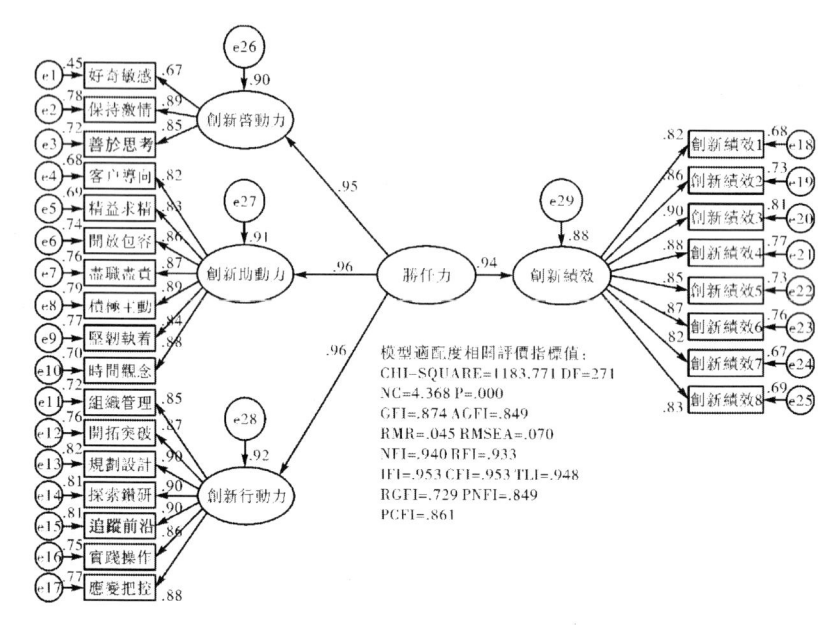

圖 34　高校版勝任力因果流程模型 Ⅰ

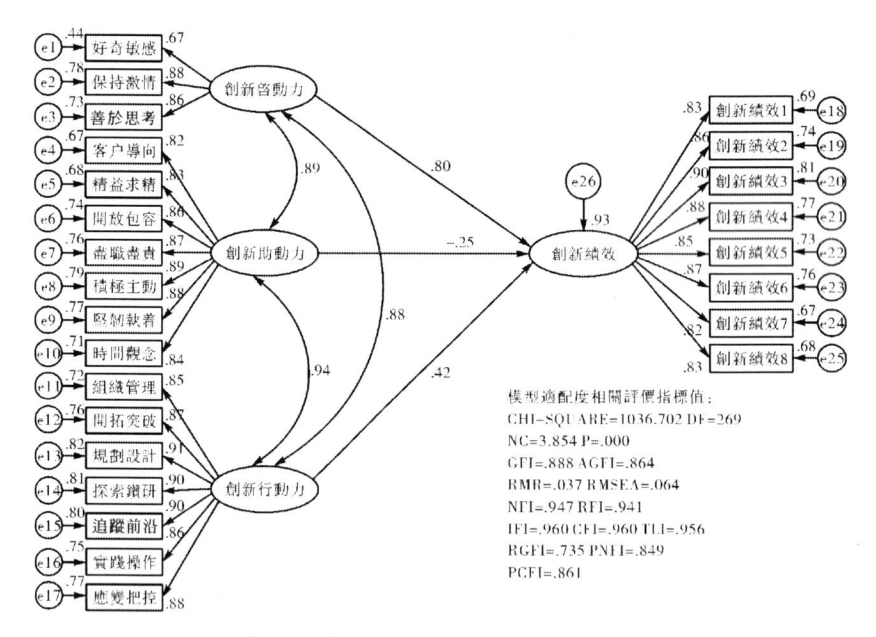

圖 35　高校版勝任力因果流程模型 Ⅱ

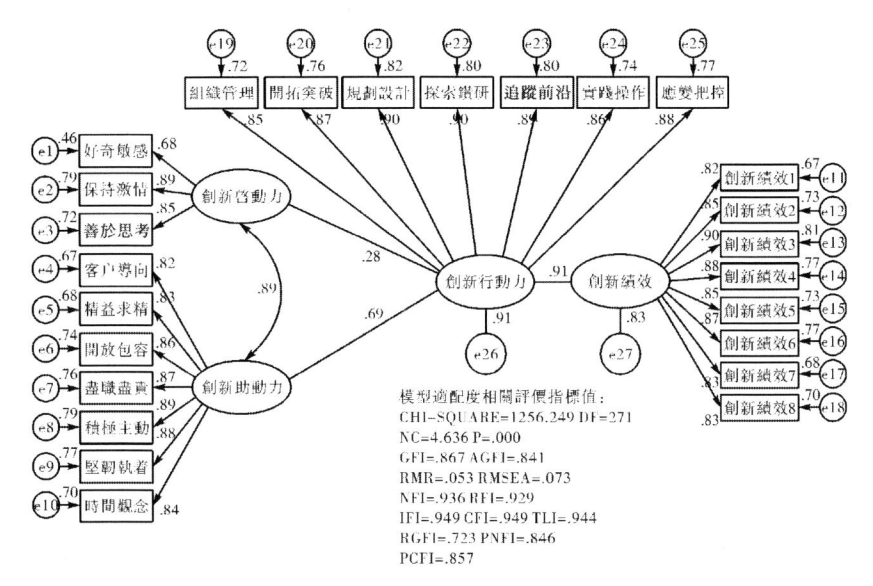

圖 36　高校版勝任力因果流程模型Ⅲ

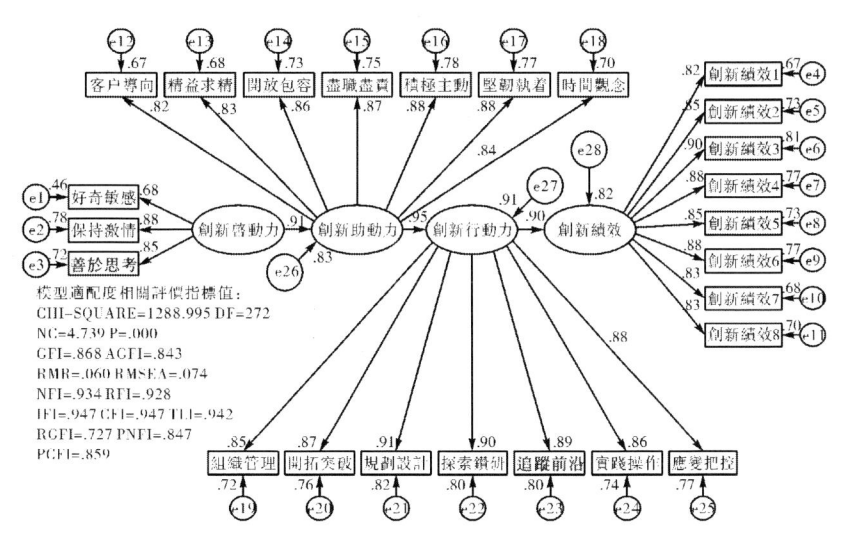

圖 37　高校版勝任力因果流程模型Ⅳ

3　戰略性新興產業科技創新人才勝任力模型構建 | 137

表 77　　　　　高校版四種勝任力因果流程模型的評價指標對照

絕對適配度指數	高校版模型Ⅰ 適配度指標值	高校版模型Ⅱ 適配度指標值	高校版模型Ⅲ 適配度指標值	高校版模型Ⅳ 適配度指標值
NC 值（x^2 與自由度比值）：$1 < NC < 3$，表示模型有簡約適配度；$NC > 5$，表示模型需要修正。	4.368	3.854	4.636	4.739
GFI 值>0.90	0.874	0.888	0.867	0.868
AGFI 值>0.90	0.849	0.864	0.841	0.843
RMR 值<0.05	0.045	0.037	0.053	0.060
RMSEA 值 < 0.05（適配良好），<0.08 適配合理。	0.070	0.064	0.073	0.074
CN 值>200	691	691	691	691
增值適配度指數				
NFI 值>0.90	0.940	0.947	0.936	0.934
RFI 值>0.90	0.933	0.941	0.929	0.928
IFI 值>0.90	0.953	0.960	0.949	0.947
TLI 值（NNFI 值）>0.90	0.948	0.956	0.944	0.942
CFI 值>0.90	0.953	0.960	0.949	0.947
簡約適配度指數				
PGFI 值>0.50	0.729	0.735	0.723	0.727
PNFI 值>0.50	0.849	0.849	0.846	0.847
PCFI 值>0.50	0.861	0.861	0.857	0.859

註：參考吳明隆. 結構方程模型——AMOS 實務進階［M］. 重慶：重慶大學出版社，2013：235.

3.3.3　檢驗結果討論

從初始勝任力模型構建，到模型專家檢驗，再到模型大樣本檢驗，最終經過調整、修正與完善，本書分別構建了企業版（見圖 38）和高校版（見圖 39）兩個戰略性新興產業科技創新人才勝任力結構模型。考慮到戰略性新興產業科技創新人才從高校走向企業的勝任力延續性、繼承性與演化提升性，經過專家諮詢與研討，本書決定將企業版與高校版勝任力模型融合為一個勝任力模型，最後確定戰略性新興產業科技創新人才勝任力模型由 3 個維度 22 項勝任力要素組成，具體見表 78 和圖 40。圖 41 為戰略性新興產業科技創新人才勝

任力模型與創新績效的因果流程模型。

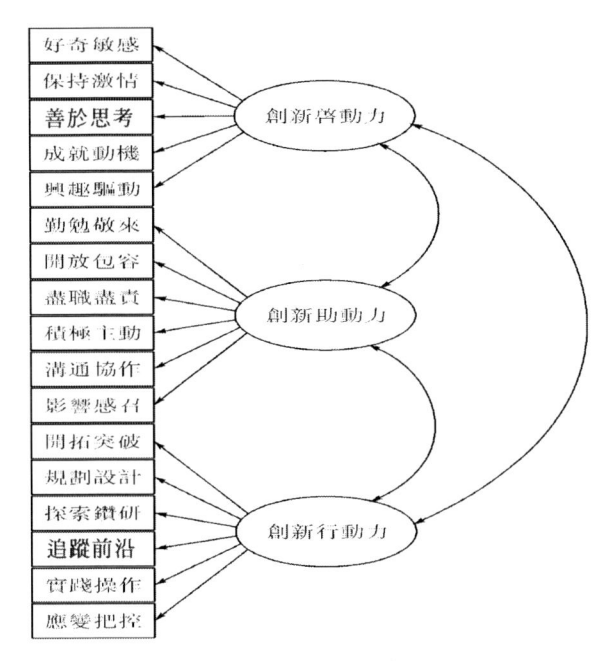

圖 38　企業版勝任力結構模型

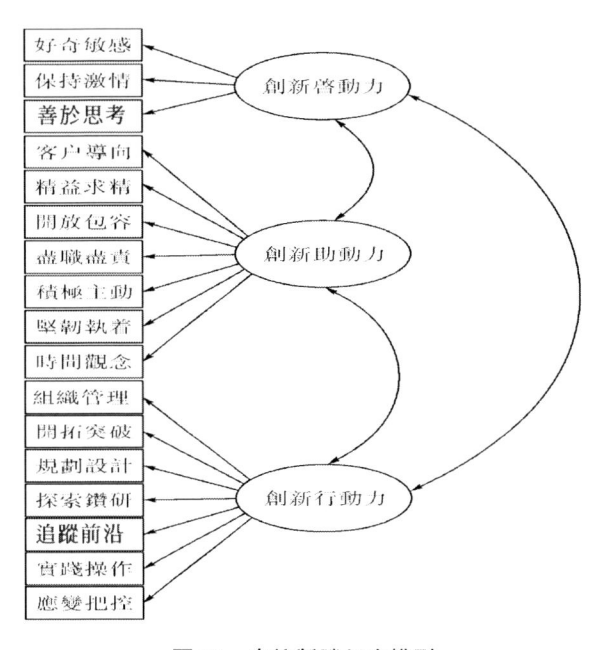

圖 39　高校版勝任力模型

表 78　　　　　　　　　　勝任力維度與要素

勝任力維度	勝任力要素
創新啓動力	保持激情、善於思考、好奇敏感、興趣驅動、成就動機
創新助動力	開放包容、積極主動、盡職盡責、影響感召、勤勉敬業、溝通協作、客戶導向、時間觀念、精益求精、堅韌執著
創新行動力	追蹤前沿、探索鑽研、應變把控、規劃設計、實踐操作、開拓突破、組織管理

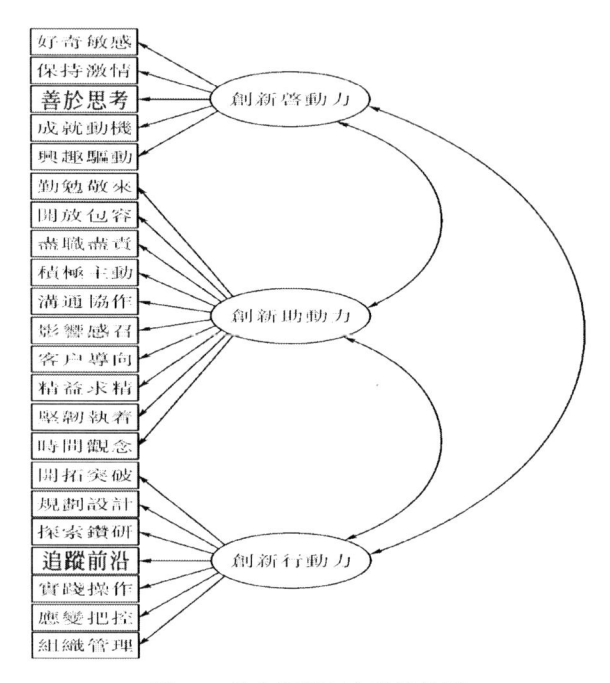

圖 40　整合版勝任力結構模型

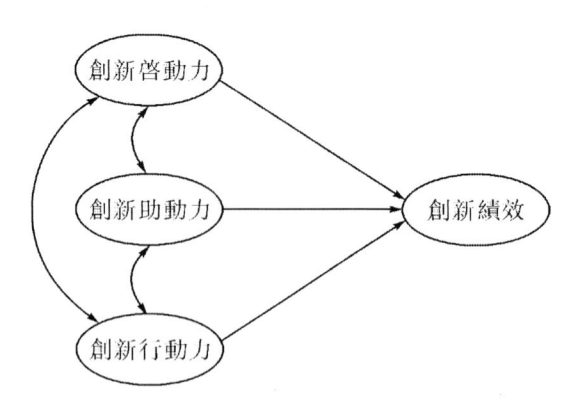

圖 41　勝任力因果流程模型

為了更加全面認識戰略性新興產業科技創新人才勝任力模型，本書將該模型與其他相關模型進行對比分析，並在此基礎上分析戰略性新興產業科技創新人才勝任力模型的特點。

3.3.3.1 與其他相關勝任力模型的對比分析

第一，與傳統的勝任力「冰山模型」和「洋蔥模型」（見圖42）對比，本書構建的勝任力模型包含保持激情、善於思考、好奇敏感、興趣驅動、成就動機等勝任力要素的創新啓動力屬於「冰山模型」水面以下較深層的部分或者是「洋蔥模型」的核心部分；包含開放包容、積極主動、盡職盡責、影響感召、勤勉敬業、溝通協作、客戶導向、時間觀念、精益求精、堅韌執著等勝任力要素的創新助動力屬於「冰山模型」水面以下較淺層的部分或者是「洋蔥模型」的中間圈層部分；而包含追蹤前沿、探索鑽研、應變把控、規劃設計、實踐操作、開拓突破、組織管理等勝任力要素的創新行動力則屬於「冰山模型」水面以上的部分或者是「洋蔥模型」的外部圈層部分。也就是說，在戰略性新興產業科技創新人才勝任力模型中，創新啓動力和創新助動力是相對不易被開發的部分，而創新行動力是相對容易被開發的部分，如圖42。

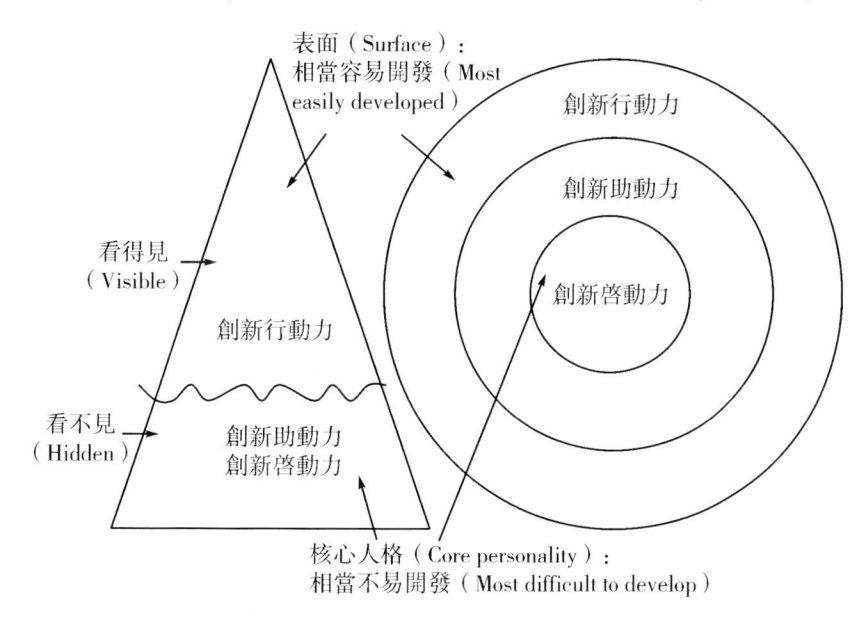

圖42　勝任力冰山模型與洋蔥模型

第二，與相關創新人才勝任力模型對比，在本書構建的勝任力模型中，由保持激情、善於思考、好奇敏感、興趣驅動、成就動機等勝任力要素構成的創

新啓動力與其他創新人才勝任力模型（見表79）中的創新意識有相通之處；由開放包容、積極主動、盡職盡責、影響感召、勤勉敬業、溝通協作、客戶導向、時間觀念、精益求精、堅韌執著等勝任力要素構成的創新助動力與其他創新人才勝任力模型中的創新知識、創新精神、創新品德、創新人格是也有重合之處；由追蹤前沿、探索鑽研、應變把控、規劃設計、實踐操作、開拓突破、組織管理等勝任力要素構成的創新行動力則與其他創新人才勝任力模型中的創新技能、創新能力也有相似之處。但是，本書構建的勝任力模型從勝任力要素角度來說更加具體，更具有可操作性，從勝任力維度來看更能夠體現創新行為發生的過程。

表79　　　　　　　與其他創新人才勝任力模型對照

戰略性新興產業科技創新人才勝任力模型	其他創新人才勝任力模型
◇創新啓動力：保持激情、善於思考、好奇敏感、興趣驅動、成就動機； ◇創新助動力：開放包容、積極主動、盡職盡責、影響感召、勤勉敬業、溝通協作、客戶導向、時間觀念、精益求精、堅韌執著； ◇創新行動力：追蹤前沿、探索鑽研、應變把控、規劃設計、實踐操作、開拓突破、組織管理	何健文（2011）構建的創新人才勝任力模型： ◇創新意識：個人意識、氛圍意識； ◇創新精神：創新人格、創新品質； ◇創新知識：知識水準、經驗感知與教育背景； ◇創新技能：基本技能、實際操作技能
	周霞等（2012）構建的創新人才勝任力模型： ◇創新能力：想像力、溝通能力、觀察力、決斷力、分析能力、學習能力、思維能力、問題解決能力、預見力； ◇創新品德：熱情、誠實正直、責任感； ◇創新知識：專業知識、工作經驗、知識面、前沿知識； ◇創新精神：進取精神、毅力、探索精神、團隊合作精神、質疑精神； ◇創新人格：樂觀、抗壓性、適應性、好奇心、獨立性、自信
	趙海濤等（2013）構建的基層創新人才勝任力評價指標體系： ◇創新人格：樂觀、自信、抗壓性； ◇創新意識：動機、需要、成就感； ◇創新精神：質疑精神、團隊協作精神、探索精神； ◇創新能力：思維能力、學習能力、構想力、問題解決能力

註：根據相關文獻整理編製。

第三，與 2012 年廖志豪構建的高校創新型科技人才通用素質模型（見圖 43）對比，本書構建的勝任力模型更加凝練簡潔。戰略性新興產業科技創新人才勝任力模型中的創新啟動力的構成要素與高校創新型科技人才通用素質模型中的思維要素族和個性要素族的部分要素有部分重合，創新助動力的構成要素與個性要素族和知識要素族的部分要素有部分重合，創新行動力的構成要素與能力要素族的要素有部分重合。但是戰略性新興產業科技創新人才勝任力模型更加側重於與創新行為產生緊密相關的勝任力要素，勝任力要素更多在創新活動中體現出作用。

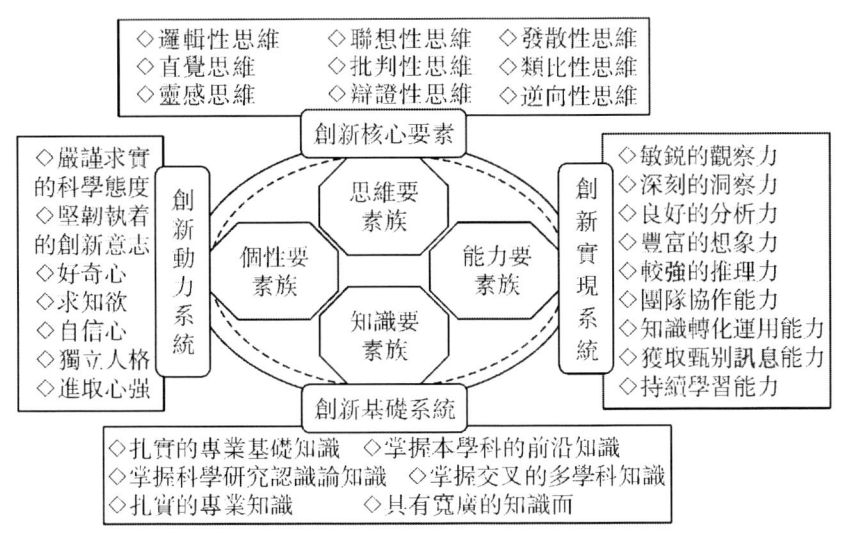

```
┌─────────────────────────────────────────────────────┐
│ ◇邏輯性思維    ◇聯想性思維    ◇發散性思維           │
│ ◇直覺思維      ◇批判性思維    ◇類比性思維           │
│ ◇靈感思維      ◇辯證性思維    ◇逆向性思維           │
└─────────────────────────────────────────────────────┘
                    創新核心要素
┌──────────────┐                        ┌──────────────┐
│◇嚴謹求實     │                        │◇敏銳的觀察力 │
│ 的科學態度   │ 創      思維            │◇深刻的洞察力 │
│◇堅韌執著     │ 新      要素族   創    │◇良好的分析力 │
│ 的創新意志   │ 動               新    │◇豐富的想象力 │
│◇好奇心       │ 力  個性   能力  實    │◇較強的推理力 │
│◇求知欲       │ 系  要素族 要素族 現    │◇團隊協作能力 │
│◇自信心       │ 統       知識     系   │◇知識轉化運用能力│
│◇獨立人格     │          要素族   統   │◇獲取甄別訊息能力│
│◇進取心強     │                        │◇持續學習能力 │
└──────────────┘      創新基礎系統      └──────────────┘
┌─────────────────────────────────────────────────────┐
│ ◇扎實的專業基礎知識   ◇掌握本學科的前沿知識         │
│ ◇掌握科學研究認識論知識 ◇掌握交叉的多學科知識       │
│ ◇扎實的專業知識       ◇具有寬廣的知識面             │
└─────────────────────────────────────────────────────┘
```

圖 43　創新型科技人才通用素質模型

第四，與楊木春的生物產業科技創新人才勝任力模型和王歡的新一代信息技術產業科技創新人才勝任力模型對比，由於生物產業和新一代信息技術產業是戰略性新興產業的重要組成部分，本書構建的戰略性新興產業科技創新人才勝任力模型參考了楊木春、王歡兩位學者構建的勝任力模型。由於本書的勝任力模型是綜合多方數據、基於戰略性新興產業整體特徵來構建的，所以較這兩個模型更具有通用性。

勝任力模型其實是一個複雜的系統，其構成的勝任力維度之間、勝任力要素之間以及維度與要素之間並不是孤立的，而是相互聯繫的，不僅呈現簡單的線性聯繫，還有複雜的非線性聯繫，甚至是複雜的多維網絡聯繫。這也反應了創新過程是一個複雜的過程，是一個創新勝任力各維度、各要素間有機融合後發生化學反應的過程。

3.3.3.2 體現戰略性新興產業產業特徵的勝任力要素分析

通過與其他勝任力模型的對比分析，本書構建的戰略性新興產業科技創新人才勝任力模型具有以下兩個特點：

第一，產業特徵性。如前文所述，戰略性新興產業具有戰略全局長遠性、成長風險難測性、創新驅動突破性、關聯帶動整合性、技術密集依賴性、動態調整演化性、前瞻導向輻射性、低碳可持續性、國際競爭合作性、市場需求引導性等特點。相比傳統產業而言，戰略性新興產業的知識迭代迅速，產品生命週期短、更新換代快，更加注重技術創新效率，對技術創新速度、技術創新成果質量的要求更高。因此，戰略性新興產業科技創新人才在科技創新過程中，時間觀念、追蹤前沿、應變把控、開拓突破等勝任力要素就特別重要。

第二，創新過程性。戰略性新興產業科技創新人才勝任力模型的構建，以創新發生的過程為切入點，考慮創新發生的機制，基於創新發生的內在機理來構建和思考科技創新人才的勝任力模型問題。所以，首先從創新的最初發生（驅動或啟動）著眼，本書構建了創新啟動力（驅動力），包括創新人才內在意識層面的心理品質和思維品質等；接下來從創新啟動後需要的一些能夠幫助創新盡快實現的人格層面的心理品質考慮，本書構建了創新助動力；最後基於啟動力和助動力，從行動/行為層面，本書構建了創新行動力，也就是實現創新的直接動力。

3.4 最終勝任力模型確定

筆者結合檢驗與修正後的勝任力結構模型，再從權重、定義、分級等方面對戰略性新興產業科技創新人才勝任力模型做進一步表述。

3.4.1 勝任力模型的權重

本書利用前期勝任力模型驗證性因子分析部分的實證數據，運用因子分析中主成分分析法和 Kaiser 標準化的正交旋轉法，用旋轉後主成分解釋的方差和因子載荷來確定戰略性新興產業科技創新人才勝任力模型維度和要素權重。具體做法和過程如下：

首先，運用 IBM SPSS Statistics Version 20 軟件，對相關實證數據進行因子分析，具體結果見表 80 和表 81。

表 80　　　　　　　　　企業版勝任力模型旋轉成分矩陣[a]

勝任力要素	成分		
	1. 創新助動力	2. 創新行動力	3. 創新啓動力
溝通協作	0.766		
勤勉敬業	0.759		
積極主動	0.757		
開放包容	0.741		
盡職盡責	0.693		
影響感召	0.642		
追蹤前沿		0.784	
應變把控		0.773	
探索鑽研		0.750	
規劃設計		0.707	
實踐操作		0.651	
開拓突破		0.630	
好奇敏感			0.788
成就動機			0.694
保持激情			0.638
興趣驅動			0.632
善於思考			0.604
初始特徵值	12.307	0.789	0.696
方差百分比	30.360	28.031	22.744

註：提取方法：主成分。

旋轉法：具有 Kaiser 標準化的正交旋轉法。

a. 旋轉在 10 次迭代後收斂。

表 81　　　　　　　　　高校版勝任力模型旋轉成分矩陣[a]

勝任力要素	成分		
	1. 創新助動力	2. 創新行動力	3. 創新啓動力
探索鑽研	0.772		
實踐操作	0.764		
追蹤前沿	0.764		
應變把控	0.760		
開拓突破	0.757		
規劃設計	0.739		

表81(續)

勝任力要素	成分		
	1. 創新助動力	2. 創新行動力	3. 創新啓動力
組織管理	0.724		
客戶導向		0.757	
盡職盡責		0.712	
開放包容		0.709	
積極主動		0.663	
精益求精		0.645	
時間觀念		0.607	
堅韌執著		0.581	
好奇敏感			0.864
保持激情			0.607
善於思考			0.567
初始特徵值	12.132	0.771	0.585
方差百分比	36.492	27.674	15.177

註：提取方法：主成分。

旋轉法：具有 Kaiser 標準化的正交旋轉法。

a. 旋轉在 7 次迭代後收斂。

然後，根據旋轉後主成分解釋的方差和因子載荷來確定戰略性新興產業科技創新人才勝任力模型維度和要素權重。如在企業版勝任力模型中，三個主成分旋轉後解釋的方差分別為成分「1. 創新助動力」為 30.360%，成分「2. 創新行動力」為 28.031%，成分「3. 創新啓動力」為 22.744%，總方差為 81.135%。那麼，成分「1. 創新助動力」的權重為 37.42%（30.360%÷81.135%），成分「2. 創新行動力」為 34.55%（28.031%÷81.135%），成分「3. 創新啓動力」為 28.03%（22.744%÷81.135%）。勝任力要素的權重依據因子載荷來確定，如企業版勝任力模型中，成分「1. 創新助動力」維度中勝任力要素溝通協作、勤勉敬業、積極主動、開放包容、盡職盡責、影響感召的因子載荷分別為 0.766、0.759、0.757、0.741、0.693、0.642，那麼他們的權重分別為溝通協作 17.58%［0.766/（0.766+0.759+0.757+0.741+0.693+0.642）］、勤勉敬業 17.42%［0.759/（0.766+0.759+0.757+0.741+0.693+0.642）］、積極主動 17.37%［0.757/（0.766+0.759+0.757+0.741+0.693+0.642）］、開放包容 17.00%［0.741/（0.766+0.759+0.757+0.741+0.693+0.642）］、盡職盡責 15.90%［0.693/（0.766+0.759+0.757+0.741+0.693+

0.642）］、影響感召 14.73%［0.642/（0.766+0.759+0.757+0.741+0.693+0.642）］。按照此種算法，最終確定的企業版和高校版戰略性新興產業科技創新人才勝任力模型權重如表82所示。

表82　　　　　　　　　　　勝任力模型權重

版本	勝任力維度（權重）	勝任力要素（權重）
企業版	創新啓動力（28.03%）	好奇敏感（23.48%）、成就動機（20.68%）、保持激情（19.01%）、興趣驅動（18.83%）、善於思考（18.00%）
	創新助動力（37.42%）	溝通協作（17.58%）、勤勉敬業（17.42%）、積極主動（17.37%）、開放包容（17.00%）、盡職盡責（15.90%）、影響感召（14.73%）
	創新行動力（34.55%）	追蹤前沿（18.25%）、應變把控（18.00%）、探索鑽研（17.46%）、規劃設計（16.46%）、實踐操作（15.16%）、開拓突破（14.67%）
高校版	創新啓動力（19.13%）	好奇敏感（42.39%）、保持激情（29.78%）、善於思考（27.82%）
	創新助動力（34.88%）	客戶導向（16.20%）、盡職盡責（15.23%）、開放包容（15.17%）、積極主動（14.18%）、精益求精（13.80%）、時間觀念（12.99%）、堅韌執著（12.43%）
	創新行動力（45.99%）	探索鑽研（14.62%）、實踐操作（14.47%）、追蹤前沿（14.47%）、應變把控（14.39%）、開拓突破（14.34%）、規劃設計（14.00%）、組織管理（13.71%）

3.4.2　勝任力模型的分級與行為特徵描述

勝任力（Competency）是能夠區分在特定的工作崗位、組織環境和文化氛圍中個人工作業績的任何可以客觀衡量的非技術性的個人特徵。勝任力的界定是通過對特定組織或文化環境中的具體工作崗位上的，工作業績出色和一般的人員的可觀察的工作行為模式進行比較分析，從而發現導致兩者間顯著差別的行為特徵。因此，一項勝任力實際上是代表著一類可以具體應用的工作行為模式。

層級是勝任力的一個重要概念。對於一項勝任力，根據其行為表現的複雜和精深程度的差異，可分為若干層級。為了在特定的崗位取得出色的工作業績，一個人的勝任力水準往往需要在特定的層級上達到標準。因此，一個勝任力模型除了明確要求的勝任力外，還包括在每項勝任力上需要達到的層級。勝任力定義與層級將具體描述每項勝任力所代表的綜合性行為模式和各個層級的具體內容。

由於戰略性新興產業科技創新人才在不同崗位、不同發展階段所需的勝任

力要素水準是不同的，所以對勝任力要素的等級說明是十分有必要的。參照和借鑑已有研究，本書將從創新啟動力、創新助動力和創新行動力三個勝任力維度對戰略性新興產業科技創新人才勝任力模型進行定義和分級，將每個勝任力維度劃分為 A 級（出類拔萃）、B 級（表現優異）、C 級（滿足需求）、D 級（尚需提高）4 個層級（見表 83、圖 44），並通過每個維度所包含勝任力要素的行為描述來展現創新啟動力、創新助動力和創新行動力在 4 個層級上的水準（見表 84、表 85 和表 86）。

表 83　　　　　　　　　　　勝任力模型分級

層級劃分	各層級行為指標意義
A 級（出類拔萃）	◇行為人在此層級的行為表現被公認為突出優勢 ◇成為產業內其他人員提升或發展該項勝任力的典型參照
B 級（表現優異）	◇行為人在此層級的行為指標明顯超出企業對此項能力的標準要求 ◇行為人能夠清晰、持續、穩定地展現此項能力的所有元素 ◇此項能力的展現成為幫助任職者獲取持續高績效的素質強項
C 級（滿足需求）	◇行為人在此層級的行為指標達到公司對此項能力的標準要求 ◇行為人在此方面具備一定的示範作用，展現出期望績效
D 級（尚需提高）	◇行為人具備與此項能力相符的元素 ◇行為人在此層級的行為指標尚未達到公司對此項能力的標準要求 ◇需要通過針對性的培養計劃來提高此項能力達到標準要求

資料來源：根據楊木春博士的博士論文《生物農業企業技術創新人才勝任力模型構建與應用研究》整理。

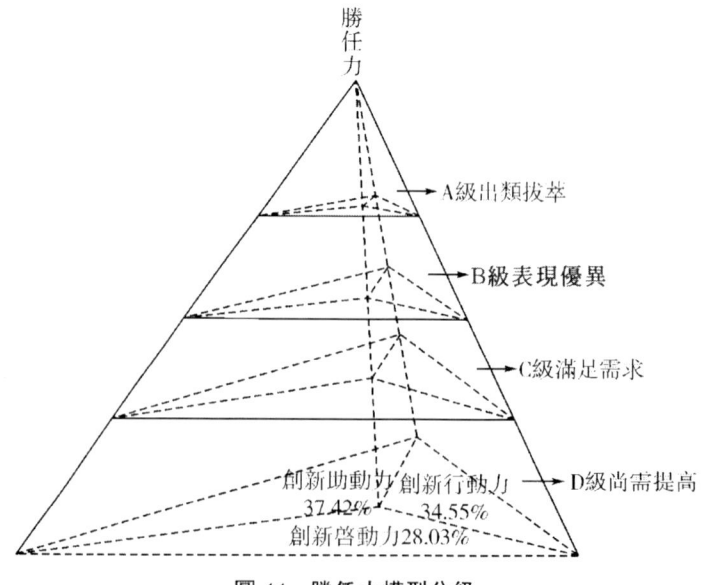

圖 44　勝任力模型分級

表 84　　　創新啓動力操作性定義及關鍵行為特徵分級描述

勝任力維度	創新啓動力
構成要素	保持激情、善於思考、好奇敏感、興趣驅動、成就動機
操作性定義	在戰略性新興產業研發工作中，驅使科技創新人才產生創新想法和創新行為的內在動力
層級劃分	各級行為描述
A級 （出類拔萃）	在研發工作中， ◇始終保持創造激情； ◇積極調動和發揮各種創造性思維； ◇對一切新事物充滿好奇心和敏感性； ◇對一切新事物具有濃厚的興趣； ◇具有強烈的目標感和自我價值實現意識
B級 （表現優異）	在研發工作中， ◇大部分時候能保持創造激情； ◇大部分時候能積極調動和發揮各種創造性思維； ◇對新事物充滿好奇心和敏感性； ◇對新事物具有濃厚的興趣； ◇具有較為強烈的目標感和自我價值實現意識
C級 （滿足需求）	在研發工作中， ◇能保持一定的創造激情； ◇能發揮一定的創造性思維； ◇對新事物有一定的關注； ◇對新事物具有一定的興趣； ◇具有一定的目標感和自我價值實現意識
D級 （尚需提高）	在研發工作中， ◇創造激情不足； ◇創造性思維缺乏； ◇對新事物缺乏好奇心和敏感性； ◇對新事物不感興趣； ◇缺乏目標感和自我價值實現意識

表 85　　　創新助動力操作性定義及關鍵行為特徵分級描述

勝任力維度	創新助動力
構成要素	開放包容、積極主動、盡職盡責、影響感召、勤勉敬業、溝通協作、客戶導向、時間觀念、精益求精、堅韌執著
操作性定義	在戰略性新興產業研發工作中，支撐科技創新人才開展創新活動的個性特質
層級劃分	各級行為描述

表85(續)

勝任力維度	創新助動力
A級 (出類拔萃)	在研發工作中， ◇廣泛接受一切新事物； ◇始終保持積極的心態和主動性； ◇具有高度的責任心和使命感； ◇時刻都能帶動、感召其他人開展創造性工作； ◇工作勤懇，兢兢業業； ◇與團隊成員密切溝通，協調一致，共克難題； ◇善於換位思考，考慮和關注市場動態和客戶需求； ◇掌控工作進度，盡快按時高效完成任務； ◇力求完美，爭取做到最好； ◇遇到困難絕不放棄，並盡全力完成
B級 (表現優異)	在研發工作中， ◇能夠接受新事物； ◇能夠保持積極的心態和主動性； ◇具有責任心和使命感； ◇能夠帶動、感召其他人開展創造性工作； ◇工作勤懇，兢兢業業； ◇能夠與團隊成員溝通，協調互動，一起解決難題； ◇能夠換位思考，考慮和關注市場動態和客戶需求； ◇把握工作進度，盡快按時完成任務； ◇追求完美，盡力做到最好； ◇遇到困難不放棄，並盡力完成
C級 (滿足需求)	在研發工作中， ◇對待新事物，有一定的認識； ◇具備積極的心態和主動性； ◇具有一定的責任心和使命感； ◇基本能夠帶動其他人開展工作； ◇工作努力，勤懇； ◇與團隊成員保持良好溝通，相互配合； ◇能做到換位思考，考慮和關注市場動態和客戶需求； ◇能夠把握工作進度，按時完成任務； ◇對工作品質有一定追求； ◇遇到困難能夠盡力克服

表85(續)

勝任力維度	創新助動力
D級 (尚需提高)	在研發工作中， ◇面對新事物，需要一定的適應期； ◇缺乏積極性和主動性； ◇責任心和使命感不強； ◇對他人的影響力有限； ◇工作努力程度不夠； ◇缺乏與團隊成員溝通、協調與配合； ◇缺乏換位思考意識，基本不關注市場動態和客戶需求； ◇缺乏對工作進度掌控，大部分時候不能按時完成任務； ◇不求完美，完成就好； ◇遇到困難有所畏懼

表86　創新行動力操作性定義及關鍵行為特徵分級描述

勝任力維度	創新行動力
構成要素	追蹤前沿、探索鑽研、應變把控、規劃設計、實踐操作、開拓突破、組織管理
操作性定義	在戰略性新興產業研發工作中，保障科技創新人才完成創新任務所需要的各項技能
層級劃分	各級行為描述
A級 (出類拔萃)	在研發工作中， ◇善於捕捉、整理、歸納最新有用知識和信息； ◇善於挖掘、分析數據信息並找到規律和關鍵； ◇善於適時調整方案並掌控進程； ◇善於合理規劃、設計出最優的解決方案； ◇善於熟練綜合使用多種最有效的工具開展工作； ◇絕不安於現狀，力圖變革以追求卓越； ◇善於合理分派任務，並促進團隊高效完成
B級 (表現優異)	在研發工作中， ◇能夠捕捉、整理、歸納有用知識和信息； ◇能夠挖掘、分析數據信息並找到規律和關鍵； ◇能夠適時調整方案並掌控進程； ◇能夠合理規劃、設計解決方案； ◇能夠熟練綜合使用多種最有效的工具開展工作； ◇不安於現狀，力圖變革以追求卓越； ◇能夠合理分派任務，並促進團隊高效完成

表86(續)

勝任力維度	創新行動力
C級 （滿足需求）	在研發工作中， ◇能夠捕捉、整理、歸納相關知識和信息； ◇能夠挖掘、分析數據信息並發現一定規律； ◇能夠調整方案並掌控進程； ◇能夠規劃、設計解決方案； ◇能夠使用多種工具展開工作； ◇不安於現狀，追求卓越； ◇能夠合理分派任務，並促進團隊完成
D級 （尚需提高）	在研發工作中， ◇缺乏捕捉、整理、歸納最新有用知識和信息的能力； ◇不善於挖掘、分析數據信息； ◇不能夠及時調整方案； ◇不善於規劃、設計相關方案； ◇不善於運用工具完成工作； ◇缺乏變革精神； ◇缺乏組織團隊完成任務的能力

3.5　本章小結

　　本章是論文的核心部分之一，也是後續研究的基礎。本章的主要工作是構建戰略性新興產業科技創新人才勝任力模型，運用了多渠道獲取的數據信息，採用了多元的研究方法，從理論模型構建，到模型初步檢驗，再到模型的大樣本實證檢驗，最終確定了包含創新啟動力（保持激情、善於思考、好奇敏感、興趣驅動、成就動機）、創新助動力（開放包容、積極主動、盡職盡責、影響感召、勤勉敬業、溝通協作、客戶導向、時間觀念、精益求精、堅韌執著）和創新行動力（追蹤前沿、探索鑽研、應變把控、規劃設計、實踐操作、開拓突破、組織管理）3個維度22項勝任力要素的「三動力」模型。

4 戰略性新興產業科技創新人才開發模式研究

在瞭解了戰略性新興產業科技創新人才開發狀況和構建了戰略性新興產業科技創新人才勝任力模型的基礎上，本章將基於前期的研究試圖探索構建戰略性新興產業科技創新人才開發模式，具體研究思路見圖45。

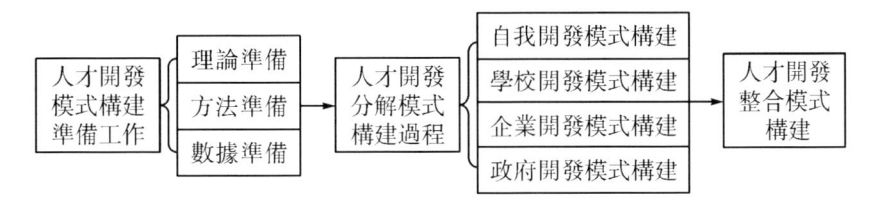

圖45　第4章研究思維導圖

4.1　準備工作

人才開發模式是由諸多相互聯繫的要素構成的複雜系統，其構建工作更是一個複雜的系統工程。在構建工作開展之前，需做好必要的準備工作。

4.1.1　理論框架

第1章的理論梳理部分系統交代了人才開發的相關理論，具體包括人才開發的概念、類型、活動系統、模式以及模式的選擇等。這些理論為人才開發模式構建提供了理論指導和框架結構（見圖46）。

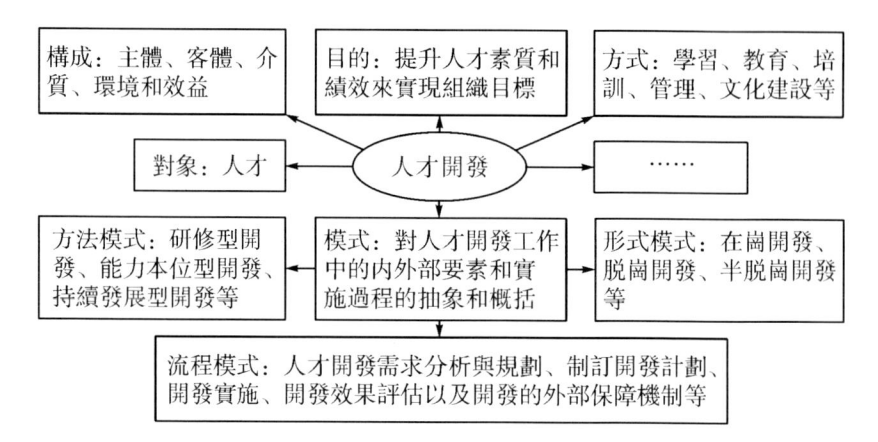

```
┌─────────────────┐      ┌─────────────────┐      ┌─────────────────┐
│構成：主體、客體、介│      │目的：提升人才素質和│      │方式：學習、教育、培│
│質、環境和效益     │      │績效來實現組織目標 │      │訓、管理、文化建設等│
└─────────────────┘      └─────────────────┘      └─────────────────┘
          ┌──────────┐         ╱─────╲           ┌──────┐
          │對象：人才 │────────│人才開發│─────────│……    │
          └──────────┘         ╲─────╱           └──────┘
┌─────────────────┐      ┌─────────────────┐      ┌─────────────────┐
│方法模式：研修型開│      │模式：對人才開發工作│      │形式模式：在崗開發、│
│發、能力本位型開發、│────│中的內外部要素和實 │──────│脫崗開發、半脫崗開發│
│持續發展型開發等  │      │施過程的抽象和概括 │      │等               │
└─────────────────┘      └─────────────────┘      └─────────────────┘
                         ┌─────────────────────────┐
                         │流程模式：人才開發需求分析與規劃、制訂開發計劃、│
                         │開發實施、開發效果評估以及開發的外部保障機制等│
                         └─────────────────────────┘
```

圖 46　人才開發模式理論框架

4.1.2　構建方法

人才首先是人，作為一個獨立的具有能動性的個體，人才需要處理與自己的關係；作為生存在一定社會環境中的社會人，人才還需要處理自己與他人、與環境的關係。所以，從這個角度出發，借鑑已有的研究成果，本書將人才開發分為自我開發和環境開發兩個方面。以人才個體為中心，其自身以外的所有人、事、物、組織等，既包括有形的也包括無形的，本書都將之界定為環境。從與人才接觸的緊密程度來看，這些環境是呈宏觀和微觀分層的，如文化環境層、組織環境層、人物環境層、事物環境層等。從方向上來說，也就是我們可以將人才開發分為由內向外的人才自我開發和由外向內的人才環境開發。本書的人才環境開發主要從組織環境開發角度來進行，具體包括學校、企業和政府等組織。基於這樣的認識，本書將從人才自我開發和人才環境開發兩個視角來設計和構建戰略性新興產業科技創新人才開發模式。在人才開發模式的理論框架下，本研究運用案例研究方法和軟系統方法相結合構建戰略性新興產業科技創新人才開發模式，具體構建程序與思路見表87。

表 87 人才開發模式構建步驟

步驟	案例研究方法
第1步：研究啓動與案例選擇	保持沒有任何理論的理想狀態，開放包容，盡量避免預設的理論觀點或命題。明確研究焦點——基於勝任力模型構建戰略性新興產業科技創新人才開發模式。事先確定一些構念：人才開發主體——人才、企業、學校、政府部門等，人才開發客體——人才的勝任力，人才開發方式——學習、教育、培訓、管理、文化建設等，……出於理論構建的需要，也為了限定研究發現的適用範圍，本書採取理論抽樣而非隨機抽樣。所選案例要能複製先前案例的發現，或者能拓展新的理論，或者為了填補理論的分類和為兩種截然不同的分類提供實例。依據人才開發模式理論構建的需要，從人才開發的對象、主體、客體、手段等多個方面選擇多種類型的案例，盡可能保持案例的多樣性、豐富性和動態開放性
第2步：研究工具和程序設計	為了使理論構建中構念和假設具有更堅實的實證依據，案例收集由多名人員從多種渠道獲取包含定性和定量的數據，使數據收集方法形成三角測量。這些案例具體包括中國知網的文獻數據，政府、高校、企業等網站的報導數據、訪談數據、問卷數據、觀察數據等
第3步：進入現場與數據分析	案例數據收集和分析重疊進行，採用靈活、隨機應變的數據收集方法。各類案例先選擇一種進入方式、一個進入突破口或者切入點，如以「開發對象——人才」為例，先選擇一個戰略性新興產業方面的典型人才為切入點，從各個渠道收集關於他（她）的盡可能豐富的數據，在收集和分析的過程中引入其他典型人才案例，再做盡可能完備的數據收集和分析工作，依次進行下去，直到達到理論飽和狀態。其他方面案例的收集和分析也是這樣開展和進行的。為了避免根據有限數據跳躍式地過早下結論甚至得出錯誤結論的風險，在進行案例內分析的同時，運用多種不同方法，尋找跨案例的模式。尋找跨案例模式的具體做法是：第一，先選定一些類別或維度，然後尋找案例組內的相同點和案例組間的不同點；第二，將案例配對，然後列出每對案例之間的相似和不同點；第三，按照數據來源將數據分開，可以一部分研究者整理觀察數據，一部分整理訪談數據，還有一部分整理問卷調查數據。這樣可以增加捕捉到那些可能存在於數據中的新發現的機會
第4步：理論形成與文獻對比	本書通過案例內分析、多種跨案例分析方法及其產生的總體印象，讓試驗性的主題、概念甚至變量間的關係逐漸清晰。不斷重複比較理論和數據，運用證據迭代方式構建每一個構念，在反覆的比較中趨近於與數據高度吻合的理論。具體形成假設的過程是：第一步，提煉構念，首先完善構念的定義，其次建立證據以在每個案例中度量該構念；第二步，驗證構念間的關係是否與各案例中的證據相符，尋找變量關係背後的「why」證據，為增強研究結果的可信度和精確界定當下研究結論的適用範圍，將形成的概念、理論或假設同現有文獻進行比較，找出相同之處、矛盾之處以及原因，進而盡可能使研究者採用比沒有比較時更具創新性、突破性的思考模式
第5步：模式呈現	當理論到達飽和時，停止增加新的案例，並停止理論與數據的反覆比較

本書通過將案例研究方法和軟系統方法相結合，構建靜態與動態相結合的人才開發系統模式，也就是靜態結構與動態運行相伴而生的系統模式。案例研究方法側重於構建靜態的系統結構，軟系統方法側重於構建動態的活動系統。也就是說，前者聚焦於理論構建，後者側重於理論應用，二者相輔相成，構成完整統一的系統運行過程。在人才開發系統模式構建的過程中，比較與追問是兩個重要方法。只有對案例或數據之間進行不斷的比較並追問現象或結果背後的原因，才能構建適合實踐狀況的模式。在研究的過程中，多問「為什麼？為什麼會是這樣？」等問題，有助於瞭解和找到現象背後真正的根源。

4.1.3 數據說明

根據人才開發模式理論框架、人才開發模式構建程序設計以及本章的研究問題指向和研究目的，本書通過互聯網、書籍、報刊、訪談、問卷調查、現場觀察等渠道或手段收集整理了有關人才自我開發、人才學校開發、人才企業開發、人才政府開發等方面的案例數據。具體案例數據收集情況及說明見表88。

表88　　　　　　　　人才開發案例數據資料情況說明

案例類別	數據資料來源及相關情況介紹
人才自我開發方面	通過書籍、報刊、互聯網等渠道獲得的相關典型人才的傳記、訪談記錄、演講記錄、文章等數據資料；通過現場觀察、訪談或調查問卷等手段獲取的數據資料
人才學校開發方面	通過書籍、報刊、互聯網等渠道獲得的能夠反應學校人才開發活動的報導、文章等二手數據；通過現場觀察、訪談或調查問卷等手段獲取的數據資料
人才企業開發方面	通過書籍、報刊、互聯網等渠道獲得的能夠反應企業人才開發活動的報導、文章等數據資料；通過現場觀察、訪談或調查問卷等手段獲取的數據資料
人才政府開發方面	通過書籍、報刊、互聯網等渠道獲得的能夠反應政府人才開發活動的報導、文章以及政府出抬的相關人才政策等數據

4.1.4 構建原則

戰略性新興產業科技創新人才開發模式構建需要遵循以下兩條原則：

4.1.4.1 遵循人才成長規律

在人才開發模式構建過程中一定要瞭解並遵循人才成長規律，明確人才成長的階段性和影響因素的多樣性（見圖47）。著名人才專家王通訊認為，人才成長應遵循人才培養過程中的師承效應規律、人才成長過程中的揚長避短規

律、創造成才過程中的最佳年齡規律、爭取社會承認的馬太效應規律、人才管理過程中的期望效應規律、人才湧現過程中的共生效應規律、隊伍建設過程中的累積效應規律、環境優化過程中的綜合效應規律這八大規律[169]。另外，人才開發是與教育是分不開的，教育又包括學校教育和繼續教育。學校教育制度是中國教育制度的主要部分，是按受教育者的身心發展規律（見表89）而系統實施的，具體包括學前教育、初等教育、中等教育、高等教育四個階段。除了學前教育、初等教育、中等教育、高等教育四個階段的學校教育外，繼續教育也是人才開發的重要和關鍵途徑，它是面向學校教育之後所有社會成員特別是成人的教育活動，是終身學習體系的重要組成部分。

表89　　　　　　發展心理學各年齡階段心理發展特點

階段	年齡期	特徵與需求	衝突（危機）	品德、積極特質	消極特質	主要影響者
1	嬰兒期（約0~1歲）	孤弱、依賴（愛護）	基本信任 vs. 基本不信任	**希望**。樂觀、勇氣、安全感、自足、未來定向	焦慮、憤怒、挫敗感、脆弱、悲觀、不安、懷疑、短視	母親
2	幼兒期（約1~3歲）	自我意識、自我意願	自主性 vs. 羞怯疑慮（平衡）	**意志**。獨立、自主、自控、自信、主動	顧慮、畏縮、被動、自卑、無用感、怕失敗、放任、拖延	父親
3	學齡初期（約3~6歲）	好奇、想像、憧憬（認同）	主動性 vs. 內疚感	**目的**。自信心、進取心、想像力、創造性、好奇心	畏懼退縮、低自我價值、低自尊、自責、唯唯諾諾	家庭
4	學齡期（約6~12歲）	學習、社會交往、文化約束	勤奮 vs. 自卑	**能力**。勤奮、專注、規則、競爭、合作	自卑、無能感、失敗感、無意義感	鄰里、學校、師生、父母
5	青少年期（約12~20歲）	心理社會的合法延緩期（尋找同一性）	同一性 vs. 角色混亂	**忠誠**。篤定、成熟、全局與前瞻、敬業、承擔責任、歸屬	內心衝突、迷失感、不成熟、對立或盲從、消極、迷亂、不負責、無自我	同伴、小群體
6	成年早期（約20~24歲）	建立家庭生活，工作富有成效	親密 vs. 孤立	**愛**。奉獻、承擔義務、讓步與犧牲、分享與關懷（利他能力）	不合群、孤立感、無法與人親密相處	友人、異性、競爭同伴
7	成年中期（約25~65歲）	生活相對穩定，關注下一代成長，造福子孫	繁殖 vs. 停滯	**關心**。富創造力、影響力、助人自助、同情慈愛、社會責任、栽培後進	人際貧乏、自我中心（專注或恣縱）、不顧他人、自私、急功近利	共同工作及分擔家務者

4　戰略性新興產業科技創新人才開發模式研究　157

表89(續)

階段	年齡期	特徵與需求	衝突(危機)	品德、積極特質	消極特質	主要影響者
8	成年後期(約65歲~去世)	自我整合,自省、回顧人生、接納死亡	圓滿 vs. 失望	**智慧**。隨順自然,從所欲而不逾矩,自我滿足、充實、無憾、完善、圓滿的人生,安享天年	悔恨舊事,徒呼負負,絕望恐懼無奈	人類

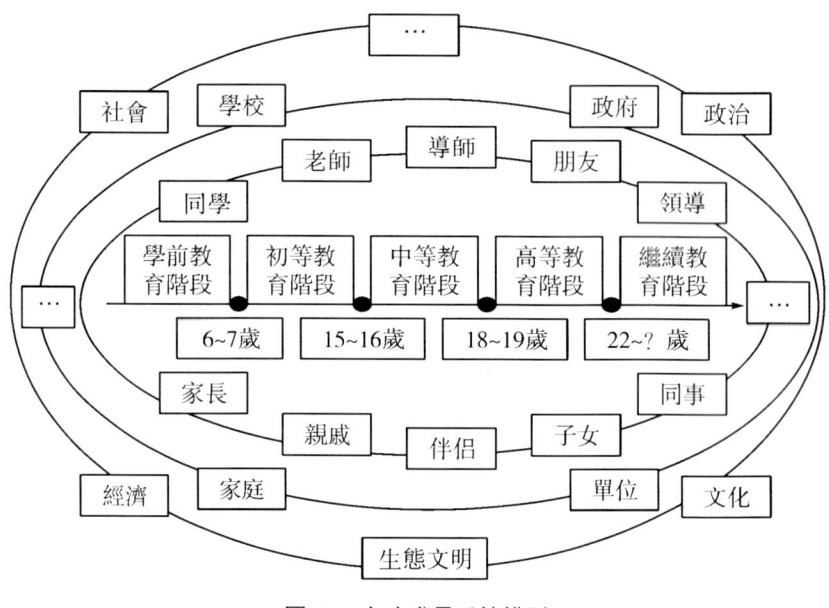

圖47 人才成長系統模型

4.1.4.2 圍繞勝任力模型

人才開發的核心是能力、素質、技能等一系列勝任力的開發。所以,戰略性新興產業科技創新人才開發模式的構建也必須緊緊抓住這個核心,以勝任力模型為抓手,有針對性地統籌、謀劃和設計人才開發模式的各個環節。抓住人才開發的核心和關鍵,才能夠做到抓住人才開發模式構建的主要矛盾。本書前期研究構建的戰略性新興產業科技創新人才勝任力模型就是為人才開發模式的探索做鋪墊的。戰略性新興產業科技創新人才勝任力模型包括創新啟動力(保持激情、善於思考、好奇敏感、興趣驅動、成就動機)、創新助動力(開放包容、積極主動、盡職盡責、影響感召、勤勉敬業、溝通協作、客戶導向、時間觀念、精益求精、堅韌執著)、創新行動力(追蹤前沿、探索鑽研、應變把控、規劃設計、實踐操作、開拓突破、組織管理) 3個維度22項勝任

力要素，模型中包含的每一個維度和要素都為我們探索和構建人才開發模式提供了依據和抓手，讓人才開發工作更加有的放矢，更有針對性和可操作性。（見圖48）

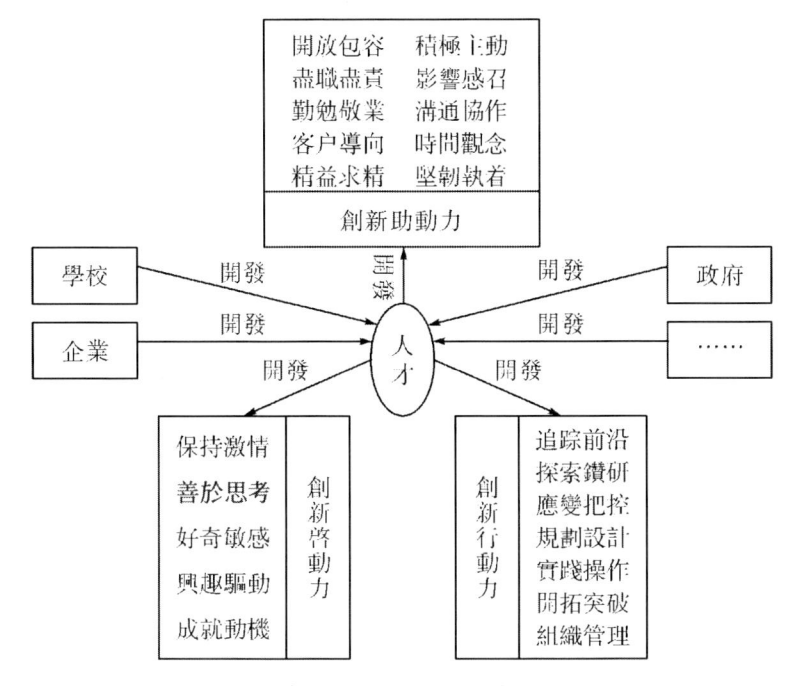

圖48 基於勝任力模型的人才開發圖示

4.2 構建過程

從構建的戰略性新興產業科技創新人才勝任力模型出發，結合對戰略性新興產業科技創新人才開發狀況的調查分析，整合人力資源管理和人才開發等相關領域的理論，本書試圖運用案例研究方法與軟系統方法相結合探索構建戰略性新興產業科技創新人才開發模式。

4.2.1 自我開發模式構建

4.2.1.1 研究啟動與案例選擇

人才自我開發是指人才開發的主體是自我，是被開發者主動通過一些方式提高自身的能力，包括生存能力、勞動能力、智力、體力等綜合素質，也是被

開發者自我學習和自我發展的過程[170]。從人才自我開發的概念可知，人才自我開發的主體是自我，也就是人才自身；客體是人才自身的綜合素質，本書將之界定為勝任力；方式是自我學習、自我發展。那麼，戰略性新興產業科技創新人才為什麼會進行自我開發呢？他們的內在動力是什麼呢？這些內在動力又是怎麼產生的呢？他們在自我開發的過程中都有哪些因素起著關鍵作用呢？整個的開發過程又是怎樣的呢？本書接下來展開的研究試圖回答這些問題，以探索人才自我開發的過程和模式。下面我們通過兩名科技創新人才的典型案例（見表90）去看看他們緣何會成為自己所在領域的創新人才。

表90　　　　　　　　　　　人才自我開發典型案例

案例編碼	典型人才	從事領域	情況介紹	數據資料來源
[01]	史蒂夫·喬布斯（Steve Jobs）	信息技術	史蒂夫·喬布斯是一位極具創造力的企業家，史蒂夫·喬布斯具有如過山車般精彩的人生和犀利激越的性格，充滿追求完美和誓不罷休的激情，史蒂夫·喬布斯促進了個人電腦、動畫電影、音樂、手機、平板電腦以及數字出版六大產業的顛覆性變革。史蒂夫·喬布斯的個性經常讓周圍的人憤怒和絕望，但其所創造出的產品也與這種個性息息相關，全然不可分割，正如蘋果的硬件和軟件一樣	艾薩克森.史蒂夫·喬布斯傳［M］.管延圻，魏群，餘倩，趙萌萌，譯. 北京：中信出版社，2014.
[02]	李開復	信息技術	李開復，1961年12月3日出生於臺灣地區新北市中和區，祖籍四川成都，現已移居北京市。1966年，李開復在臺灣就讀小學；1972年，李開復跟隨哥哥至美國田納西州橡樹嶺就讀初中、高中；1983年從哥倫比亞大學計算機科學系畢業；1988年獲得卡內基梅隆大學計算機系博士，當年被《商業周刊》授予「最重要科學創新獎」。李開復卡內基梅隆大學計算機學博士畢業後，在該校擔任assistant professor兩年。1990年到1996年，李開復在美國蘋果電腦公司擔任過語音組經理、多媒體實驗室主任、互動多媒體部全球副總裁等職位。1996年到1998年，李開復在美國硅谷圖形公司SGI電腦公司擔任互聯網部門副總裁兼總經理、Cosmo軟件公司總裁，負責多平臺、互聯網三維圖形和多媒體軟件的研發工作	李開復，範海濤.世界因你不同：李開復自傳［M］.北京：中信出版社，2015.

本書不考慮人才先天遺傳因素，雖然先天遺傳因素會在人才自我開發中起到一定的作用。

4.2.1.2 研究工具和程序設計

案例研究方法屬於一種質性的研究方法，其研究工具是研究者本人。為了使得戰略性新興產業科技創新人才自我開發模式的探索具有更加堅實的實證依據，本書在案例搜集與分析過程中盡量由多名人員來完成，而且力圖從多種渠道來獲取案例數據，數據類型不僅包含定性數據，而且也包含定量數據，盡量做到使數據收集方法形成三角測量。

4.2.1.3 進入現場與數據分析

在獲取豐富的有關戰略性新興產業科技創新人才自我開發案例數據後，本書開始進入實質性研究階段。首先，進入豐富的人才案例數據，為了能夠更加清晰地從案例數據中獲取關鍵的構念或信息點，本書運用思維導圖軟件 Mind-Manager 繪製案例數據「豐富圖」（Rich Pictures）來描述與人才自我開發模式有關的問題，盡可能多地捕捉與人才自我開發相關的信息，揭示人才自我開發模式的邊界、結構、信息流以及溝通渠道等要素，最為關鍵的是，我們通過「豐富圖」（見圖49），能夠發現與人才自我開發模式相關的完整的活動系統。然後，案例數據收集和分析重疊進行，盡量採用靈活、隨機應變的數據收集方法。本書先選擇史蒂夫·喬布斯（Steve Jobs）作為案例分析的突破口和切入點進行數據收集和分析，在收集和分析的過程中再引入李開復的案例，通過案例的比較分析逐漸探索構建人才自我開發模式。案例分析的過程借鑑軟系統方法，嘗試利用 CATWOE 要素（Customers：顧客，Actors：行動者，Transformation process：轉化過程，World view or value system：世界觀或價值觀，Owners：主體，Environmental constraints：環境制約）（見表91），對人才自我開發模式進行根定義（Root Definition），確定審視問題的視角，從某一特定視角對人才自我開發活動系統作出簡要描述。（註：後續的人才學校開發模式、人才企業開發模式以及人才政府開發模式的案例研究過程也按照這樣的步驟和程序進行。）

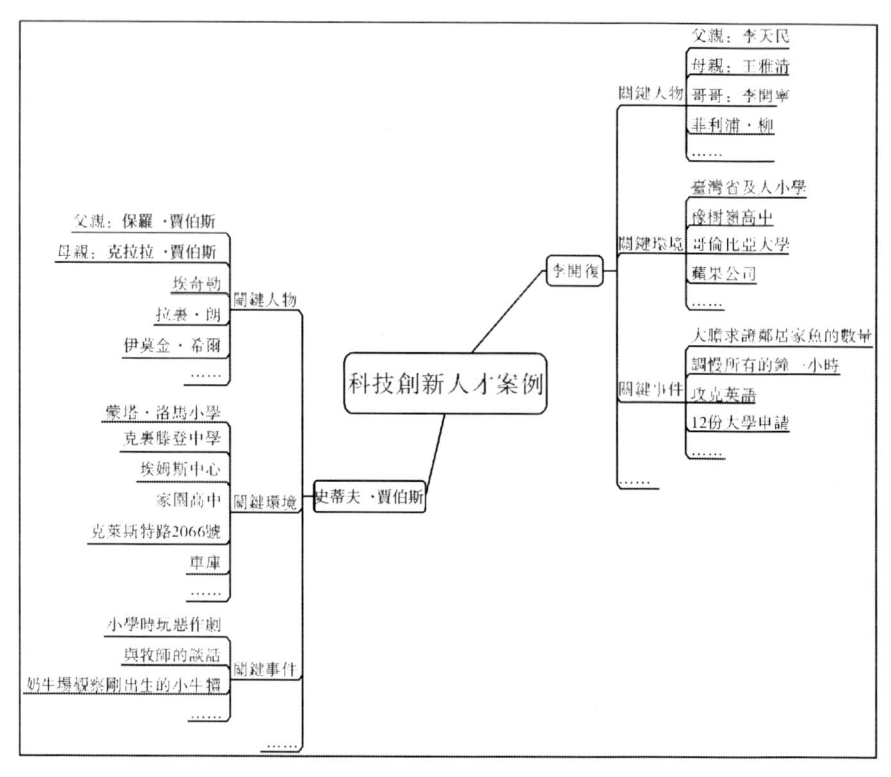

圖 49　人才自我開發案例分析豐富圖

表 91　　　　　　　　人才自我開發模式根定義要素分析

C：Customers（顧客）——人才本人； A：Actors（行動者）——人才本人； T：Transformation process（轉化過程）——通過玩耍、學習、工作等一系列主觀探索活動，提升自己的勝任力； W：Worldview or value system（世界觀或價值觀）——自我開發是必要的、有益的、可以實現的； O：Owners（主體）——人才本人； E：Environmental constraints（環境制約）——他人、家庭、學校、企業、政府、社會等一切與人才自我開發有關的個人和組織以及互動產生的各種關係。

　　人才自我開發模式根定義：在客觀環境、關鍵人物以及互動產生的關係影響下，在從事某一活動的過程中，處於某一成長階段的人才個體有意識或無意識地通過各種行為方式開發自身勝任力的過程的集合。

4.2.1.4　理論形成與文獻對比

本書通過對史蒂夫·喬布斯和李開復兩個人才個案的案例內分析以及跨案例比較分析，產生對案例數據的總體印象，讓關於人才自我開發模式的試驗性的主題、概念和變量間的關係逐漸清晰，通過不斷重複比較理論和數據，運用證據迭代方式構建每一個人才自我開發模式的構念，形成相關命題或假設，在反覆的比較中形成趨近與數據吻合的理論。

本書在描述形成命題或假設的過程中，為了清晰地反應研究過程，使用了不同字體來呈現。案例原始數據字體和字號採用「楷體，小四」，其中的關鍵信息採用「加粗，加下劃線」的處理方式，其他內容字體和字號採用「宋體，小四」。

通過對史蒂夫·喬布斯和李開復兩名創新人才案例數據的深入挖掘、系統分析與充分比較，我們發現和形成了以下一些命題和假設。

命題1：人才成長過程中，所接觸的關鍵人物以及與他們之間的良性互動是影響人才自我開發質量的關鍵因素。

在人才的成長的過程中，父母的「關愛」、老師的「關照」、領導的「關懷」、同學和同事的「關心」以及自我對這些「關愛」「關照」「關懷」與「關心」的感覺、感知與感悟進而轉化為內在的勝任力是人才自我開發關鍵機制。

因篇幅有限，本書只引用部分原始案例數據中的內容進行命題與假設論證展示，以呈現理論的產生過程，後面的理論產生均以同樣的方式進行。

假設1.1：父母的「關愛」越多，人才自我開發質量越高。

史蒂夫·喬布斯的父親保羅·喬布斯是一名機械工程師。在史蒂夫·喬布斯很小的時候，他就將熱愛、專注、追求完美等積極的勝任力要素品質傳遞給了史蒂夫·喬布斯。保羅·喬布斯想把自己對機械和汽車的熱愛傳遞給兒子。「史蒂夫，從現在開始，這就是你的工作臺了。」他邊說邊在車庫裡的桌子上劃出一塊。喬布斯還記得父親對手工技藝的專注曾讓自己印象深刻。「我覺得爸爸的設計感很好，」他說，「因為他什麼都會做。要是家裡缺個櫃子，他就會做一個。給家裡搭柵欄的時候，他給我一把錘子，這樣我就能跟他一起干活兒了。」喬布斯向我展示的時候，輕撫著柵欄的木板，回想起了父親深深植入他腦中的一課。老喬布斯說，把櫃子和柵欄的背面製作好也十分重要，儘管這些地方人們看不到。「他喜歡追求完美，即使別人看不到的地方他也會很關心。」喬布斯承認：「我對修汽車沒什麼興趣，但我特別喜歡跟爸爸待在一起。」通過汽車，父親讓史蒂夫第一次接觸到了電子設備。「他對電子設備並沒有很深的瞭解，但他在修理汽車和其他物件時，就要跟電子設備打交道。他

為我展示了電子設備的基本原理，我覺得很有趣。」更有趣的是去廢品堆裡尋找零部件的過程。「每個週末，我們都有一次廢品站之旅。我們會尋找發電機或者化油器，還有各種各樣的元件。」在這段喬布斯的敘述中，我們可以看到喬布斯的獨立自主、興趣愛好、個性特徵、追求完美、探索鑽研、實踐操作等創新勝任力的初步顯露。保羅和克拉拉是一對很慈愛的父母，他們願意改變自己的生活來適應這個非常聰明也非常任性的兒子。他們願意竭盡全力去適應他，給他特別的對待。很快，史蒂夫也發現了這點。「父母都很瞭解我。他們意識到我的不同尋常之後就有了很強的責任感。他們想盡辦法讓我學到更多東西，送我去好學校。他們願意滿足我的需求。」所以在喬布斯成長的過程中，伴隨他的是一種自己不同於常人的感覺。這種感覺在他的個性形成中扮演著重要的角色。喬布斯的父親當時在光譜物理公司（Spectra-Physics）工作，該公司坐落在聖克拉拉縣，為電子設備和醫療產品生產激光器件。作為一名機械師，喬布斯的父親為工程師們設計的產品製作樣機。喬布斯被他父親追求完美的態度深深吸引。「激光儀器要求極其精準的調校，」喬布斯說，「真正尖端的激光儀器都非常精密，比如飛機上使用的或者用於醫療的激光儀器。工程師們會對我爸爸說，『這就是我們想要的，我們還想要用一整塊金屬板一體成型來保證膨脹系數的一致』。然後爸爸就要想辦法去實現。」大多數樣機都是從零開始製作的，這就意味著保羅・喬布斯必須定制各種工具和模具。喬布斯被此深深吸引，卻很少去車間看。「要是他能教我用銑床和車床的話，一定會很有意思的，但遺憾的是，我從沒去過他的車間，因為我對電子的東西更感興趣。」興趣驅動、追求完美（精益求精）等勝任力要素在這個過程中得到鍛煉和提升。

假設1.2：老師的「關照」越多，人才自我開發質量越高。

教高級課程的是一名干勁十足的女教師伊莫金・希爾（Imogene Hill），人稱「泰迪」，用喬布斯的話說，她成了「我生命中的聖人之一」。在觀察了喬布斯幾個星期後，她意識到對付他最好的方法就是收買。「有一天放學後，她給了我一本練習簿，上面都是數學題，她說要我帶回家把題目解出來。我心想『你是不是瘋了？』這時她拿出一只超大的棒棒糖，在我看來地球也不過這麼大吧。她說，你把題目做完之後，如果大多數都做對了，我就把這個給你，再送你5美元。我用了不到兩天就做完交給她了。」幾個月之後，他不想再要獎勵了：「我只想學習和讓她高興。」她會幫喬布斯弄到一些小工具，讓他可以做些打磨鏡頭、製作相機之類的事情。「我從她身上學到的東西比從其他任何老師那兒學到的都要多，如果沒有她的話，我一定會坐牢的。」「在我們班，

她只關心我一個人。她在我身上看到了一些東西。」她看到的不僅是喬布斯的智慧。多年後，她很喜歡展示當年的班級在「夏威夷日」拍的一張照片。那天喬布斯剛出現的時候沒有按要求穿夏威夷衫，但在照片中，他穿著一件夏威夷衫坐在前排中央。原來，他成功說服另一個孩子把自己的衣服脫下來給了他。四年級快結束時，希爾夫人給喬布斯做了測試。「我的得分是初中二年級水準。」他回憶說。不光是他自己和他的父母，連老師們也發現了，他在智力上是高於大多數同齡孩子的，學校允許他連跳兩級，直接升入七年級。這也是可以讓他挑戰自我並受到激勵最簡單的方法了。

命題 2：在人才成長過程中，與客觀環境的積極調適是影響人才自我開發質量的重要因素。

在人才自我開發過程中，對客觀所處環境的積極調適是非常關鍵的。這裡的積極調適是一個從接觸到迷戀的過程。下面可以通過喬布斯對埃姆斯中心——這個他成長中的一個關鍵客觀環境的描述看到他對客觀成長環境的調適過程。「我第一次見到計算機終端，就是我爸爸帶我去埃姆斯中心的時候，」喬布斯說，「我覺得自己徹底愛上它了。」「擁有尖端科技的軍事公司雲集於此，」喬布斯回憶道，「這太不可思議了，太高科技了，生活在這裡真讓人興奮。」幸運的是，附近有一個地方為那些企業規模已經超出車庫規模的創業者們提供了更大的發展空間。斯坦福大學的工程系主任弗雷德里克・特曼（Frederick Terman）在學校擁有的土地上開闢了一座占地 700 英畝（約 2.83 平方千米）的工業園區，提供給那些可以將學生們的創意商業化的私人企業。這一舉動也讓此地區變身為科技革命的搖籃。第一家租戶便是瓦里安聯合公司，也就是克拉拉・喬布斯工作的地方。喬布斯說：「特曼的偉大計劃對技術產業在此地發展壯大的推動作用，是其他任何事情都無法比擬的。」在喬布斯 10 歲那年，惠普公司已經擁有 9,000 名雇員，並且成為每一個渴望穩定收入的工程師都夢寐以求的一流企業。「成長於此，這裡獨特的歷史讓我受到了啓發，」喬布斯說，「這讓我很想成為其中的一分子。」

命題 3：人才成長過程中，經歷的關鍵事件以及對關鍵事件的感悟是影響人才自我開發質量的核心因素。

人才對於自己的關鍵事件的感悟是自我開發的核心環節，對關鍵事件的領悟越深刻，人才自我開發的效果越好。史蒂夫・喬布斯和李開復在小學時玩的「惡作劇」，還有喬布斯對於宗教的感悟，對小牛犢出生的感悟等，都反應了他們經歷的關鍵事件，尤其是這些關鍵事件帶給他們的感悟對於人才自我開發的作用和影響。

哈佛大學的托尼·瓦格納教授通過大量的案例訪談來研究年輕創新者的成長軌跡。他發現，儘管一個成功的創新者需要具備專業知識和創造性思維能力，但是創新者們的內在動機才是最重要的。知識可以學習，創造性思維可以培養，但是教育真正的挑戰在於——年輕人是否有動力去成長為卓越的創新領導者。在內在驅動力的來源這個問題上，他的研究得出這樣的規律：創新者的內在動力會經歷三個階段的演化發展，從童年時期的創造性玩耍，到青少年時期的激情，再到成年時的感悟。家長、老師和導師們在年輕人的成長中扮演著重要的角色，對幫助和支持他們發現自我、創造自我起到至關重要的作用。

本書從人才成長過程中接觸的關鍵人物、所處的關鍵環境以及經歷的關鍵事件三個方面探索人才自我開發模式。研究發現，與關鍵人物的互動、對關鍵環境的調適以及對關鍵事件的感悟是人才開發過程中的三個關鍵環節，在這三個關鍵環節中客觀因素起著一定的作用，但是個人的主觀能動性起著至關重要的核心作用。也就是說，不管外部環境怎麼改變，他人如何影響，人才自我意識沒有被喚醒，自我概念沒有形成，自我效能沒有被激發，自我開發是不可能實現的。

4.2.1.5 人才自我開發模式呈現

筆者通過對以上案例的收集與分析、形成命題與假設、文獻對比等步驟的研究，將戰略性新興產業科技創新人才自我開發模式呈現如圖50所示。

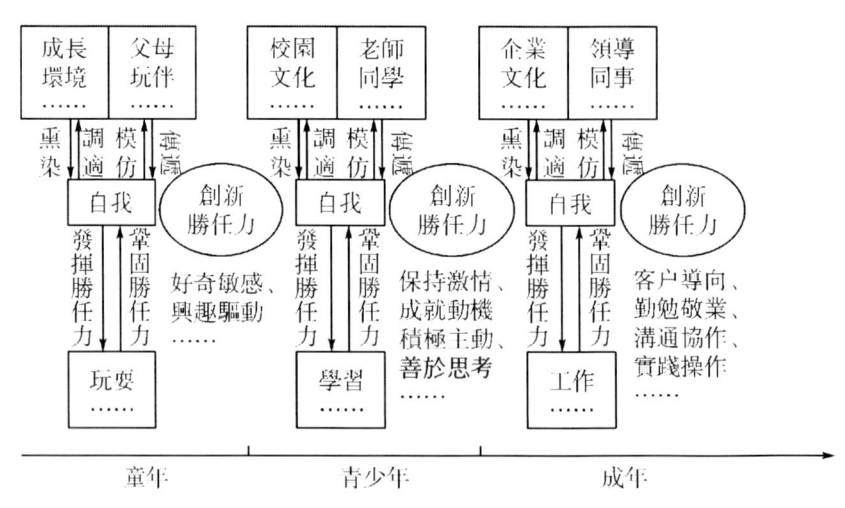

圖50 人才自我開發模式

創新人才自我開發是一個與環境不斷博弈的過程。在這個博弈的過程中，環境是複雜多變的，每個人所處的環境都是不同的，那麼，在關鍵環境下，與

關鍵人物發生的關鍵事件，進而形成的關鍵體驗、體會或體悟對人才自我開發起著關鍵作用，在這個過程中有些勝任力特質可能增強，而有些勝任力特質可能減弱。就如同喬布斯在描述他上小學的前幾年時所說，在上小學之前，母親就已經教他閱讀了，但這反而造成了一些麻煩。「在學校的最初幾年，我覺得很無聊，所以我就不斷惹麻煩。」很快大家就發現，不論是從天性上還是他接受的教育上，喬布斯都不是一個願意服從權威的孩子。「我遭遇的是自己從未遇到過的另一種形式的權威，而且我不喜歡它。他們幾乎都要制服我了。差一點兒他們就把我身上所有的好奇心都趕走了。」

玩耍，尤其是創造性的玩耍，是童年時期創新勝任力形成的關鍵活動載體，是人才自我開發的重要手段。學習，特別是富有熱情與積極思考的學習，是青少年時期創新勝任力形成的主要方式，是人才自我開發的關鍵行為模式。工作，關鍵是融會貫通的工作，是成年時期創新勝任力發揮的重要途徑，是人才自我開發的主要方式。童年時期，父母是核心榜樣，是模仿的主要對象，是好奇敏感、興趣驅動等內在創新啓動力形成和保持的關鍵影響人。青少年時期，老師和同學是關鍵影響人，是效仿和學習的對象，是保持激情、善於思考、成就動機等創新啓動力，開放包容、積極主動、影響感召、時間觀念、精益求精、堅韌執著等創新助動力，追蹤前沿、探索鑽研、應變把控等創新行動力形成、保持或發揮的主要影響者。成年時期，領導和同事是關鍵影響人，是勤勉敬業、溝通協作、客戶導向、盡職盡責等創新助動力，規劃設計、實踐操作、開拓突破、組織管理等創新行動力成形、保持或發揮的重要影響人。每一個成長階段都會有一個或幾個關鍵點或轉折點，出現關鍵人物或者關鍵事件，對自己產生關鍵影響，進而起到可能決定一生的作用。戰略性新興產業科技創新人才自我開發是一個延續的過程，從事戰略性新興產業科技創新工作的人才所需具備的創新勝任力必然經歷一個形成、鞏固、發展、保持的階段性過程，也必然符合人成長和發展的全面過程和規律。所以說，能夠真正在自己工作領域取得較高創新績效的戰略性新興產業科技創新人才的自我開發過程是一個不斷提升自我創新勝任力的過程。

4.2.2 高校開發模式構建

4.2.2.1 研究啓動與案例選擇

人才高校開發模式，就是高校的人才培養模式。一般認為，人才培養模式是指在一定的教育理論、教育思想的指導下，按照特定的培養目標和人才規格，形成相對穩定的教學內容和課程體系、管理制度和運行方式[171]。說到底，

就是培養什麼樣的人才和怎樣培養人才的問題。

在回顧和梳理了多位學者對人才培養模式概念的經典界定，以及對這些界定進行分析評價後，劉獻君，吳洪富[172]（2009）認為，人才培養模式是一種結構與過程的統一，是靜態的樣式與動態機制的統一體。人才培養模式不僅僅關涉「教學」過程，還關涉「教育」過程，它涉及了教育的全過程，遠遠超出教學的範疇。人才培養模式是教育各要素如課程、教學、評價等的結合，但這個結合不是一個呆板的組織樣式，而是一個動態的、強調運行過程的結構；是在一定的教育思想指導下，為實現理想的培養目標而形成的標準樣式及運行方式；是理論與實踐的接壤處。人才培養模式要反應一定的教育思想、教育理念，是理想人才的培養之道，是理論的具體化；同時又具有可操作性，是人才培養的標準樣式，但它又不是具體的技術技巧或實踐經驗的簡單總結。人才培養模式是一個諸多要素組成的複合體，又是一個諸多環節相互交織的動態組織，涉及培養目標、專業設置、課程體系、教育評價等多個要素及制定目標、培養過程實施、評價、改進等多個環節。人才培養模式是一個由多要素和多環節構成的多層次複雜系統。人才培養模式這個複雜系統可以分成宏觀層面的主導整個高等教育系統的教育模式（如素質教育模式、通才教育模式、專才教育模式等），中觀層面的高等院校所倡導和踐行的人才培養模式（如研究型人才培養模式、實踐型人才培養模式等），微觀層面的具體專業獨特的人才培養模式（如生物制藥專業、物聯網工程專業等）。本書主要從中觀和微觀層面進行探討。

高校是人才開發的主要實施者，它通過一系列的教學實踐活動來改善和提升學生們的勝任力。本書選擇五所開設戰略性新興產業相關專業的高校（見表92）作為研究案例，探索戰略性新興產業科技創新人才高校開發模式。

表92　　　　　　　　　　　　人才高校開發典型案例

案例編碼	典型案例	情況介紹	數據資料來源
[01]	福州大學	為滿足海西經濟區戰略性新興產業人才的需求，近年來，福州大學不斷開展創新創業型人才培養模式變革，取得了一定成效，但也面臨一些尚待解決的困境，從師資隊伍、專業建設、實驗班、人才培養計劃、實踐教學基地、保障機制、創新創業訓練項目管理、校際合作等角度，福州大學對理工類創新創業型人才培養模式進行了改革，助力海西經濟區戰略性新興產業騰飛	劉碧強，王鴻茜[173]（2014）

表92(續)

案例編碼	典型案例	情況介紹	數據資料來源
[02]	湖北科技學院	目前湖北科技學院核工程與技術專業被納入湖北省普通高等學校戰略性新興（支柱）產業人才培養計劃項目，其產業人才培養計劃項目明確指出新的人才培養模式必須直接面向我省戰略性新興（支柱）產業和區域內重點產業，培養應用型、複合型、技能型專門人才，能滿足我省戰略性新興（支柱）產業和區域內重點產業發展對人才的要求	江偉，高煥清，佘斯勇[174]（2012）；高煥清，陳志遠，譚億平，胡永紅[175]（2013）
[03]	合肥工業大學	合肥工業大學是首批獲準設置「新能源材料與器件」本科專業的高校之一。獲批設置該專業後，該專業教師在材料物理專業（安徽省重點專業）建設的基礎上，借鑑材料物理專業的特色方向（太陽能電池材料和光電子材料）人才培養的經驗，申報了國家級特色專業。2011年，該校的「新能源材料與器件」專業獲批國家級特色專業	石敏，陳翌慶，許育束[176]（2016）
[04]	武漢理工大學	武漢理工大學交通學院船舶與海洋工程是國家一級重點學科，其在船舶與海洋工程專業人才培養方面成績斐然，在校本科生近千人，是國內培養船舶工程各層次專業人數最多的學科之一。該專業於2010年獲批教育部「卓越計劃」試點改革，從船舶與海洋工程專業七個班級中選拔35人組建一個卓越工程師試點班，經過四年的探索，以強化增強學生工程實踐能力和創新能力為主線，以校企聯合培養為中心，以優化課程結構、更新課程內容、調整教學方法為重點，以建立合理的管理制度為輔助手段，形成了一套頗具特色的「卓越計劃」人才培養體系	向祖權，劉志會，袁萍[177]（2015）
[05]	江蘇技術師範學院	從2003年起，江蘇技術師範學院就開始培養戰略性新興產業急需的專門人才，基於在戰略性新興產業急需專門人才培養方面所具備的教學平臺和學科平臺，以及在資源再生利用行業所處的地位，2010年，學校獲批了戰略性新興產業急需的本科專業——資源循環科學與工程，並於2011年正式招生。資源循環科學與工程專業和原有的以環境污染治理為主的環境工程專業歸屬於化學與環境工程二級學院，是培養節能環保類本科人才的兩個主要專業	程潔紅，周全法，洪燕雲，孔峰[178]（2012）

4.2.2.2 研究工具和程序設計

為了使得戰略性新興產業科技創新人才高校開發模式的探索具有更堅實的

實證依據，本書不僅在案例搜集過程中由多名人員來完成，而且力圖從多種渠道來獲取案例數據，數據類型不僅包含定性數據，也包含定量數據，盡量做到使數據收集方法形成三角測量。

4.2.2.3　進入現場與數據分析

參照戰略性新興產業科技創新人才自我開發模式構建研究部分的相關研究步驟和程序，本書運用思維導圖軟件 MindManager 繪製相關案例數據「豐富圖」（Rich Pictures）（見圖51），利用軟系統方法中 CATWOE 要素（見表93）對高校人才開發模式進行根定義（Root Definition）。

表93　　　　　　　　人才高校開發模式根定義要素分析

C：Customers（顧客）——學生；
A：Actors（行動者）——高校工作人員；
T：Transformation process（轉化過程）——高校利用軟硬件資源開發學生的創新勝任力；
W：Worldview or value system（世界觀或價值觀）——開發學生的勝任力是高校的責任和使命；
O：Owners（主體）——高校；
E：Environmental constraints（環境制約）——國家政策環境、經濟發展水準、人才需要狀況等

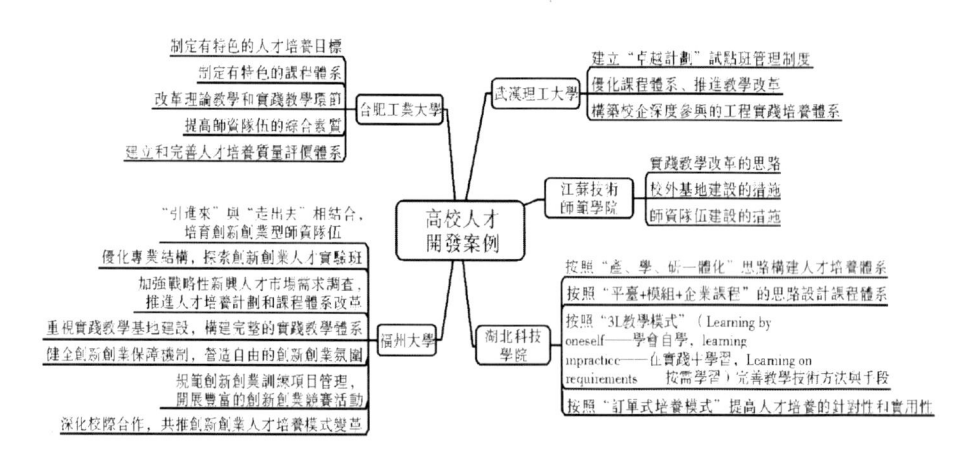

圖51　人才高校開發案例分析豐富圖

人才高校開發模式根定義：在時代背景和社會經濟發展的要求下，高校利用樓舍場館、教學設施設備等硬件資源和師資隊伍、校園文化、管理制度等軟件資源開發學生適應未來職業發展要求的創新勝任力的一系列活動的總和。

4.2.2.4　理論形成與文獻對比

本書通過所選擇的五個高校戰略性新興產業相關專業人才培養模式案例的單案例分析和跨案例分析，形成對戰略性新興產業科技創新人才高校開發模式

的總體印象，進而使相關的試驗性主題、概念甚至變量間的關係逐漸清晰。不斷重複比較理論和數據，運用證據迭代方式構建每一個構念，在反覆的比較中趨近與數據吻合的理論。結合前面的根定義構建人才高校開發模式的初步概念模型（Conceptual Model）（見圖52），便於厘清思路。

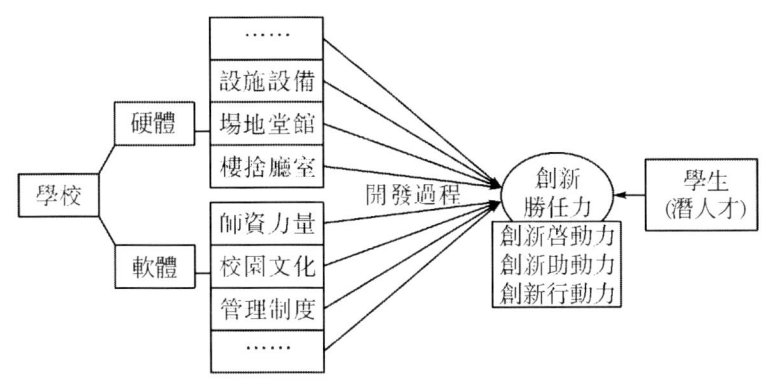

圖52 人才高校開發模式初步概念模型

通過對福州大學、湖北科技學院、合肥工業大學、武漢理工大學、江蘇技術師範學院五所高校戰略性新興產業相關專業人才培養方面的案例數據的深入挖掘、系統分析與充分比較，我們發現和形成了以下一些命題。

命題1：制定科學的人才開發目標是高校人才開發的首要環節。

根據戰略性新興產業發展對人才的需求情況，明確人才開發目標，確定人才開發類型、質量要求、層次定位及開發規格，是高校開展戰略性新興產業科技創新人才開發工作的首要環節。

命題2：設計與實施系統的人才開發過程與環節是高校人才開發的主要抓手。

在人才開發目標的指導下，高校及相關人才開發主體需要設計與實施系統的、符合戰略性新興產業發展要求的人才開發過程與環節。具體工作包括：設置科學的課程體系並與時俱進地做出調整，不斷優化和整合教學內容，選擇適合學生全面發展的教學模式並不斷創新，運用高效的教學方法並持續改進，採用最新的教學手段並及時更新，科學管理、評價與完善每一個教學環節，有效配置與綜合利用各種教學資源，不斷地反思與改良教學過程。

命題3：教學團隊是高校人才開發的核心主體。

掌握先進的教育理念、思想和理論，具備崇高的教育理想、責任與情懷的教學團隊是高校人才開發的核心主體。教學團隊圍繞人才開發目標，根據潛在人才的實際情況，通過協調配合、調研探索、務實創新、整合資源等方式設計並實施科學系統的人才開發過程。

命題4：潛在人才（學生）是高校人才開發的對象。

掌握科學的學習方式、方法和思維，具有正確的學習動機、心態和觀念的潛

在人才（學生）是高校人才開發的對象。潛在人才（學生）通過自我認知、專業認同、生涯規劃、過程參與等方式或行為融入人才開發的過程中來，不斷提升自己的勝任力，這也是高校實現人才開發目標、完成人才開發工作的落腳點。

命題5：職能部門是高校人才開發的重要保障。

管理機構、公共服務平臺、教輔中心等職能部門對高校人才開發工作起到支持和保障的作用。這些部門不僅為教學團隊所在的教學部門提供必要的支持和指導，還為學生在校期間的生活和學習提供便利、保障與支持，協助教學部門共同完成人才開發工作。

我們通過文獻檢索發現，現有關於人才高校開發的研究主要包括基於大學生科技競賽的創新人才培養模式構建（王世來等[179]，2008），產業轉型升級中的科技創新人才培養模式研究（賈栗[180]，2012；徐靜[181]，2013），科技創新與高校人才培養模式轉變（彭剛[182]，2017）等。這些研究為本書的研究提供了一定的理論基礎，另外，本書運用案例研究方法通過對多案例數據進行挖掘構建的關於戰略性新興產業科技創新人才高校開發模式的理論更具有數據基礎和紮實性。

4.2.2.5 高校人才開發模式呈現

本書通過對以上案例收集與分析、形成命題與假設、文獻對比等步驟的研究，將戰略性新興產業科技創新人才高校開發模式呈現如圖53。

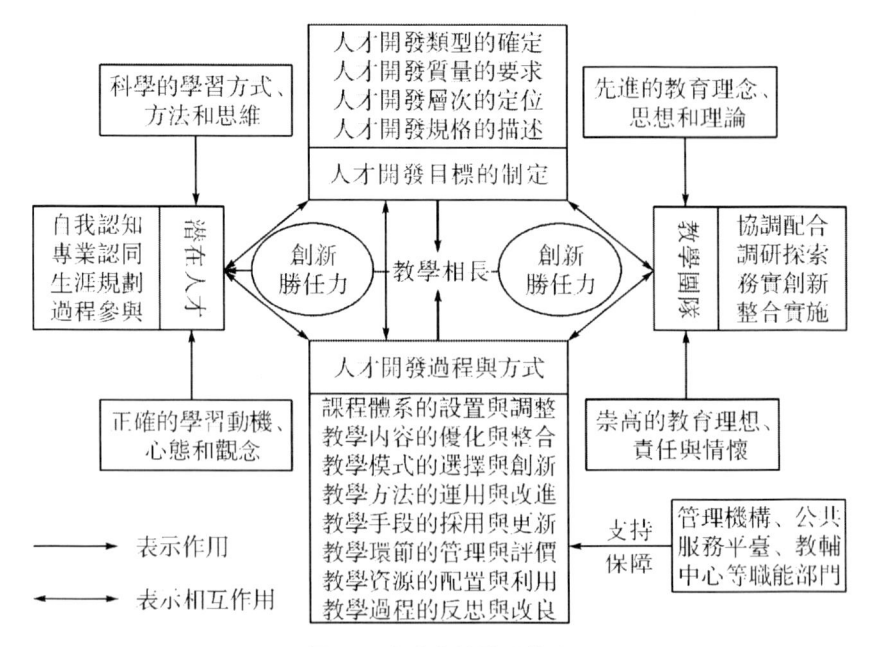

圖53 人才高校開發模式

4.2.3 企業開發模式構建

4.2.3.1 研究啓動與案例選擇

調查顯示，中國的創新型科技人才大多數在企業，因此企業理應成為創新型科技人才開發的主體[183]。根據現代企業的戰略人力資源的思想，進行人才開發的主體思路是必須圍繞戰略分解目標、設置崗位、配置人員、事人相宜。本書選擇華為技術有限公司和聯想集團有限公司（見表94）作為分析案例來探索戰略性新興產業科技創新人才企業開發模式。

4.2.3.2 研究工具和程序設計

為了使得戰略性新興產業科技創新人才企業開發模式的探索具有更堅實的實證依據，本書不僅在案例搜集過程中由多名人員來完成，而且力圖從多種渠道來獲取案例數據，數據類型不僅包含定性數據，而且也包含定量數據，盡量做到使數據收集方法形成三角測量。

4.2.3.3 進入現場與數據分析

參照戰略性新興產業科技創新人才自我開發模式構建研究部分的相關研究步驟和程序，本書運用思維導圖軟件 MindManager 繪製企業人才開發案例數據「豐富圖」（Rich Pictures）（見圖54），並利用軟系統方法中 CATWOE 要素（見表95），對企業人才開發模式進行根定義（Root Definition），確定審視問題的視角，從某一特定視角對企業人才企業開發活動系統作出簡要描述。

表94　　　　　　　　　人才企業開發典型案例

案例編碼	典型案例	情況介紹	數據資料來源
[01]	華為技術有限公司	華為是全球領先的信息與通信技術（ICT）解決方案供應商，專注於ICT領域，堅持穩健經營、持續創新、開放合作，在電信營運商、企業、終端和雲計算等領域構築了端到端的解決方案優勢，為營運商客戶、企業客戶和消費者提供有競爭力的ICT解決方案、產品和服務，並致力於發展未來信息社會、構建更美好的全聯接世界。目前，華為約有18萬名員工，業務遍及全球170多個國家和地區，服務全世界三分之一以上的人口	http://www.huawei.com/cn/

表94(續)

案例編碼	典型案例	情況介紹	數據資料來源
[02]	聯想集團有限公司	聯想（HKSE：992）（ADR：LNVGY）是一家營業額達460億美元的《財富》世界500強公司，是全球消費、商用以及企業級創新科技的領導者。聯想為用戶提供安全及高品質的產品組合和服務，包括個人電腦（經典的Think品牌和多模式YOGA品牌）、工作站、服務器、存儲、智能電視以及智能手機（包括摩托羅拉品牌）、平板電腦和應用軟件等一系列移動互聯產品。聯想的「保衛和進攻」戰略是集團業務成功的基石。憑藉「保衛和進攻」戰略，集團的市場份額屢創新高，盈利水準持續提升，業務取得更加均衡和多元化的發展。創新是聯想的基因，是聯想得以持續發展業務的推動力。創新不僅體現在聯想產品和技術上，還體現在我們的戰略、執行力及業務模式等各個方面。聯想獨一無二的混合製造模式是集團強大的競爭優勢	http://appserver.lenovo.com.cn/About/Introduction.html

表95　　　　人才企業開發模式根定義要素分析

C：Customers（顧客）——人才
A：Actors（行動者）——企業管理者
T：Transformation process（轉化過程）——企業的生產、經營和管理活動
W：Worldview or value system（世界觀或價值觀）——人才是企業發展的第一資源和動力
O：Owners（主體）——企業
E：Environmental constraints（環境制約）——企業生存與發展環境的變化

　　人才企業開發模式根定義：是在分析和把握企業生存與發展的宏微觀環境下，根據企業發展戰略，利用企業所具備的客觀條件和資源，在實際工作中不斷通過具體任務的完成來提升人才創新勝任力，進而提高工作績效和企業收益的一切活動總和。

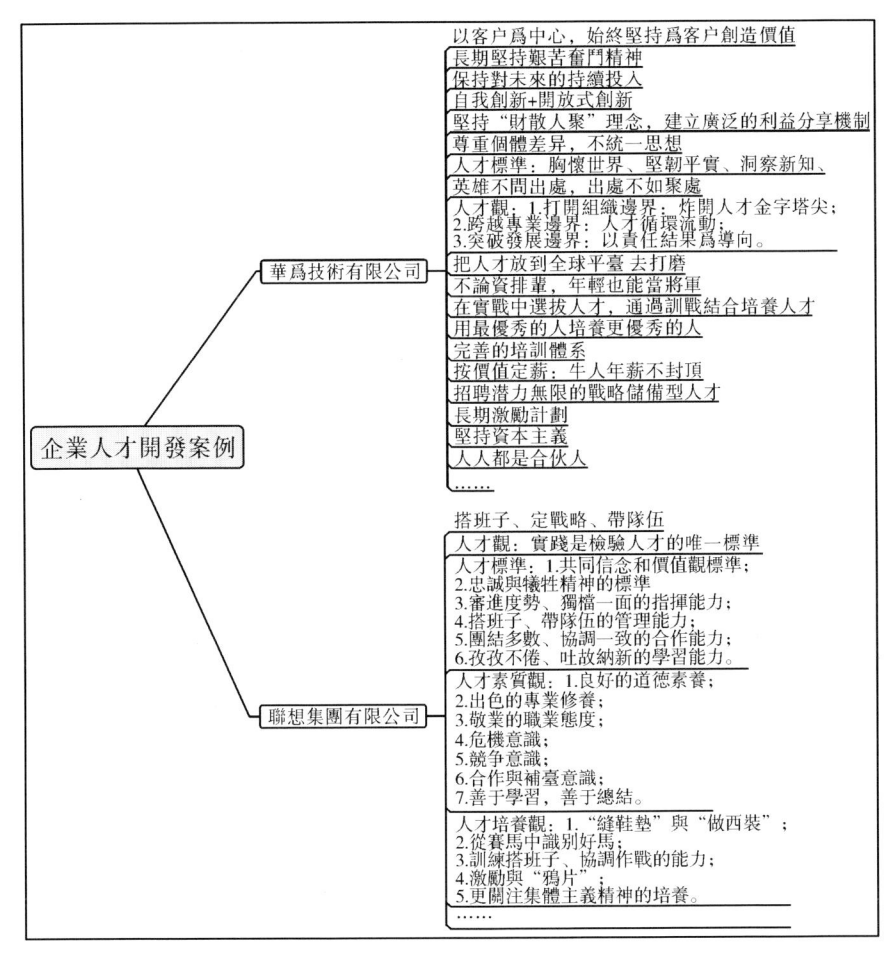

```
                                    ┌─ 以客戶爲中心,始終堅持爲客戶創造價值
                                    ├─ 長期堅持艱苦奮鬥精神
                                    ├─ 保持對未來的持續投入
                                    ├─ 自我創新+開放式創新
                                    ├─ 堅持"財散人聚"理念,建立廣泛的利益分享機制
                                    ├─ 尊重個體差異,不統一思想
                                    ├─ 人才標準:胸懷世界、堅韌平實、洞察新知、
                                    │  英雄不問出處,出處不如聚處
                                    ├─ 人才觀:1.打開組織邊界:炸開人才金字塔尖;
                    ┌─ 華爲技術有限公司 ─┤  2.跨越專業邊界:人才循環流動;
                    │               │  3.突破發展邊界:以責任結果爲導向。
                    │               ├─ 把人才放到全球平臺 去打磨
                    │               ├─ 不論資排輩,年輕也能當將軍
                    │               ├─ 在實戰中選拔人才,通過訓戰結合培養人才
                    │               ├─ 用最優秀的人培養更優秀的人
                    │               ├─ 完善的培訓體系
                    │               ├─ 按價值定薪:牛人年薪不封頂
                    │               ├─ 招聘潛力無限的戰略儲備型人才
                    │               ├─ 長期激勵計劃
                    │               ├─ 堅持資本主義
企業人才開發案例 ─────┤               ├─ 人人都是合伙人
                    │               └─ ……
                    │
                    │               ┌─ 搭班子、定戰略、帶隊伍
                    │               ├─ 人才觀:實踐是檢驗人才的唯一標準
                    │               ├─ 人才標準:1.共同信念和價值觀標準;
                    │               │  2.忠誠與犧牲精神的標準
                    │               │  3.審進度勢、獨擋一面的指揮能力;
                    │               │  4.搭班子、帶隊伍的管理能力;
                    │               │  5.團結多數、協調一致的合作能力;
                    │               │  6.孜孜不倦、吐故納新的學習能力。
                    │               ├─ 人才素質觀:1.良好的道德素養;
                    └─ 聯想集團有限公司 ─┤  2.出色的專業修養;
                                    │  3.敬業的職業態度;
                                    │  4.危機意識;
                                    │  5.競爭意識;
                                    │  6.合作與補臺意識;
                                    │  7.善于學習,善于總結。
                                    ├─ 人才培養觀:1."縫鞋墊"與"做西裝";
                                    │  2.從賽馬中識別好馬;
                                    │  3.訓練搭班子、協調作戰的能力;
                                    │  4.激勵與"鴉片";
                                    │  5.更關注集體主義精神的培養。
                                    └─ ……
```

圖54　人才企業開發案例分析豐富圖

4.2.3.4　理論形成與文獻對比

通過對選擇的華爲和聯想兩個企業人才開發方面的案例數據的深入挖掘、系統分析與充分比較,我們發現和形成了以下一些命題。

命題1:環境氛圍、工作條件、經營狀況、企業文化、管理制度等是企業人才開發的軟環境。

企業的環境氛圍、工作條件、經營狀況、企業文化、管理制度等對於企業科技創新人才開發起著關鍵作用,這些因素直接或間接地影響人才的工作狀態,進而影響人才的創新勝任力。所以,在企業發展的過程中,對於人才的選拔、培養、使用、調劑、管理、測評等都必須考慮環境氛圍、工作條件、經營狀況、企業文化、管理制度等企業軟環境。

命題 2：訓戰結合是企業人才開發的重要手段。

在實際工作中，通過具體的任務、項目、崗位等，去歷練人才是企業重要的人才開發手段。無論是華為「在實戰中選拔人才」、「像戰鬥一樣訓練」，還是聯想「縫鞋墊」「做西服」「從賽馬中識別好馬」等，都體現了人才只有在實戰中才能不斷成長。企業人才的開發中，戰訓結合的手段還有導師制、科研項目培養制、內部創業、虛擬團隊、建立創新創業基地、學術交流、實施「育才」工程、引智工程、建立科技攻關團隊、狂想計劃、企業大學等。

我們通過文獻檢索，現有關於企業科技人才開發的研究主要有企業科技人才創新能力開發（呂富彪[184-186]，2010、2012），企業工程科技人才勝任力模型構建（李建忠[187]，2013）等。另外，廖穎川等（2013）闡述了能力素質模型在企業創意人才引進、培養、使用、調劑、測評和激勵這些人才開發過程中的應用[188]。趙曙明等（2016）在深入剖析組織創新驅動人才開發環境的基礎上，從人力資本視角，提出企業要不斷增加人才開發投入，以投資拉動人力資本提升，同時需要營造鼓勵創新的氛圍，促進人才自主提升；從生態系統視角，企業應當跨越邊界，培育複合型人才，以及互通互動，盤活創新生態[189]。與現有文獻對比，本書運用案例研究方法挖掘企業案例數據構建的關於科技創新人才企業開發模式的理論更具系統性和整合性。

4.2.3.5 開發模式呈現

本書通過以上案例收集與分析、形成命題與假設、文獻對比等步驟的研究，將戰略性新興產業科技創新人才企業開發模式呈現如圖 55 所示。

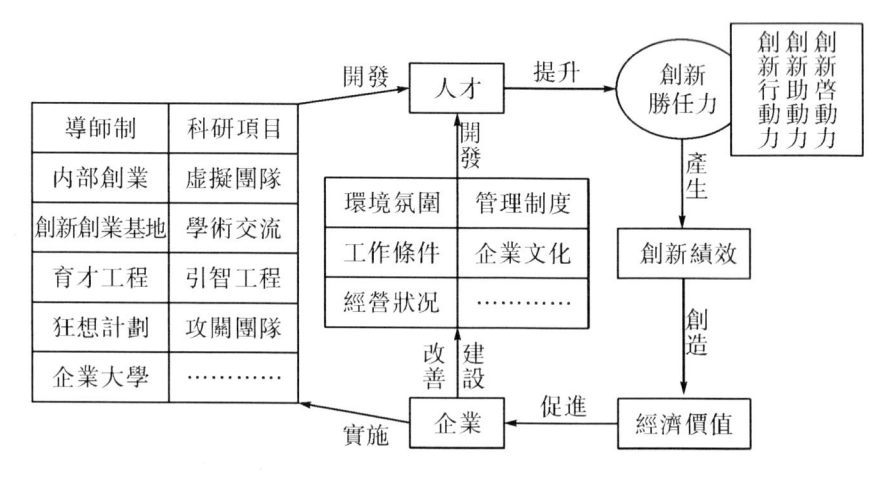

圖 55　人才企業開發模式

4.2.4 政府開發模式構建

4.2.4.1 研究啟動與案例選擇

2015年，黨的十八屆五中全會和《國民經濟和社會發展「十三五」規劃》提出，深入實施人才優先發展戰略，加快推進人才發展體制改革和政策創新，形成具有國際競爭力的人才制度優勢，聚天下英才而用之（孫銳[190]，2016）。政府作為人才開發建設的引導者、人才制度和政策的制定者、大環境和大氛圍的營造者，是人才開發的宏觀主體。政府作為人才開發的宏觀主體，應該切實把工作重點放到人才發展的綜合環境建設上來，引導和促進人才的開發工作。政府主要是通過政策法規的制定和實施來激活科技人才動力，加強軟硬環境建設，從而促進科技人才政策在科技人才開發方面發揮剛柔並舉的作用（盛亞等[191]，2015）。政府要明確在人才開發中的管宏觀、管政策、管協調、管服務這一職能定位，有效明晰政府、企業、高校等人才開發主體各自的職責，從而調動企業、高校等主體在科技創新人才開發中的主動性、積極性。人才政策可以反應政府人才工作的重點和方向。所以說，科技人才政策在人才政府開發模式中居於核心地位，人才政策的制定和實施是人才政府開發模式的關鍵環節。本書選擇北京市、上海市、廣東省和蘇州市的科技人才政策（見表96）為案例進行研究，挖掘構建政府人才開發模式。

表96　　　　　　　　　　人才政府開發典型案例

案例編碼	典型案例	情況介紹	數據資料來源
[01]	北京市科技人才政策	《中關村高端領軍人才聚集工程實施細則》	欒鷺，張惠娜．科技人才政策匯編[M]．北京：北京理工大學出版社，2015．
[02]	上海市科技人才政策	《上海市實施人才強市戰略行動綱要》	
[03]	廣東省科技人才政策	《中共廣東省委廣東省人民政府關於加快吸引培養高層次人才的意見》	
[04]	蘇州市科技人才政策	《蘇州市高新區關於實施科技創新創業領軍人才計劃的若干意見》	

4.2.4.2 研究工具和程序設計

為了使戰略性新興產業科技創新人才政府開發模式的探索具有更堅實的實證依據，本書不僅在案例搜集過程中由多名人員來完成，而且力圖從多種渠道來獲取案例數據，數據類型不僅包含定性數據，也包含定量數據，盡量做到使數據收集方法形成三角測量。

4.2.4.3　進入現場與數據分析

參照戰略性新興產業科技創新人才自我開發模式構建研究部分的相關研究步驟和程序，本書運用思維導圖軟件 MindManager 繪製案例數據「豐富圖」（Rich Pictures）（見圖56）來描述與人才政府開發模式相關的問題，並利用軟系統方法中 CATWOE 要素（見表97），對人才政府開發模式進行根定義（Root Definition），從而確定審視問題的視角，從某一特定視角對人才政府開發活動系統作出簡要描述。

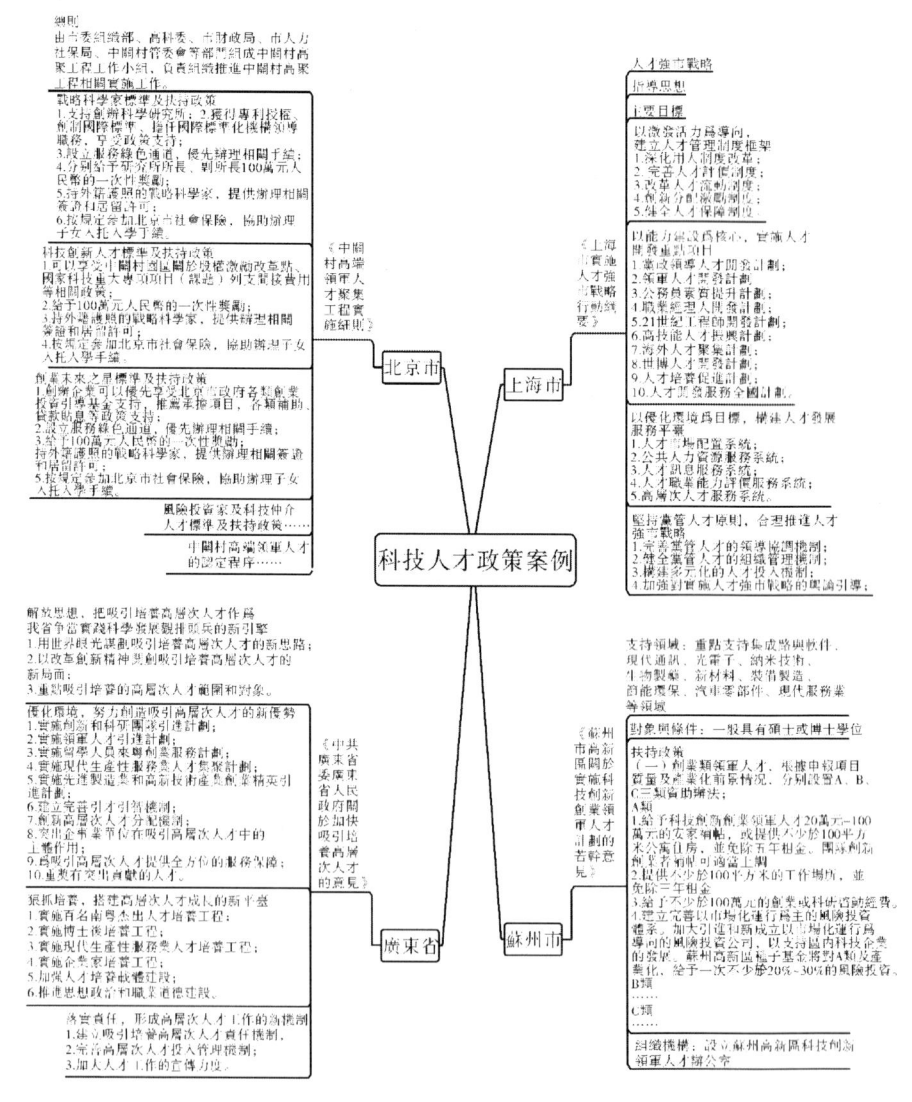

圖56　人才政府開發案例分析豐富圖

表 97　　　　　　　人才政府開發模式根定義要素分析

```
C：Customers（顧客）——人才
A：Actors（行動者）——政策制定者與實施者
T：Transformation process（轉化過程）——政策實施
W：Worldview or value system（世界觀或價值觀）——良好的制度環境對於人才開
   發是關鍵的、必要的
O：Owners（主體）——政府部門
E：Environmental constraints（環境制約）——國際競爭環境變化，經濟社會發展
   要求，時代變遷，政府職能轉變等
```

人才政府開發模式根定義：是政府相關部門根據國際國內政治、經濟、社會、文化等環境的變化，通過相關人才政策的制定、實施與調整，直接或間接影響人才開發工作，進而促進和激勵科技創新人才提升創新勝任力的一系列活動的總和。

4.2.4.4　理論形成與文獻對比

通過對選擇的北京市、上海市、廣東省和蘇州市四省市政府科技人才政策案例數據的深入挖掘、系統分析與充分比較，我們發現和形成了以下一些命題。

命題1：科學有效的人才政策是科技創新人才開發的制度和機制保障。

政府相關部門制定和實施有效的科技創新人才培養和教育政策、引進和激勵政策、考核與評價政策、服務和支持政策等，從制度和機制層面，為社會營造了良好的創新環境和氛圍。政府完整與完善的政策制定與實施體系為科技創新人才的開發提供制度支持和機制保障。

命題2：綜合環境建設是人才開發主體順利開展工作的助推器。

政府通過優化和完善現代化治理體系，提升現代化治理能力，對政治環境、經濟環境、文化環境、社會環境、生態文明等進行綜合治理和建設，進而營造出適合科技創新人才成長的綜合環境，可以極大地提升科技創新人才開發主體及科技創新人才的積極性和參與度，進而順利開展科技創新人才開發工作。

命題3：良好創新環境是科技創新人才創新勝任力形成與提升的沃土。

政府以戰略、政策、法律等為抓手，通過對其具體實施落實，進而營造尊重勞動、尊重知識、尊重人才、尊重創造和鼓勵創新、寬容失敗的創新環境和氛圍，為科技創新人才提供成長和發展空間，激發科技創新人才的創造熱情，提升創新勝任力和創新績效。

本書通過文獻檢索發現，現有關於人才政府開發的研究主要集中在制度供

給、職能轉變、管理方式、協同治理、評價與激勵機制、保障體系等方面（吳江[192]，2017；孫銳[193]，2016；盛亞等[194]，2015；陳建武等[195]，2015）。吳江（2017）指出破除體制機制障礙，建立「聚天下英才而用之」的新體制新機制，就要讓體制適應人才發展，從人才管理轉向人才治理；讓市場決定人才發展，簡政放權方能釋放活力；讓社會服務人才發展，建立市場化、社會化的人才管理服務體系；讓法治促進人才發展，營造人才管理法治環境。本書運用案例研究方法從挖掘政策案例數據入手，構建戰略性新興產業科技創新人才政府開發模式理論，與以往研究相比更加關注案例數據，更具基礎性、豐富性和穩定性。

4.2.4.5 人才政府開發模式呈現

本書通過以上案例進行收集與分析、形成命題與假設、文獻對比等步驟的研究，將戰略性新興產業科技創新人才政府開發模式呈現如圖 57 所示。

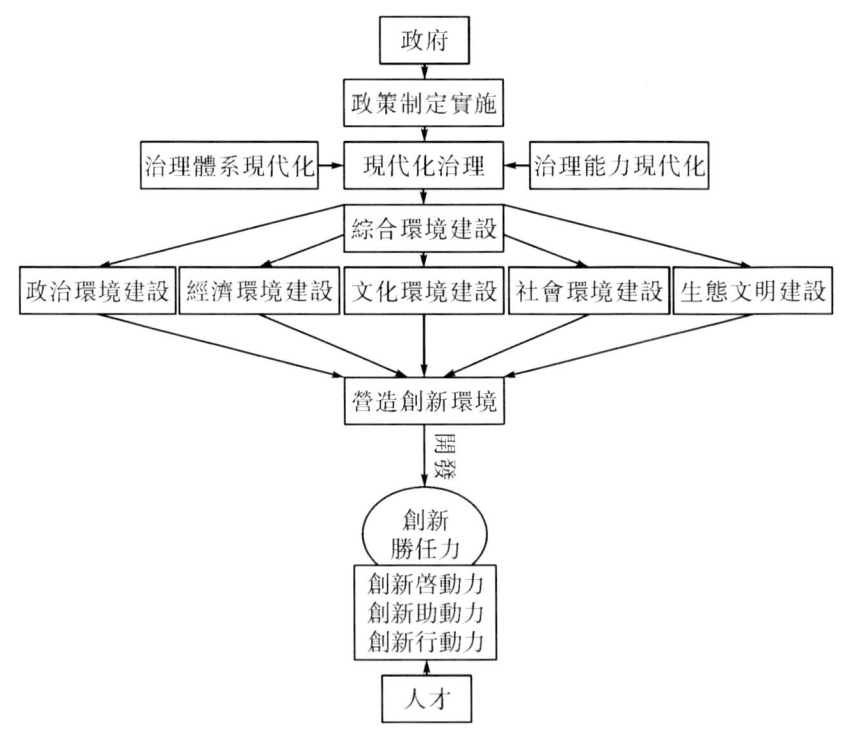

圖 57 人才政府開發模式

4.3 構建結果

綜合戰略性新興產業科技創新人才的自我開發模式、學校開發模式、企業開發模式以及政府開發模式，從更加宏觀的視角審視，結合系統理論，本書嘗試探索構建戰略性新興產業科技創新人才整合開發模式。本書經過研究分析認為，戰略性新興產業科技創新人才開發模式不是一個孤立的、靜止的框架結構，而是一種多主體參與、多要素共存、多手段並舉的綜合性系統過程，是一個人才自我主動開發與客觀環境綜合推進的內外互動融合過程（見圖58、圖59）。

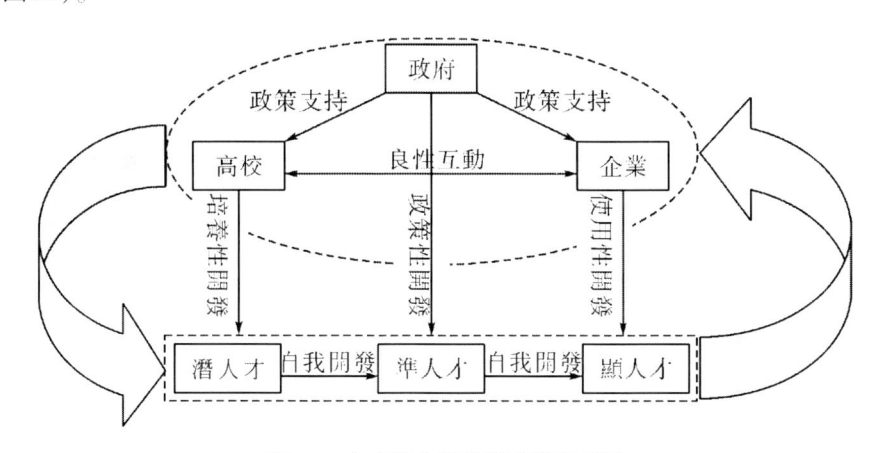

圖58 人才整合開發模式運行系統

找到戰略性新興產業科技創新人才的自我開發模式、學校開發模式、企業開發模式和政府開發模式合適的對接點、貫穿線和交叉網，就可以形成一個關係更加緊密的整合系統，即戰略性新興產業科技創新人才整合開發模式。這個整合開發模式框架裡面包含兩個子系統，一個是人才內部自我開發系統，一個是人才外部環境開發系統。這兩個子系統之間又存在著能量流動、信息流動、人員流動、物質流動等一系列密不可分的聯繫，進而形成一個更大的有機互動系統（見圖58）。這個整合開發模式以人才的創新勝任力為結合點，以人才自我開發過程為貫穿線，以人才自我開發過程中與家庭、學校、企業、政府、社會等各種環境形成的互動關係為交叉網，構成了一個和諧的、一體化的、良性互動的系統（見圖59）。

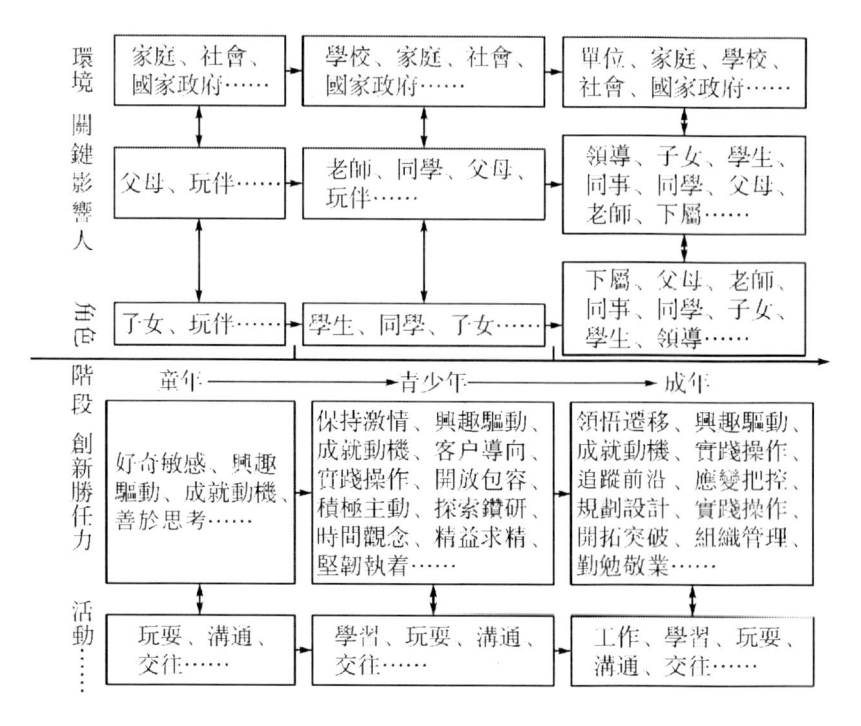

環境	家庭、社會、國家政府……	學校、家庭、社會、國家政府……	單位、家庭、學校、社會、國家政府……
關鍵影響人	父母、玩伴……	老師、同學、父母、玩伴……	領導、子女、學生、同事、同學、父母、老師、下屬……
角色	子女、玩伴……	學生、同學、子女……	下屬、父母、老師、同事、同學、子女、學生、領導
階段	童年	青少年	成年
創新勝任力	好奇敏感、興趣驅動、成就動機、善於思考……	保持激情、興趣驅動、成就動機、客戶導向、實踐操作、開放包容、積極主動、探索鑽研、時間觀念、精益求精、堅韌執著……	領悟遷移、興趣驅動、成就動機、實踐操作、追蹤前沿、應變把控、規劃設計、實踐操作、開拓突破、組織管理、勤勉敬業……
活動	玩耍、溝通、交往……	學習、玩耍、溝通、交往……	工作、學習、玩耍、溝通、交往……

圖 59　人才整合開發系統模式

在人才整合開發系統模式中，每個人都在充當著人才開發與被開發的多重角色，也就是說，每個人都可能在扮演著影響別人成才的關鍵人物的角色。每個人都是別人成才環境中的一部分，只有每個人都能扮演好自身在該系統中所處位置的角色，整個人才開發模式這個複雜的大系統才能夠良性運行，取得良好的效果。另外，科技創新人才開發過程是人才的創新勝任力要素由不具備到具備，由不完備到完備，由較低水準到較高水準，由一般到卓越的過程。所以，戰略性新興產業科技創新人才整合開發模式是一個以創新勝任力提升為目的，以人才自我開發為內在驅動力，以學校的培養性開發、企業的使用性開發和政府的政策性開發為外在手段，並使人才在綜合因素作用刺激下，與各種人物、事物、組織、環境產生或保持多種調適關係的社會性運行系統。

4.4　本章小結

　　本章基於前期構建的勝任力模型，首先運用案例研究方法與軟系統方法相結合，從人才的自我開發、學校開發、企業開發和政府開發四個方面分別探索了戰略性新興產業科技創新人才的自我開發模式、學校開發模式、企業開發模式和政府開發模式；然後通過研討將這四個模式進行整合探索了戰略性新興產業科技創新人才開發整合模式。本章研究的結果可以從不同層面為不同人才開發主體的人才開發工作提供一定的指導和參考。

5 研究結論與展望

任何一項研究都是階段性的，需要適時告一段落；同樣，任何一項研究也不可能是完美無缺的，只能盡力做到精益求精；任何一個研究結論也不是一成不變的，需要與時俱進。本書到這裡就告一段落了，但這也將是一個新的開始。通過對戰略性新興產業科技創新人才開發模式的研究，筆者不論是在研究內容、研究過程，還是在研究方法上，都有諸多收穫和思考，這為未來的繼續深入研究奠定了基礎。筆者會將人才研究問題作為自己未來研究的重要方向，繼續不斷累積，深入系統思考，不斷鑽研，爭取在人才研究領域取得一定的建樹。筆者現對本書的重要結論進行歸納總結，並結合本書的一些局限對未來的研究設想進行展望。

5.1 主要研究結論

本書力求遵循科學的研究過程和規範來開展研究工作，盡力得到相對科學的研究結論。本書的主要研究結論歸納如下：

5.1.1 關於勝任力模型

本書的第一個關鍵結論是，戰略性新興產業科技創新人才勝任力模型是一個包含創新啟動力（保持激情、善於思考、好奇敏感、興趣驅動、成就動機）、創新助動力（開放包容、積極主動、盡職盡責、影響感召、勤勉敬業、溝通協作、客戶導向、時間觀念、精益求精、堅韌執著）和創新行動力（追蹤前沿、探索鑽研、應變把控、規劃設計、實踐操作、開拓突破、組織管理）的3個維度22項勝任力要素的「三動力」模型。

5.1.2　關於人才開發模式

本書的第二個關鍵結論是，戰略性新興產業科技創新人才開發模式是一個複雜的、動態的、開放的系統，是由政府的政策性開發模式、高校的培養性開發模式、企業的使用性開發模式、人才的主動性開發模式有機互動構成的整合開發模式。

5.2　研究局限與展望

由於作者研究能力和客觀條件所限，本書在研究數據收集與分析、研究方法使用、研究問題論述、研究結論得出等方面還存在一些不足和局限，在未來進一步研究中，要進行完善與改進。

5.2.1　研究數據方面

在研究過程中，研究數據的質量的高低是決定研究結論準確與否的關鍵因素。本書在研究數據的收集、整理、統計與分析過程中盡量做到科學、規範，但是受研究時間、研究能力等主客觀因素的影響和制約，研究數據在全面性、代表性方面不可避免地存在一些不足和缺陷。在後續的研究過程中，筆者會繼續加大研究數據的收集力度，爭取在更大的範圍內獲取更加真實有效的數據，進而保證研究結論的得出是基於更加堅實的研究數據基礎上的。

5.2.2　研究方法方面

本研究根據研究問題性質的不同採用了不同的研究方法，但由於研究者本人對研究方法掌握和理解程度有限的原因，在研究方法運用的科學性上還需要進一步提高。在未來的研究和學習過程中，還要不斷深入學習和領悟這些研究方法的核心要義和真諦，提高研究方法使用的科學性和有效性。

5.2.3　研究結論方面

受研究數據和研究方法的限制，本書的研究結論可能會存在一定誤差。在後續的研究中，筆者會通過繼續收集和豐富相關研究數據，規範和完善研究方法，進一步驗證研究結論的科學性，並進一步調整和修正研究結論，使研究結論能夠更加有效地指導實踐。

參考文獻

[1] 國家發展改革委. 大眾創業萬眾創新呈現良好發展態勢 [N]. 中國經濟導報, 2016-05-17 (A02).

[2] 習近平：創新的事業呼喚創新人才 [J]. 中國人才, 2014, 13：1-2.

[3] 國務院關於印發「十二五」國家戰略性新興產業發展規劃的通知 [EB/OL]. (2012-08-16) [2017-10-13]. http://www.gov.cn/zhengce/content/2012-07/20/content_3623.htm.

[4] 吳金希. 「創新」概念內涵的再思考及其啟示 [J]. 學習與探索, 2015 (4)：123-127.

[5] Addison Wesley Longman Limited. Longman Dictionary of American English [M]. New York：Pearson Education, 2000：410.

[6] 約瑟夫·熊彼特. 經濟發展理論——對於利潤、資本、信貸、利息和經濟週期的考察 [M]. 北京：商務印書館, 1997：5.

[7] 耐德·赫曼. 全腦革命 [M]. 宋偉航, 譯. 北京：經濟出版社, 1998：247-249.

[8] KLEYSEN F R, STREET C T. Toward a Multi-Dimensional Measure of Individual Innovative Behavior [J]. Journal of Intellectual Capital, 2001, 3 (2)：284-296.

[9] ROGERS E M. Diffusion of Innovation [M]. New York：The Free Press, 1995.

[10] Council on Competitiveness. Innovate America：Thriving in a World of Challenge and Change [R/OL]. [2017-09-04]. http://www.compete.org/reports/all/202-innovate-america.

[11] 苑玉成. 創新學 [M]. 天津：南開大學出版社, 2002.

[12] 周光召. 學習、創造和創新 [J]. 中國基礎科學, 2006 (3)：5-9.

［13］廖志豪. 基於素質模型的高校創新型科技人才培養研究［D］. 上海：華東師範大學，2012：25.

［14］KNIGHT K E. A Descriptive Model of the Intra-Firm Innovation Process［J］. Journal of Business，1967（40）.

［15］HIGGINS J M. Innovation：the Core Competence［J］. Planning Review，1995（23）.

［16］HENDERSON R M，CLARK K B. Architectural Innovation：the Reconfiguration of Exiting Product Technologies and the Failure of Established Firms［J］. Administrative Science Quarterly，1990（35）.

［17］BOWER J L，CLAYTON M. Christensen. Disruptive Technologies：Catching the Wave［J］. HBR，1995.

［18］GARCIA R，CALANTONE R. A Critical Look at Technological Innovation Typology and Innovativeness Terminology：a Literature Review［J］. The Journal of Product Innovation Management，2002（19）.

［19］ENOS J L. Petroleum Progress and Profits：a History of Progress Innovation［M］. Cambridge MA：The MIT Press，1962.

［20］FREEMAN C. Predicting Technology［J］. Nature，1973，246（8）.

［21］傅家驥. 技術創新經濟學［M］. 北京：清華大學出版社，2000.

［22］傅家驥. 技術創新經濟學［M］. 北京：清華大學出版社，2000.

［23］柳卸林. 技術創新經濟學［M］. 北京：清華大學出版社，2014.

［24］宋剛，唐薔，陳銳，等. 複雜性科學視野下的科技創新［J］. 科學對社會的影響，2008（2）：28-33.

［25］洪銀興. 科技創新中的企業家及其創新行為——兼論企業為主體的技術創新體系［J］. 中國工業經濟，2012（6）：83-93.

［26］［159］萊爾·M. 斯潘塞，西格尼·M. 斯潘塞. 才能評鑒法：建立卓越績效模式［M］. 魏梅全，譯. 汕頭：汕頭大學出版社，2003.

［27］王勝會. 人才測評：理論、方法、工具、實務［M］. 北京：人民郵電出版社，2014.

［28］MICHAELS E，HANDHELD-JONES H，AXELROD B. The war for talent［M］. Bosten，Massachusetts：Harvard Business Press，2001.

［29］SMART B D. Topgrading：How Leading Companies Win by Hiring, Coaching, and Keeping the Best People［M］. Melbourne：The Penguin Group，2005.

［30］ULRICH D. The Talent Trifecta［J］. Workforce Management，2006（9）：

32-33.

［31］GELENS J, DRIES N, HOFMANS J, et al. The Role of Perceived Organizational Justice in Shaping the Outcomes of Talent Management: A Research Agenda ［J］. Human Resource Management Review, 2013, 23 (4): 341-353.

［32］王通訊. 人才資源論［M］. 北京: 中國社會科學出版社, 2001.

［33］黃楠森. 創新人才的培養與人學［J］. 南昌高專學報, 2000 (1): 5-7.

［34］安菁. 產業創新人才成長的影響因素與評價體系研究［D］. 北京: 北京理工大學, 2015.

［35］高林. 論創新型人才成長規律［J］. 中國人才, 1999 (6): 8-9.

［36］沈德立. 非智力因素與人才培養［M］. 北京: 教育科學出版社, 2001: 16-30.

［37］魏發辰, 顏吾佴. 創新型人才的成長規律及其自我修煉［J］. 北京理工大學學報（社會科學版）, 2007 (5): 106-109.

［38］劉曉燕, 蔡秀萍. 專業技術人才隊伍建設重在高層次創新型人才［J］. 中國人才, 2007 (1): 14-16.

［39］KOESTLER A. The Act of Creation［M］. New York: Dell, 1964.

［40］LIU ZS, YAN FQ, LI J. Based on Similar Distance Vector Algorithm Immune Genetic Characteristics of the Creative Talents of Genetic Selection［R］. Second International Conference on Education Technology and Training, 2009: 274-276.

［41］MACKINNON D W. The Highly Effective Individual［J］. Teachers College Record, 1960: 367-378.

［42］MACKINNON D W. The Nature and Nurtare of Creative Talent［J］. American Psychologist, 1962: 273-281.

［43］MACKINNON D W. IPAR's Contribution to the Conceptualization and Study of Creativity. In I. A Taylor&J. W. Getzels, Perspectives in Creativity［A］. Chicago Aidine Transaction, 1975: 60-89.

［44］THOME A, GOUGH H. Portraits of Type［M］. Palo Alto, CA: Ann Consulting Psychologists Press. 1991.

［45］GUILFORD J P. Creativity［J］. American Psychologist, 1950 (5): 444-454.

［46］BARRON F. The Psychology of Imagination［J］. Scientific American, 1958, 199 (3): 150-155.

［47］BAILEY R L. Disciplined Creativity for Engineers［M］. Annn Arbor:

Ann Arbor Science, 1979.

[48] STERNBERG R J. Implicit Theories of Intelligence, Creativity, and Wisdom [J]. Journal of Personality and Social Psychology, 1985, 59 (3): 602-627.

[49] DAVIS G. Creativity is Forever (the second edition) [M]. Newark: Kendall Hunt Publishing Company, 1986.

[50] SLESINSKI, RAY. 10 Traits of Creative People [J]. Executive Excellence, 1991: 8-10.

[51] MONTGOMERY, DIANE, KAY S, et al. Characteristics of the Creative Person: Perceptions of University Teachers in Relation to the professional Literature [J]. The American Behavioral Scientist, 1993, 37 (1): 68-78.

[52] CSIKSZENTMILIALYI M. The Creative Personality [J]. Psychology Today, 1996, 29 (4): 36.

[53] DEWETT T. Linking Intrinsic Motivation, Risk Taking, and Employee Creativity in an R&D Environment [J]. R&D Management, 2007, 37 (3): 197-208.

[54] HUANG C, DIMITRIADES Z S. The Influence of Service Climate and Job Involvement on Customer-oriented Organizational Citizenship Behavior in Greek Service Organizations: a Survey [J]. Employee Relations, 2009, 29 (5): 469-491.

[55] 林澤炎, 劉理暉. 創新型科技人才的典型特質及培育政策建議——基於84名創新型科技人才的實證分析 [J]. 海峽科技與產業, 2007 (6): 1-5.

[56] 單國旗. 創新型科技人才資源開發戰略的國內外比較研究 [J]. 特區經濟, 2009 (1): 136-138.

[57] 王路璐. 企業創新型科技人才成長環境研究 [D]. 哈爾濱: 哈爾濱工程大學, 2010: 15.

[58] 趙曙明. 人才管理與開發 [M]. 北京: 中國人事出版社, 1998: 6-7.

[59] 賈湛. 中國勞動人事百科全書 [M]. 北京: 兵器工業出版社, 1991.

[60] 吳文武. 中國人才開發系統論 [M]. 北京: 中國建材工業出版社, 1996: 20.

[61] 葉忠海. 人才學研究的新拓展 [N]. 人民日報, 2009-01-14 (007).

[62] 羅洪鐵. 人才學與人力資源開發與管理學的異同 [J]. 中國人才, 2003 (5): 34-35.

[63] 薛永武. 人才開發學 [M]. 北京: 中國社會科學出版社, 2008.

[64] 楊河清. 人才開發概論 [M]. 北京: 中人事出版社: 中國勞動社會

保障出版社，2013：22-23.

[65] 風笑天.論社會研究中的文獻回顧［J］.華中師範大學學報（人文社會科學版），2010（4）：40-46.

[66] 李宗彥，章之旺.內部審計研究：1998-2012——基於SSCI、CSSCI的文獻分析［J］.會計與經濟研究，2014，02：52-64.

[67] 劉勇，杜一.網絡數據可視化與分析利器：Gephi中文教程［M］.北京：電子工業出版社，2017：163.

[68] 章麗萍，姚威，陳子辰.面向戰略性新興產業發展的工程科技人才培養研究［J］.中國高教研究，2012（10）：25-29.

[69] 劉潔.廣東省戰略性新興產業高技能人才培養對策研究［J］.科技管理研究，2013（24）：129-132.

[70] 章曉莉.戰略性新興產業高層次人才培養體系構建［J］.黑龍江高教研究，2013（12）：123-125.

[71] 馬越.戰略性新興產業與戰略型人才培養機制研究［J］.科學管理研究，2014（3）：97-100.

[72] 海松梅.中原經濟區戰略性新興產業人才培育研究［J］.河南社會科學，2014（2）：114-117，124.

[73] 石秀珠.戰略性新興產業科技人才管理與開發研究［J］.理論與改革，2013（5）：116-118.

[74] 陽立高，賀正楚，韓峰.戰略性新興產業人才開發問題與對策——以湖南省為例［J］.科技進步與對策，2013（19）：143-147.

[75] 李玲，忻海然.產學研合作與戰略性新興產業人才開發路徑探究［J］.福州大學學報（哲學社會科學版），2013（1）：60-65.

[76] 李德煌，彭笑一.戰略性新興產業區域人才發展對策研究［J］.中國統計，2014（2）：48-50.

[77] 陽立高，賀正楚，韓峰.湖南省戰略性新興產業人才需求預測及對策［J］.中國科技論壇，2013（11）：85-91.

[78] 賈夘.中小城市戰略性新興產業高端科技人才集聚研究［J］.科技進步與對策，2013（21）：150-154.

[79] 王春明.戰略性新興產業與高級人才政策研究［J］.鄭州大學學報（哲學社會科學版），2013（5）：45-47.

[80] 張洪潮，雒國彧.戰略性新興產業集群人才磁場效應研究［J］.科技管理研究，2013（22）：181-184，189.

[81] 蘇曼.跨境電商專業人才勝任素質模型研究［J］.高等工程教育研究，2016（3）：170-174.

[82] 徐明.國有企業青年人才勝任特徵模型構建實務研究［J］.中國青年研究，2016（5）：46-51.

[83] 何麗君.青年科技領軍人才勝任力構成及培養思路［J］.科技進步與對策，2015，32（8）：145-149.

[84] 王妤揚，蘇勇，程駿駿.創意人才勝任力模型構建研究——以傳媒創意產業為例［J］.管理現代化，2014，34（6）：78-80.

[85] 李津.創意產業人才素質要求與勝任力研究［J］.科學學與科學技術管理，2007（8）：193-195.

[86] 葉龍，褚福磊.技能人才職業勝任力及其與職業滿意度關係研究——以鐵路行業為例的實證分析［J］.清華大學學報（哲學社會科學版），2013，28（6）：148-154，158.

[87] 王凱.體育新聞專業人才勝任力模型與培養路徑探究［J］.中國體育科技，2013，49（4）：132-138.

[88] 李建忠.內蒙古資源型企業工程科技人才勝任力模型構建［J］.科技管理研究，2013，33（5）：119-122.

[89] 王黎螢，陳勁，阮愛君.創新型工程科技人才的勝任力結構及培養［J］.高等工程教育研究，2008（S2）：21-25.

[90]［156］［168］周霞，景保峰，歐凌峰.創新人才勝任力模型實證研究［J］.管理學報，2012，9（7）：1065-1070.

[91] 周霞，景保峰，李紅，等.研究型大學創新人才勝任力測量與啟示［J］.高教探索，2010（6）：36-42.

[92] 瞿群臻，韓麗.基於FAHP的低碳航運金融人才勝任力模型探析［J］.現代管理科學，2012（4）：95-97.

[93] 瞿群臻，王萍，唐夢雪.航運金融人才勝任力模型探析［J］.情報雜志，2011，30（S2）：272-275.

[94] 韓提文，梁林，董中奇.鋼鐵企業技能人才團隊勝任力構成維度的質性研究［J］.科技管理研究，2012，32（6）：120-124.

[95] 王慧琴，徐海斌.中國人才測評專業人才的勝任力與培養機制研究［J］.經濟經緯，2012（2）：135-139.

[96] 高永惠，黃文龍，劉潔.高校教師人才勝任力品質因子模型實證研究［J］.湖南科技大學學報（社會科學版），2011，14（5）：79-83.

[97] 董雲芳. 社會工作專業人才職業勝任力模型分析 [J]. 華東理工大學學報（社會科學版），2011，26（5）：41-48.

[98] 瞿群臻. 物流高技能人才勝任力模型初探 [J]. 中國流通經濟，2011，25（5）：103-107.

[99] 耿梅娟，石金濤. 軍事後備人才勝任特徵及影響因素研究——基於扎根理論研究方法 [J]. 現代管理科學，2011（5）：93-95.

[100] 餘祖偉，黃安心. 國內物業管理人才勝任力研究綜述 [J]. 湖北社會科學，2009（10）：99-101.

[101] 楊小東，高鈺琪，李瀟瀟. 醫院信息人才勝任力模型的構建 [J]. 科技管理研究，2009，29（6）：507-509.

[102] 胡允銀. 企業知識產權管理人才勝任能力模型研究 [J]. 科技管理研究，2009，29（6）：525-528.

[103] 胡允銀. 企業知識產權管理人才勝任能力模型研究 [J]. 電子知識產權，2008（11）：26-30.

[104] 崔毓劍，單聖滌. 製造業物流人才勝任特徵研究 [J]. 科技進步與對策，2009，26（11）：148-151.

[105] 卜祥雲，唐貴伍，蔡翔. 高校拔尖人才的勝任力特徵及其績效薪酬激勵啟示 [J]. 科技管理研究，2008（7）：323-324，351.

[106] 彭本紅，陶友青，鄧瑾. 大學高層次人才勝任力的評價 [J]. 統計與決策，2007（15）：143-145.

[107] 李志，李苑凌. 專業技術人才勝任特徵模型的實證研究 [J]. 中國科技論壇，2007（1）：131-134.

[108] 趙敏祥，勵立慶，吳珺楠. 高校文化創意人才培養對策——以勝任力為視角 [J]. 中國高校科技，2015（4）：48-51.

[109] 葉明. 基於勝任力模型的創新型人才培養研究——以醫學院院長為案例 [J]. 科學管理研究，2015，33（1）：92-95.

[110] 劉宇. 創新人才培養與大學教師勝任力對接模型構建研究 [J]. 科技管理研究，2014，34（9）：71-75.

[111] 許冬武，姜旭英. 基於崗位勝任力的農村醫學人才培養與課程設計 [J]. 高等工程教育研究，2016（3）：116-120.

[112] 徐明. 基於勝任特徵模型的青年創新人才學習地圖體系研究 [J]. 中國青年研究，2015（6）：35-40，27.

[113] 丁越蘭，駱娜. 管理類教師勝任素質模型建構——基於管理專業人

才培養目標［J］.黑龍江高教研究，2013，31（5）：89-91.

［114］周亞莉，何東敏.基於職業筆譯員勝任特徵的翻譯人才培養［J］.中國翻譯，2013，34（6）：65-67.

［115］韓提文，梁林，侯維芝.基於團隊勝任力的高職院校人才培養改革探討［J］.中國高教研究，2012（3）：101-103.

［116］祝世海.基於勝任力模型的軟件專業人才培養的研究［J］.教育探索，2010（5）：100-101.

［117］鄭學寶.基於勝任力模型的黨政領導人才執政能力建設研究［J］.廣東社會科學，2006（2）：85-88.

［118］邢潔，張建勇.基於互聯網的勝任力評價工具在科技人才管理中的實證研究［J］.生產力研究，2009（18）：114-116.

［119］梁栩凌.基於勝任特徵的傳媒人才管理模式研究［J］.當代傳播，2014（5）：67-69.

［120］肖京武，石峰，田治威.基於勝任力的基層林業人才綜合評價模型構建［J］.求索，2014（7）：187-190.

［121］趙玉改，曹如中，陸羽中.基於勝任力模型的競爭情報人才評價研究［J］.科技管理研究，2014，34（8）：139-143.

［122］杜娟，趙婉婷.基於勝任力的人才測評體系研究——中美銷售經理的比較分析［J］.北京師範大學學報（社會科學版），2011（5）：130-135.

［123］劉正周，陳丹，張燦.基於勝任力模型的人才測評體系——以G公司為例［J］.中國人力資源開發，2010（11）：65-68.

［124］趙起超.基於勝任力模型的人才招聘研究［J］.學術交流，2013（S1）：79-81.

［125］代緒波，周世偉，黃朝暉，等.基於勝任力的醫院人才招聘與選拔模型構建［J］.科技管理研究，2009，29（12）：451-453.

［126］丁秀玲.基於勝任力的人才招聘與選拔［J］.南開大學學報（哲學社會科學版），2008（2）：134-140.

［127］趙芬芬.基於勝任素質的人才甄選多準則模糊決策——以人力資源經理選拔為例［J］.科技與管理，2008（6）：104-106.

［128］張林祥.構建「人才資源+事業平臺」的人才開發模式——四川瀘州市加快人才資源向人才資本轉變的實踐與思考［J］.經濟體制改革，2004（5）：121-123.

［129］吳紹棠，李燕萍.產學研合作衍生的人才開發模式及比較研究——

基於界面管理視角 [J]. 科技進步與對策, 2014, 31 (3): 144-148.

[130] 方陽春, 賈丹, 方邵旭輝. 包容型人才開發模式對高校教師創新行為的影響研究 [J]. 科研管理, 2015, 36 (5): 72-79.

[131] 方陽春, 賈丹, 陳超穎. 包容型人才開發模式對創新激情和行為的影響研究 [J]. 科研管理, 2017, 38 (9): 142-149.

[132] 賈丹, 方陽春. 包容型人才開發模式對組織創新績效的影響研究 [J]. 科研管理, 2017, 38 (S1): 14-19.

[133] 鄺波. 借鑑企業人才培訓模式 強化大學生就業培訓 [J]. 江蘇高教, 2008 (1): 105-107.

[134] 呂海軍, 王通杰, 葉龍. 鐵路行業職業技能人才培訓模式存在的問題分析 [J]. 中國科技論壇, 2008 (12): 115-119.

[135] 何學軍. 探索適應新農村建設急需的人才培訓模式 [J]. 中國高等教育, 2009 (Z3): 61-62.

[136] 鐘龍彪, 趙曉呼. 動態治理框架下新加坡領導人才培訓模式及啟示 [J]. 天津行政學院學報, 2013, 15 (3): 107-112.

[137] 孫克輝, 曾旭日, 盛利元, 等. 理科大學生科技創新人才培養模式的探索與實踐 [J]. 高等理科教育, 2004 (1): 57-59, 100.

[138][180] 賈粟. 珠三角產業轉型升級期科技創新人才培養模式研究 [J]. 科技進步與對策, 2012, 29 (24): 174-176.

[139][181] 徐靜. 產業轉型升級中科技創新人才培養模式研究 [J]. 科學管理研究, 2013, 31 (1): 101-104.

[140] 陳要立. 基於勝任力模型的文化創意產業人才培養模式研究 [J]. 經濟問題探索, 2011 (8): 129-133.

[141] 陳曉萍, 徐淑英, 樊景立. 組織與管理研究的實證研究方法（第二版）[M]. 北京: 北京大學出版社, 2012: 18-20.

[142] 陳向明. 扎根理論的思路和方法 [J]. 教育研究與實驗, 1999 (4): 58-63+73.

[143] BELELSON B. Content Analysis in Communication Research [J]. Free Press, 1952.

[144] 楊豔, 胡蓓, 蔣佳麗. 基於內容分析法的中國人力資源管理研究文獻分析 [J]. 情報雜志, 2009, 12: 51, 79-82.

[145] 曹琴仙, 於淼. 基於內容分析法的專利文獻應用研究 [J]. 現代情報, 2007, 12: 147-150.

[146] 曾照雲,程曉康. 德爾菲法應用研究中存在的問題分析——基於38種CSSCI（2014-2015）來源期刊[J]. 圖書情報工作, 2016（16）: 116-120.

[147] 李平,曹仰鋒. 案例研究方法:理論與範例——凱瑟琳艾森哈特論文集[M]. 北京:北京大學出版社, 2012: 2-4.

[148] P. 切克蘭德. 系統論的思想與實踐[M]. 左曉斯,史然,譯. 北京:華夏出版社, 1990: 203-226.

[149] 劉碧強,王鴻茜. 面向海西戰略性新興產業的理工類創新創業型人才培養模式研究——以福州大學為例[J]. 科技和產業, 2014, 14（3）: 14-18.

[150] 石敏,陳翌慶,許育東. 新能源材料與器件專業建設與人才培養模式探討——以合肥工業大學為例[J]. 合肥工業大學學報（社會科學版）, 2016, 30（4）: 127-132.

[151] 江偉,高焕清,佘斯勇. 服務於戰略性新興產業的人才培養模式創新研究——以核工程與技術專業為例[J]. 咸寧學院學報, 2012, 32（8）: 78-80.

[152] 向祖權,劉志會,袁萍. 船舶與海洋工程專業「卓越工程師」人才培養模式初探[J]. 教育教學論壇, 2015（34）: 102-103.

[153] 程潔紅,周全法,洪燕雲,等. 戰略性新興產業應用型人才培養的實踐教學改革思路與措施[J]. 江蘇技術師範學院學報, 2012, 18（4）: 97-100.

[154] 賈建鋒,王國鋒,王英男. 創業導向型企業高管勝任特徵研究——基於創業板上市公司招聘廣告的內容分析[J]. 東北大學學報（社會科學版）, 2012, 14（4）: 318-324.

[155] [160] 何健文. 創新人才勝任力構成要素的實證研究[J]. 科技管理研究, 2011, 02: 145-150.

[157] 趙海濤,靳曉娜. 基層創新人才勝任力指標及評價體系研究[J]. 人民論壇, 2013, 05: 50-51.

[158] 黃曉磊,鄧友超. 學校活力評價指標體系構建——基於德爾菲法的調查分析[J]. 教育學報, 2017, 13（1）: 23-31.

[161] 姚豔虹,衡元元. 知識員工創新績效的結構及測度研究[J]. 管理學報, 2013, 10（1）: 97-102.

[162] [163] 吳明隆. SPSS統計應用實務[M]. 北京:中國鐵道出版社, 2000: 7-8.

[164] HINKIN T R. A Brief Tutorial on the Development of Measures for Use in

Survey Questionnaires [J]. Organizational Research Methods, 1998, 2 (1): 104-121.

[165] HAN L. A Measure of Chinese Language Learning Anxiety: Scale Development and Preliminary Validation [J]. Chinese As A Second Language Research, 2014, 3 (2): 147-174.

[166] 趙斌, 劉開會, 李新建, 等. 員工被動創新行為構念界定與量表開發 [J]. 科學學研究, 2015, 33 (12): 1909-1919.

[167] 王麗平, 李忠華. 半虛擬創新團隊中虛擬性概念界定與量表開發 [J]. 科技進步與對策, 2017, 34 (3): 110-116.

[169] 王通訊. 關於人才成長規律的幾個問題 [N]. 中國人事報, 2004-03-16 (003).

[170] 張駿生. 人才學 [M]. 北京: 中國勞動社會保障出版社, 2006: 132.

[171] 段遠源, 張文雪. 創新人才培養模式著力培養創新人才 [J]. 中國高等教育, 2009, 01: 21-24.

[172] 劉獻君, 吳洪富. 人才培養模式改革的內涵、制約與出路 [J]. 中國高等教育, 2009, 12: 10-13.

[173] 劉碧強, 王鴻茜. 面向海西戰略性新興產業的理工類創新創業型人才培養模式研究——以福州大學為例 [J]. 科技和產業, 2014, 14 (3): 14-18.

[174] 江偉, 高煥清, 佘斯勇. 服務於戰略性新興產業的人才培養模式創新研究——以核工程與技術專業為例 [J]. 咸寧學院學報, 2012, 32 (8): 78-80.

[175] 高煥清, 陳志遠, 譚億平, 等. 地方高校戰略性新興產業人才協同創新培養的探索——以湖北科技學院核工程與核技術專業輻射化工方向為例 [J]. 湖北科技學院學報, 2013, 33 (10): 1-3.

[176] 石敏, 陳翌慶, 許育東. 新能源材料與器件專業建設與人才培養模式探討——以合肥工業大學為例 [J]. 合肥工業大學學報 (社會科學版), 2016, 30 (4): 127-132.

[177] 向祖權, 劉志會, 袁萍. 船舶與海洋工程專業「卓越工程師」人才培養模式初探 [J]. 教育教學論壇, 2015 (34): 102-103.

[178] 程潔紅, 周全法, 洪燕雲, 等. 戰略性新興產業應用型人才培養的實踐教學改革思路與措施 [J]. 江蘇技術師範學院學報, 2012, 18 (4): 97-100.

[179] 王世來，林靜.從大學生科技競賽的課程建設和訓練組織看創新人才培養模式的構建［J］.中國大學教學，2008（8）：33-34.

[182] 彭剛.科技創新與高校人才培養模式的轉變［J］.中國高校科技，2017（3）：12-13.

[183] 毛棟英.創新型科技人才開發企業要發揮主體作用［N］.組織人事報，2008-08-26（03）.

[184] 呂富彪.國外企業科技人才創新能力開發模式及經驗借鑑［J］.科學管理研究，2010，28（3）：97-100.

[185] 呂富彪.提升中小企業科技人才創新能力的對策思考［J］.經濟與管理，2010，24（5）：60-63.

[186] 呂富彪.企業科技人才創新能力開發聚集效應的影響研究［J］.科學管理研究，2012，30（1）：65-68.

[187] 李建忠.內蒙古資源型企業工程科技人才勝任力模型構建［J］.科技管理研究，2013，33（5）：119-122.

[188] 廖穎川，呂慶華.基於能力素質模型的企業創意人才開發［J］.科技管理研究，2013，33（12）：139-144.

[189] 趙曙明，白曉明.創新驅動下的企業人才開發研究——基於人力資本和生態系統的視角［J］.華南師範大學學報（社會科學版），2016（5）：93-98+190.

[190]［193］孫銳.「十三五」時期中國人才管理體制改革相關問題探討［J］.國家行政學院學報，2016（3）：30-34.

[191]［194］盛亞，於卓靈.科技人才政策的階段性特徵——基於浙江省「九五」到「十二五」的政策文本分析［J］.科技進步與對策，2015，32（6）：125-131.

[192] 吳江.用新體制新機制釋放人才活力［J］.人民論壇，2017（15）：30-33.

[195] 陳建武，張向前.中國「十三五」期間科技人才創新驅動保障機制研究［J］.科技進步與對策，2015，32（10）：138-144.

附錄

附錄 1　黨的十八大以來習近平關於科技創新與人才的論述

時間	內容
2012 年 12 月 7~11 日	綜合國力競爭歸根到底是人才競爭。哪個國家擁有人才上的優勢，哪個國家最後就會擁有實力上的優勢。外國看中國的潛力所在，就是看這個。中國這麼多人，教育上去了，將來人才就會像井噴一樣湧現出來。這是最有競爭力的。走創新發展之路，首先要重視集聚創新人才。要充分發揮好現有人才作用，同時敞開大門，招四方之才，招國際上的人才，擇天下英才而用之。各級黨委和政府要積極探索集聚人才、發揮人才作用的體制機制，完善相關政策，進一步創造人盡其才的政策環境，充分發揮優秀人才的主觀能動性
2013 年 2 月 2~5 日	實施創新驅動發展戰略，是加快轉變經濟發展方式、提高中國綜合國力和國際競爭力的必然要求和戰略舉措，必須緊緊抓住科技創新這個核心和培養造就創新型人才這個關鍵，瞄準世界科技前沿領域，不斷提高企業自主創新能力和競爭力
2013 年 3 月 4 日	加強科技人才隊伍建設。推進自主創新，人才是關鍵。沒有強大的人才隊伍作後盾，自主創新就是無源之水、無本之木。要廣納人才，開發利用好國際國內兩種人才資源，完善人才引進政策體系。我曾經講過，要堅持以用為本，按需引進，重點引進能夠突破關鍵技術、發展高新技術產業、帶動新興學科的戰略型人才和創新創業的領軍人才。要放手使用人才，在全社會營造鼓勵大膽創新、勇於創新、包容創新的良好氛圍，既要重視成功，更要寬容失敗，為人才發揮作用、施展才華提供更加廣闊的天地，讓他們人盡其才、才盡其用、用有所成。要完善促進人才脫穎而出的機制，完善人才發現機制，不拘一格選人才，培養宏大的具有創新活力的青年創新型人才隊伍。要鼓勵人才繼承中華民族「先天下之憂而憂，後天下之樂而樂」的傳統美德，把個人理想與實現中國夢結合起來，腳踏實地，勤奮工作，把自己的智慧和力量奉獻給實現中國夢的偉大奮鬥
2013 年 8 月 21 日	人才工作很重要，科教興國、人才強國、產學研結合等，都與教育工作緊密相關，科技教育要搞好分工合作，同時要不斷完善創新人才培養、使用、管理的一系列政策，現在已有的人才計劃要做好

附錄1(續)

時間	內容
2013年 9月30日	人才資源是第一資源,也是創新活動中最為活躍、最為積極的因素。要把科技創新搞上去,就必須建設一支規模宏大、結構合理、素質優良的創新人才隊伍。中國一方面科技人才總量不少,另一方面又面臨人才結構性不足的突出矛盾,特別是在重大科研項目、重大工程、重點學科等領域領軍人才嚴重不足。解決這個矛盾,關鍵是要改革和完善人才發展機制
2015年 4月28日	我們一定要深入實施科教興國戰略、人才強國戰略、創新驅動發展戰略,把提高職工隊伍整體素質作為一項戰略任務抓緊抓好,幫助職工學習新知識、掌握新技能、增長新本領,拓展廣大職工和勞動者成長成才空間,引導廣大職工和勞動者樹立終身學習理念,不斷提高思想道德素質和科學文化素質
2015年 10月29日	我們必須把創新作為引領發展的第一動力,把人才作為支撐發展的第一資源,把創新擺在國家發展全局的核心位置,不斷推進理論創新、制度創新、科技創新、文化創新等各方面創新,讓創新貫穿黨和國家一切工作,讓創新在全社會蔚然成風
2016年 5月30日	我們要深入貫徹新發展理念,深入實施科教興國戰略和人才強國戰略,深入實施創新驅動發展戰略,統籌謀劃,加強組織,優化中國科技事業發展總體佈局。要發揮好最高學術機構學術引領作用,把握好世界科技發展大勢,敏銳抓住科技革命新方向。希望廣大院士發揮好科技領軍作用,團結帶領全國科技界特別是廣大青年科技人才為建設世界科技強國建功立業

註:根據第一財經網(http://www.yicai.com/news/5021996.html)發布的《回顧「十八大」以來習近平關於科技創新的精彩話語》整理。

附錄2 學者們關於戰略性新興產業概念、內涵與特徵的論述

序號	提出者 (時間)	核心觀點
1	王忠宏等 (2010)	戰略性新興產業指具有全局性、長遠性、導向性、動態性等一系列宏觀特徵,對國民經濟發展與產業結構優化升級具有重大作用的新興產業
2	姜大鵬等 (2010)	戰略性新興產業是引領現代科技發展前沿,代表世界科技發展方向,具有較高經濟效益、良好市場前景、相關產業帶動效應,對國家安全以及社會經濟發展全局有重要影響的新興產業
3	歐陽峣 (2010)	戰略性新興產業是體現國家意志層面的戰略產業,各地區或行業所做的產業只能在國家確定的範圍內進行選擇

附錄2(續)

序號	提出者（時間）	核心觀點
4	王昌林等（2010）	戰略性新興產業主要是代表國家重大科技突破與前沿，對未來經濟發展與科技進步具有導向作用，體現科技發展趨勢和世界經濟進步趨勢，現在正處於成長階段，具有巨大經濟促進潛力的新興產業
5	李曉華等（2010）	具有成為支柱產業的潛力、未來能夠強有力帶動經濟增長、有較強的關聯產業帶動作用、引領現代科技前沿、體現時代節能環保理念、對於改善民生和提高國家競爭力具有重大作用這一系列特徵是戰略性新興產業中戰略性的內涵
6	劉洪昌等（2010）	戰略性新興產業在國家和地區的經濟發展中具有重要地位，其具有廣泛的產業關聯性、蘊含高科技成果、包含節能減排理念，實現了新興科技與新興產業的高度融合，引領技術創新和現代產業的發展方向。其主要特徵為：戰略性、關聯性、成長性、創新性、風險性和導向性
7	朱瑞博（2010）	戰略性新興產業的出現是當前主導技術與主導產業脫節所致，是新一輪的技術——經濟範式發展的契機
8	王鏑等（2010）	戰略性新興產業發展的根本前提是擁有原創性的核心技術
9	袁天昂（2010）	戰略性新興產業主要是指那些以知識密集型和技術密集型高科技產品為主的新興產業，這些產業是主要依賴於高新技術產業發展起來，並能夠對地區經濟增長起帶動作用的產業
10	王雯（2010）	戰略性新興產業是指那些依靠高新技術產業的核心科技建立起來的，在產業鏈上具有很強的關聯性，並以此不斷地推進產業前進和全國經濟發展的一類產業，其對經濟增長具有很強的拉動力
11	周菲等（2010）	戰略性新興產業是指那些能對一個國家經濟發展具有帶動力的支柱產業，是能夠聚集世界先進技術，並且利用該技術發展該產業，使一個國家搶占未來世界發展制高點的一類產業
12	高常水（2011）	戰略性新興產業，是對人類社會進步、國家未來綜合實力發展具有根本性重大影響，並正在快速成長的新產業領域，它以科學技術的重大新突破為基礎，能夠引發社會新需求，引領產業結構調整和發展方式轉變，具有知識和科技依賴度高、發展潛力大、帶動性強、綜合效益好、全球競爭激烈和快速發展等特徵
13	牛立超（2011）	戰略性新興產業是指關係到國民經濟社會發展和產業結構優化升級，具有全局性、長遠性、導向性和動態性四大特徵的戰略性新興產業

附錄2(續)

序號	提出者（時間）	核心觀點
14	鄭曉（2012）	戰略性新興產業，是以重大技術突破和重大發展需求為基礎，對經濟社會全局和長遠發展具有重大引領帶動作用，知識技術密集、物質資源消耗少、成長潛力大、綜合效益好的產業，具有戰略意義性、技術前沿性、不確定性等特徵
15	劉潔（2012）	戰略性新興產業是指那些代表著當今世界科學技術發展的前沿和方向，具有良好的市場前景、經濟技術效益和產業帶動效用，並且關係到經濟社會發展全局和國家安全的新興產業。其特徵有：剛剛興起，滲透力強；科技含量高，產品價值高；綜合消耗少，環境污染小；促進產業結構優化與升級；吸納新就業，開發新效益；保障政治、經濟與科技安全
16	董樹功（2012）	戰略性新興產業是指一個國家或地區，隨著新科研成果或技術創新的應用而出現的代表科技和產業發展方向，具有廣闊的潛在市場需求，引導國民經濟發展，能夠實現引領帶動、產業替代、經濟效益等作用，最終會成長為主導產業和支柱產業的高附加值、高成長性、高回報率的具有戰略意義的產業群體
17	馬軍偉（2012）	戰略性新興產業是指以創新為主要驅動力，以重大發展需求為基礎，具有廣闊的成長空間，可以獲得較高的技術經濟效益，體現國家戰略導向，關乎經濟社會全局和長遠發展，並且具有支撐引領作用的一系列產業。因此，戰略性新興產業的基本特徵為：創新性、需求性、成長性、高效性、導向性、全局性、長遠性和支撐引領性
18	袁艷平（2012）	戰略性新興產業是新興產業中的戰略部分和戰略產業中的新興部分，既代表著科技創新和產業發展的方向，也體現了國家戰略，對一國未來綜合實力提升有著根本性重大影響，它以科學技術的重大新突破為基礎，能夠引發社會新需求，促進產業結構調整優化和經濟發展方式轉變，具有科技依賴程度高、發展潛力大、產業關聯性帶動性強、綜合效益好、全球競爭激烈和快速發展等特徵
19	張潔（2013）	戰略性新興產業是以重大技術突破和重大發展需求為基礎，對經濟社會全局和長遠發展具有重大引領帶動作用，知識技術密集、物質資源消耗少、成長潛力大、綜合效益好的產業。綜合來看，戰略性新興產業具有全局性、先導性、成長性、帶動性、動態性、低碳性、風險性的特點

附錄2(續)

序號	提出者（時間）	核心觀點
20	施紅星（2013）	戰略性新興產業是一個與原有傳統產業、新興產業對比而言相對的概念，是指具有國家戰略發展地位，以社會需求為牽引，以重大科技創新為突破，具有廣闊的市場前景，綜合效益好；具有較強的產業關聯作用，能帶動其他產業的發展；技術先進而複雜，不斷動態進化，成長過程面臨著不確定性和高風險性；具有較低的資源消耗系數，有利於環境生態保護的新興業態形式。其具有戰略性、新興性、技術性、複雜性等特徵
21	楊宏呈（2013）	戰略性新興產業的發展既代表科技創新的方向，也代表產業發展的方向，體現新興科技和新興產業的深度融合，是推動社會生產生活方式發生深刻變革的重要力量。其具有戰略性、創新性、不確定性、技術複雜性、國際化等特徵
22	王劍（2013）	戰略性新興產業是具有整體性、長期性和基於基本問題的產業，包括信息技術、節能環保、新能源、生物、高端裝備製造、新材料、新能源汽車等具有核心技術且技術含量高的產業，代表著科技和產業發展的方向，長期內將會擔當起經濟增長的支撐重任。戰略性新興產業指的是對本國、本地區有重大、長遠影響，能夠帶動本國、本地區經濟發展的新興產業。從戰略性新興產業的基本內涵可以發現，其具有全局性、創新性、導向性、戰略性、新興性、可擴展性、高風險性、高效用性等特性
23	陳愛雪（2013）	戰略性新興產業是充分依託一國或地區的區域及資源優勢、在最有優先條件的領域發展起來的，以重大科學技術突破為前提，將新興技術與新興產業深度融合，引起社會新的市場需求，技術門檻高、帶動能力強、綜合效益好、成長速度快、市場潛力大、產業規模大，對國民經濟全局和長遠發展具有重要意義的新產業。戰略性新興產業主要具有戰略性、創新性、導向性、關聯性、長遠增長性、突破性、風險性、動態可變性、可持續性等特徵
24	姜稜煒（2013）	戰略性新興產業是指對科技創新、產業結構優化升級和國民經濟社會穩定協調發展具有重要戰略意義的新興產業。這類產業具備知識技術等創新要素密集、投資風險大週期長、發展國際化且國際競爭激烈等特徵
25	宋歌（2013）	戰略性新興產業是關係到綜合國力、經濟競爭力、科技實力和國家安全，可能引發新一輪產業革命的產業，是具有強大科技進步能力和廣闊的市場前景的先導性產業，其具有很強的成長性、知識密集性、帶動性和高端性，對經濟可持續發展和結構轉變、促進社會文明、保障國家安全起領航和支撐作用。戰略性新興產業主要具有國家的戰略性、知識和技術密集性、需求引導性、突破性、創新驅動性、先導性與輻射性、動態性等特徵

附錄2(續)

序號	提出者（時間）	核心觀點
26	李媛（2013）	戰略性新興產業是關係到國民經濟社會發展和產業結構優化升級，具有全局性、長遠性、導向性和動態性等特徵的新興產業
27	李勃昕（2013）	戰略性新興產業是由於技術創新、產業結構升級或產業鏈延伸形成的一些戰略主導性強、發展潛力大的新興科技型產業集合，具有戰略性和新興性的雙重屬性。其具體特徵包括全局性、長遠性、導向性和動態性
28	柳光強（2014）	戰略性新興產業必須符合「戰略性」和「新興」兩個方面特性，具有較大的潛在市場、對其他產業有帶動作用、能容納較多的就業量、能取得較高的綜合效益這些特點和創新性、全局性、聯動性、導向性、長遠性等特徵。戰略性新興產業當前不能對國民經濟發展起支柱作用，但在未來有望成為國民經濟的核心支柱產業，一旦在中國得到發展，能更有效地形成規模經濟和集聚效益，成為未來經濟發展的新引擎
29	曲永軍（2014）	戰略性新興產業實質上是一個複合概念，包涵了戰略產業和新興產業的共同特徵，既要符合國家發展的戰略性需求，又能夠對社會經濟的發展起到重要的帶動和引領作用。其具有戰略性、新興性、風險性、動態性四方面特徵
30	劉鐵（2014）	戰略性新興產業能代表高新技術創新方向，以重大技術創新和重大發展需求為基礎，對國家經濟社會發展有較強的引領作用。簡單地說，是指在高新技術開發基礎上形成的，具有決定和影響全局策略性質的新興產業。戰略性新興產業是新興產業與戰略產業交集中的部分產業，在國家支持下進行優先發展，這些產業經過發展和培育後，對產業結構升級、節能減排、提高人民健康水準、增加就業等的帶動作用明顯提高。其具有戰略性、總體性、雙重性、創新性、動態性、階段性、緩啟性、風險性、高投入等特徵
31	石璋銘（2014）	戰略性新興產業的內涵體現為以下幾個方面：第一，戰略性新興產業是立足現實而著眼未來做出的產業發展選擇，其未來的發展方向必然是主導產業與支柱產業。第二，戰略性新興產業是對國民經濟發展具有重要戰略意義的高技術新興產業，其發展的核心驅動力是技術創新與高技術產業化。第三，戰略性新興產業是一個靜態與動態相結合的含義，從靜態角度來講，它始終位於產業生命週期的前端；從動態角度來說，戰略性新興產業的內容隨著經濟社會的技術水準、制度條件、經濟發展程度等因素的變化而變化。第四，選擇與發展戰略性新興產業的目的在於確保未來國家競爭優勢。對中國等後發國家來說，發展戰略性新興產業還是實現趕超的重要機遇。其具有全局長遠性、創新驅動性、動態演化性、成長風險性、主體異質性等特徵

附錄2(續)

序號	提出者（時間）	核心觀點
32	韓躍（2014）	戰略性新興產業是代表先進生產技術，兼具創新性和成長性，知識密集、綠色環保，對經濟社會全局和長遠發展具有重大引領帶動作用的產業。其具有創新性、成長性、風險性、地域性、國際性、對科學技術的依存性、全局性、導向性、長遠性和動態性等特徵
33	俞之胤（2015）	戰略性新興產業是根據一個國家或地區的資源享賦、產業結構、經濟戰略方向所提出的，是由新技術、新市場、新政策等多種條件相結合引發並形成的處於發展初期的產業，現階段可能具有一定的發展困難，但從長遠角度來看極具前瞻性，代表著一個國家或地區長期產業發展戰略的方向和目標，具有很大的潛在市場需求，一經確立具有很強的自我強化功能和帶動作用，最終將成長為未來的主導產業進而帶動社會經濟進步的產業。其具有先進性、前瞻性、強關聯性、動態性、多主體性、高風險性、技術密集性、路徑依賴性等特徵
34	田娟娟（2016）	把握戰略性新興產業的內涵應當注意以下三點：第一，戰略性新興產業是科技型產業。在中國經濟發展過程中，不僅要適應生產結構調整和消費結構升級，還面臨著資源、能源、生態、環境等挑戰，這些問題對高新技術具有重大需求，因此戰略性新興產業的發展必須建立在不斷的技術創新之上，其定位是科技型產業。第二，戰略性新興產業是戰略性產業。戰略性新興產業的戰略性體現在，在發展過程中立足於國家整體利益，是國家的經濟命脈和國家安全。在不同的時期，戰略性新興產業的類別也是不斷變化的。隨著科技創新與進步，前一時期的戰略性新興產業會隨著時間的推移而被取代，也就是說，戰略性新興產業是動態、調整的，其根本區別在於不同時期國家的發展戰略重點是不一樣的。因此，戰略性新興產業是一個動態的、相對的概念。第三，戰略性新興產業是新興產業。新興產業的最大特點是，產業主體儘管具有發展潛力，但並未形成市場規模。在發展過程中存在著很多不確定性，但由於其重大科技創新驅動力和成長潛力，代表著科技產業化的發展方向

註：根據相關文獻整理編製。

附錄3 戰略性新興產業的構成情況

產業	重點方向	子方向
1. 新一代信息技術產業	1.1 下一代信息網絡產業	1.1.1 網絡設備
		1.1.2 信息終端設備
		1.1.3 網絡營運服務
	1.2 信息技術服務	1.2.1 新興軟件及服務
		1.2.2「互聯網+」應用服務
		1.2.3 大數據服務
	1.3 電子核心產業	1.3.1 集成電路
		1.3.2 新型顯示器件
		1.3.3 新型元器件
		1.3.4 高端儲能
		1.3.5 關鍵電子材料
		1.3.6 電子專用設備儀器
		1.3.7 其他高端整機產品
	1.4 網絡信息安全產品和服務	1.4.1 網絡與信息安全硬件
		1.4.2 網絡與信息安全軟件
		1.4.3 網絡與信息安全服務
	1.5 人工智能	1.5.1 人工智能平臺
		1.5.2 人工智能軟件
		1.5.3 智能機器人及相關硬件
		1.5.4 人工智能系統
2. 高端裝備製造產業	2.1 智能製造裝備產業	2.1.1 智能測控裝置
		2.1.2 智能裝備關鍵基礎零部件
		2.1.3 工業機器人與工作站
		2.1.4 智能加工裝備
		2.1.5 智能物流裝備
		2.1.6 智能農機裝備
		2.1.7 增材製造（3D打印）
	2.2 航空產業	2.2.1 民用飛機（含直升機）
		2.2.2 航空發動機
		2.2.3 航空設備及系統
		2.2.4 航空材料
		2.2.5 航空營運及支持
		2.2.6 航空維修及技術服務
	2.3 衛星及應用產業	2.3.1 空間基礎設施
		2.3.2 衛星通信應用系統
		2.3.3 衛星導航應用服務系統
		2.3.4 衛星遙感應用系統
		2.3.5 衛星技術綜合應用系統

附錄3(續)

產業	重點方向	子方向
2. 高端裝備製造產業	2.4 軌道交通裝備產業	2.4.1 高速鐵路機車車輛及動車組
		2.4.2 城市軌道交通車輛
		2.4.3 軌道交通通信信號系統
		2.4.4 軌道交通工程機械及部件
		2.4.5 軌道交通專用設備、關鍵系統及部件
		2.4.6 軌道交通營運管理關鍵設備和系統
	2.5 海洋工程裝備產業	2.5.1 海洋工程平臺裝備
		2.5.2 海洋工程關鍵配套設備和系統
		2.5.3 海洋工程裝備服務
		2.5.4 海洋環境監測與探測裝備
		2.5.5 海洋能相關係統與裝備
		2.5.6 水下系統和作業裝備
		2.5.7 海水養殖和海洋生物資源利用裝備
3. 新材料產業	3.1 新型功能材料產業	3.1.1 新型金屬功能材料
		3.1.2 新型功能陶瓷材料
		3.1.3 稀土功能材料
		3.1.4 高純元素及化合物
		3.1.5 表面功能材料
		3.1.6 高品質新型有機活性材料
		3.1.7 新型膜材料
		3.1.8 功能玻璃和新型光學材料
		3.1.9 生態環境材料
		3.1.10 高品質合成橡膠
		3.1.11 高性能密封材料
		3.1.12 新型催化材料及助劑
		3.1.13 新型化學纖維及功能紡織材料
		3.1.14 其他功能材料
	3.2 先進結構材料產業	3.2.1 高品質特種鋼鐵材料
		3.2.2 高性能有色金屬及合金材料
		3.2.3 新型結構陶瓷材料
		3.2.4 工程塑料及合成樹脂
	3.3 高性能複合材料產業	3.3.1 高性能纖維及複合材料
		3.3.2 金屬基複合材料和陶瓷基複合材料
		3.3.3 其他高性能複合材料

附錄3(續)

產業	重點方向	子方向
4. 生物產業	4.1 生物醫藥產業	4.1.1 新型疫苗
		4.1.2 生物技術藥物
		4.1.3 化學藥品與原料藥製造
		4.1.4 現代中藥與民族藥
		4.1.5 生物醫藥關鍵裝備與原輔料
		4.1.6 生物醫藥服務
	4.2 生物醫學工程產業	4.2.1 醫學影像設備及服務
		4.2.2 先進治療設備及服務
		4.2.3 醫用檢查檢驗儀器及服務
		4.2.4 植介入生物醫用材料及服務
	4.3 生物農業產業	4.3.1 生物育種
		4.3.2 生物農藥
		4.3.3 生物肥料
		4.3.4 生物飼料
		4.3.5 生物獸藥、獸用生物製品及疫苗
		4.3.6 生物食品
	4.4 生物製造產業	4.4.1 生物基材料
		4.4.2 生物化工產品
		4.4.3 特殊發酵產品與生物過程裝備
		4.4.4 海洋生物活性物質及生物製品
	4.5 生物質能產業	4.5.1 原料供應體系
		4.5.2 生物質發電
		4.5.3 生物質供熱
		4.5.4 生物天然氣
		4.5.5 生物質液體燃料
		4.5.6 生物質能技術服務
5. 新能源汽車產業	5.1 新能源汽車產品	5.1.1 新能源汽車整車
		5.1.2 電機及其控制系統
		5.1.3 新能源汽車電附件
		5.1.4 插電式混合動力專用發動機
		5.1.5 機電耦合系統及能量回收系統
		5.1.6 燃料電池系統及核心零部件
	5.2 充電、換電及加氫設施	5.2.1 分佈式交流充電樁
		5.2.2 集中式快速充電站
		5.2.3 換電設施
		5.2.4 站用加氫及儲氫設施
	5.3 生產測試設備	5.3.1 電池生產裝備
		5.3.2 電機生產裝備
		5.3.3 專用生產裝備
		5.3.4 測試設備

附錄3(續)

產業	重點方向	子方向
6. 新能源產業	6.1 核電技術產業	6.1.1 核電站技術設備
		6.1.2 核燃料加工設備製造
	6.2 風能產業	6.2.1 風力發電機組
		6.2.2 風力發電機組零部件
		6.2.3 風電場相關係統與裝備
		6.2.4 海上風電相關係統與裝備
		6.2.5 風力發電技術服務
	6.3 太陽能產業	6.3.1 太陽能產品
		6.3.2 太陽能生產裝備
		6.3.3 太陽能發電技術服務
	6.4 智能電網	
	6.5 其他新能源產業	
7. 節能環保產業	7.1 高效節能產業	7.1.1 高效節能鍋爐窑爐
		7.1.2 電機及拖動設備
		7.1.3 餘熱餘壓餘氣利用
		7.1.4 高效儲能、節能監測和能源計量
		7.1.5 高效節能電器
		7.1.6 高效照明產品及系統
		7.1.7 綠色建築材料
		7.1.8 採礦及電力行業高效節能技術和裝備
		7.1.9 信息節能技術與節能服務
		7.2.1 水污染防治裝備
		7.2.2 大氣污染防治裝備
		7.2.3 土壤及場地等治理與修復裝備
		7.2.4 固體廢物處理處置裝備
		7.2.5 減振降噪設備
		7.2.6 環境監測儀器與應急處理設備
	7.2 先進環保產業	7.2.7 控制溫室氣體排放技術裝備
		7.2.8 海洋水質與生態環境監測儀器設備
		7.2.9 其他環保產品
		7.2.10 智能水務
		7.2.11 大氣環境污染防治服務
		7.2.12 水環境污染防治服務
		7.2.13 土壤環境污染防治服務
		7.2.14 農業面源和重金屬污染防治技術服務
		7.2.15 其他環保服務

附錄3(續)

產業	重點方向	子方向
7. 節能環保產業	7.3 資源循環利用產業	7.3.1 礦產資源綜合利用
		7.3.2 固體廢物綜合利用
		7.3.3 建築廢棄物和道路瀝青資源化無害化利用
		7.3.4 餐廚廢棄物資源化無害化利用
		7.3.5 汽車零部件及機電產品再製造
		7.3.6 資源再生利用
		7.3.7 非常規水源利用
		7.3.8 農林廢物資源化無害化利用
		7.3.9 資源循環利用服務
8. 數字創意產業	8.1 數字文化創意	8.1.1 數字文化創意技術裝備
		8.1.2 數字文化創意軟件
		8.1.3 數字文化創意內容製作
		8.1.4 新型媒體服務
		8.1.5 數字文化創意內容應用服務
	8.2 設計服務	8.2.1 工業設計服務
		8.2.2 人居環境設計服務
		8.2.3 其他專業設計服務
	8.3 數字創意與相關產業融合應用服務	
9. 相關服務業	9.1 研發服務	
	9.2 知識產權服務	
	9.3 檢驗檢測服務	
	9.4 標準化服務	
	9.5 雙創服務	
	9.6 專業技術服務	
	9.7 技術推廣服務	
	9.8 相關金融服務	

附錄4　戰略性新興產業人才主要研究領域及觀點

研究方向	研究者（時間）	主要觀點
人才培養與培育	章麗萍等（2012）	適應戰略性新興產業發展的工程人才培養戰略行動方案：支撐引領——系統變革，加快學科專業調整和優化，主動適應目前產業創新發展需要，引領未來產業創新發展；模式創新——不斷提升工程科研水準，搶占前沿，建立利用「大項目」「大工程」「大平臺」培養工程科技人才的「三大」型人才培育模式；交叉培養——整合教育資源，建立跨產業、跨領域、跨系科合作的「三跨」式人才培養機制；師資提升——廣泛開展師資提升計劃，大力打造既擅長科研、教學又富有產業創新經驗的「三師型」師資隊伍；開放辦學——積極推進「三個面向」，即「面向企業」開展產學聯合培養，「面向院所」提升人才培養質量，「面向國際」穩步推進人才培養國際化；超前部署——繼續加強戰略研究，推進「三個加強」，即加強對世界科技前沿領域的追蹤，加強對世界產業創新方面的技術預見和科學規劃等領域的關注，加強對國內工程人才培養的戰略研究
	劉潔（2013）	根據廣東重點產業定位，認為廣東省戰略性新興產業發展所需要的高技能人才大致可分為信息類人才、現代高端製造業人才、生物醫藥類人才三類，並從職業素養、實踐操作能力、創新性思維能力三個方面分析了廣東省高技能人才質量需求，提出了廣東省高職院校戰略性新興產業高技能人才培養對策：依據廣東省戰略性新興產業發展要求調整專業結構體系；校企深度合作，創新高技能人才培養模式
	章曉莉（2013）	政府應發揮主導作用，著力完善高層次創新型人才培養選拔制度；完善培訓體系、健全教育機構、創新培養機制，多種形式多種途徑培養人才，促進專業技術人才隊伍能力素質全面提升；營造有利於創新型人才成長的良好環境。高校應該發揮基礎作用，建設一支具有高度創新精神與高素質革新能力的高水準的師資隊伍；完善專業學科體系，堅持優先發展與支柱產業、優勢產業、戰略性新興產業相關的學科專業；堅持產學研相結合，走校企合作之路。社會、企業和其他培訓組織作為戰略性新興產業高層次人才培養體系的有效補充，應該發揮有效的輔助作用，積極參與戰略性新興產業高層次人才培養活動
	馬越（2014）	建立戰略性新興產業中戰略型人才培養機制：大力開發重點領域緊缺的專門人才，企業建立有效的戰略型人才激勵制度，建立校企有效合作機制
	海松梅（2014）	中原經濟區戰略性新興產業的地域特徵：產業規模較小，技術市場成交額低；創新能力不足，特色缺乏；科技人才匱乏，平臺有限。戰略性新興產業的人才需求特點：在人才需求的結構上，戰略性新興產業以中高層次人才為主；在人才需求的種類上，戰略性新興產業以多樣化人才需求為主；在人才需求的能力方面，戰略性新興產業以應用型人才為主；戰略性新興產業的人才需求呈本土化的特徵。發展中原經濟區戰略性新興產業的人才培養途徑：凸顯工程碩士培養特色，與戰略新興產業人才對接；提高中原經濟區高等教育水準，促進區域經濟快速發展；依託產業集聚區建設，探索企業人才培養機制

附錄4(續)

研究方向	研究者(時間)	主要觀點
人才管理與開發	石秀珠(2013)	「引領型」科技人才發展模式注重戰略性新興產業科技人才發展的全局性、前瞻性以及戰略性，綜合考慮產業的未來發展趨勢，超前開發、儲備與戰略性新興產業相關的技術性人才，以以引領戰略性新興產業的快速、健康發展。「引領性」科技人才的發展模式是中國戰略性新興產業科技人才發展、培養模式的有效途徑。科技人才的培養要通過準確定位政府、高等院校、科學院所以及相關企業的開發職能，將多個科技人才開發主體結合起來，為創新性科技人才的發展模式的實施創造優越的內外部環境。戰略性新興產業創新型、複合型人才培養對策：戰略性新興產業科技人才的管理、開發要重點創新人才選拔機制、人才使用機制、人力資源管理部門自身建設「三大機制」建設；健全戰略性新興產業科技人才政府政策支持體系，從根本上提高科技人才及其組成團隊的社會地位、品牌效應，營造更好地科技人才發展環境；吸引、留住科技人才，關鍵的是要給予他們應有的待遇，要創新科技人才分配政策，建立以「重貢獻、重業績」的待遇分配政策，並對科技人才的工作效果進行考核，採取企業領導、普通職工、人力資源管理部門評價相結合的方式，不斷完善戰略性新興產業人才凝聚體系
	陽立高等(2013)	戰略性新興產業人才開發存在的主要問題：人才理念落後，缺乏服務意識，人才政策不完善，未形成整體合力；人才培養模式不合理，校企供求脫節；人才激勵機制不科學，企業重人才使用而輕培養；人才服務機制不健全，人文關懷不到位。戰略性新興產業人才開發對策：提升人才理念，完善人才政策；創新人才培養模式，推進校企合作對接；完善人才激勵機制，充分激發人才活力；完善人才服務機制，加強人文關懷
	李玲等(2013)	戰略性新興產業人才可以分為以下五類：科技創新領軍人才，是指在戰略性新興產業相關領域的具有頂尖科技創新能力、能夠帶領科研團隊取得重大科技創新成果、使新興產業發展取得重大突破的高層次人才；研究與開發人才，是指戰略性新興產業相關企業、高校與科學院所中大量從事研究與開發工作的人員，他們具有較強的科研能力，夠取得一定的創新成果；高技能創新人才，主要是戰略性新興產業生產一線人員中具備精湛的專業技能、能夠解決生產操作難題並進行技術創新的具有相應高級職業資格的技能人才；經濟管理與科技創業人才，主要指戰略性新興產業企業中進行戰略部署和經濟管理的人才以及利用其科研成果、發明專利創辦企業的科技人才；科技成果轉化人才，是指在新的發明創造、專利運用到實際生產的過程中進行工作和解決問題的人員，是技術創新和實際生產力之間的橋樑。基於產學研合作的戰略性新興產業人才開發路徑：①政策主導產學研推動，為領軍人才打造高水準協同創新平臺。貫徹人才政策優化發展環境，著力引進、培養科技創新領軍人才；積聚力量發揮優勢，強強聯合構築協同創新平臺；加強協調產學研合作，推進科技創新成果有序轉化。②堅持與市場需求接軌，培養研究與開發人才。高校專業教學及時更新，符合產業發展需求；校企共建研究生工作站，聯合培養研發人才；建立校企人員流動機制，建設「雙師型」教師隊伍。③紮實生產操作技能，開發創新型高技能人才。校企聯合大力推進高職教育，夯實操作技能；加強理論基礎和啓發式教學，增強創新能力。④科研管理共同發展，支持經濟管理與科技創業人才。樹立現代企業管理理念，提高經營管理水準；加強創業教育與各方面支持，鼓勵科技創業。⑤加快仲介平臺建設，鍛煉科技成果轉化人才。充分認識其重要性，注重科技成果轉化人才的開發；構建平臺壯大載體，培養複合型科技成果轉化人才

附錄4（續）

研究方向	研究者（時間）	主要觀點
人才發展	李德煌等（2014）	結合第六次全國人口普查數據分析了中國戰略性新興產業人才發展的總體現狀：戰略性新興產業人力資源後備力量充足，整體人才質量水準有所提高，戰略性新興產業人才培育與投資力度不斷加強，戰略性新興產業人才區域需求加大。戰略性新興產業區域人才發展面臨的主要問題與挑戰有：各區域高層次人才數量緊缺、人才培養與開發模式滯後、區域間人才分佈不平衡、區域內人才結構有待優化、管理機制僵化、高層次人才流失嚴重。戰略性新興產業人才發展的政策建議：創新戰略性新興產業人才培養與開發模式；優化戰略性新興產業人才層次結構，加強人才開發的產業導向；營造戰略性新興產業人才發展適宜環境
人才需求預測	陽立高等（2013）	通過對119家湖南代表性戰略性新興產業骨幹企業的人才需求情況進行調研與統計，運用灰色系統理論，構建了湖南省戰略性新興產業人才需求總量預測 GM（1,1）模型，預測了未來6年人才需求總量；通過統計性描述，分析了湖南省戰略性新興產業的人才需求結構與層次；提出了加速戰略性新興產業人才開發的對策：市場需求導向優化高校專業結構與培養層次；校企合作對接，培養創新型、應用型人才；優政策、多途徑、多舉措開發高層次人才；財政資助建立職工技能公共實訓基地
人才集聚	賈夕（2013）	中小城市戰略性新興產業高端科技人才集聚路徑選擇：發揮人才後發次動優勢，開闢人才藍海市場；集成系統內外部力量，聯動開發、整體推進；打造高品質聚才環境，放大中小城市相對優勢；優化人才集聚方式，提升聚才吸引力和能力；外引內培互動發展，降低壓力增強內驅力；科學決策、理性投資，低成本高效益聚才
人才政策	王春明（2013）	高級人才政策對戰略性新興產業支撐的規律：吸引世界各地掌握高新技術、具有原始創新能力的高級人才，對於發展戰略性新興產業具有重要作用；國家確定的鼓勵高級人才創業的政策，例如金融等優惠措施的頒布，可以促進一國戰略性新興產業的繁榮發展；國家應針對戰略性新興產業形成初期具有較高的風險這一問題制定相應的人才政策，例如，對進入新興產業的高新技術人才實行較低的稅收甚至減免稅收，從而通過稅收政策激勵高級人才從事戰略性新興產業；國家制定的吸引和培養各類高級人才的政策，可以促進戰略性新興產業全面健康發展。對高級人才創業實行扶持政策，完善知識產權、技術參股等政策，推進新型產業企業管理現代化和技術創新。高級人才資源是戰略性新興產業發展的引擎，更是促進新興產業發展的決定性力量
人才磁場效應	張洪潮等（2013）	從「人才磁場」的角度對戰略性新興產業集群人才引力效應進行理論詮釋，認為營造良好的戰略性新興產業集群環境是增強人才磁場引力的前提條件，發展優勢產業以及培育主導特色產業是擴大人才磁場輻射效應的基本保障，克服人才磁場的不穩定因素是保障磁場持續作用力的強有力手段，避免人才聚集的過度「傾斜」是實現人才聚集效應最大化的有效途徑，合理實現人才互補是提升戰略性新興產業集群整體實力的重要保障，保障人才的後續補充是永葆產業集群生命力的關鍵環節

附錄5 教育部同意設置的高等學校戰略性新興產業相關本科新專業名單

序號	主管部門、學校名稱	專業代碼	專業名稱	修業年限	學位授予門類
工業和信息化部					
1	北京航空航天大學	080216S	納米材料與技術	四年	工學
2	北京理工大學	080640S	物聯網工程	四年	工學
3	北京理工大學	081106S	能源化學工程	四年	工學
4	哈爾濱工業大學	080640S	物聯網工程	四年	工學
5	哈爾濱工業大學	080643S	光電子材料與器件	四年	工學
6	哈爾濱工業大學	081106S	能源化學工程	四年	工學
7	哈爾濱工程大學	080640S	物聯網工程	四年	工學
8	哈爾濱工程大學	080643S	光電子材料與器件	四年	工學
9	哈爾濱工程大學	080644S	水聲工程	四年	工學
10	南京航空航天大學	080640S	物聯網工程	四年	工學
11	南京理工大學	080216S	納米材料與技術	四年	工學
12	南京理工大學	080512S	新能源科學與工程	四年	工學
13	西北工業大學	080640S	物聯網工程	四年	工學
14	西北工業大學	080644S	水聲工程	四年	工學
交通運輸部					
15	大連海事大學	080641S	傳感網技術	四年	工學
教育部					
16	中國人民大學	020121S	能源經濟	四年	經濟學
17	北京科技大學	080216S	納米材料與技術	四年	工學
18	北京科技大學	080640S	物聯網工程	四年	工學
19	北京化工大學	081106S	能源化學工程	四年	工學
20	北京郵電大學	080640S	物聯網工程	四年	工學
21	中國傳媒大學	050307S	新媒體與信息網絡	四年	文學
22	華北電力大學	080217S	新能源材料與器件	四年	工學
23	華北電力大學	080512S	新能源科學與工程	四年	工學
24	華北電力大學	080645S	智能電網信息工程	四年	工學
25	華北電力大學	081106S	能源化學工程	四年	工學
26	中國石油大學（北京）	081106S	能源化學工程	四年	工學
27	南開大學	080218S	資源循環科學與工程	四年	工學
28	天津大學	080215S	功能材料	四年	工學

附錄5(續)

序號	主管部門、學校名稱	專業代碼	專業名稱	修業年限	學位授予門類
29	天津大學	080640S	物聯網工程	四年	工學
30	天津大學	080642S	微電子材料與器件	四年	工學
31	大連理工大學	080215S	功能材料	四年	工學
32	大連理工大學	080216S	納米材料與技術	四年	工學

註：專業代碼加有「S」者為在少數高校試點的目錄外專業。

序號	主管部門、學校名稱	專業代碼	專業名稱	修業年限	學位授予門類
33	大連理工大學	080640S	物聯網工程	四年	工學
34	大連理工大學	080641S	傳感網技術	四年	工學
35	大連理工大學	081106S	能源化學工程	四年	工學
36	大連理工大學	081303S	海洋資源開發技術	四年	工學
37	東北大學	080215S	功能材料	四年	工學
38	東北大學	080218S	資源循環科學與工程	四年	工學
39	東北大學	080512S	新能源科學與工程	四年	工學
40	東北大學	080640S	物聯網工程	四年	工學
41	吉林大學	080640S	物聯網工程	四年	工學
42	華東理工大學	080217S	新能源材料與器件	四年	工學
43	華東理工大學	080218S	資源循環科學與工程	四年	工學
44	東華大學	080215S	功能材料	四年	工學
45	東南大學	080217S	新能源材料與器件	四年	工學
46	東南大學	080641S	傳感網技術	四年	工學
47	中國礦業大學	081106S	能源化學工程	四年	工學
48	河海大學	080512S	新能源科學與工程	四年	工學
49	河海大學	080640S	物聯網工程	四年	工學
50	江南大學	080640S	物聯網工程	四年	工學
51	中國藥科大學	081107S	生物製藥	四年	工學
52	中國藥科大學	100812S	藥物分析	四年	理學
53	中國藥科大學	100813S	藥物化學	四年	理學
54	浙江大學	080512S	新能源科學與工程	四年	工學
55	浙江大學	081302S	海洋工程與技術	四年	工學
56	合肥工業大學	080217S	新能源材料與器件	四年	工學
57	合肥工業大學	080640S	物聯網工程	四年	工學
58	山東大學	080218S	資源循環科學與工程	四年	工學

附錄5(續)

序號	主管部門、學校名稱	專業代碼	專業名稱	修業年限	學位授予門類
59	山東大學	080640S	物聯網工程	四年	工學
60	中國海洋大學	081303S	海洋資源開發技術	四年	工學
61	中國石油大學（華東）	081009S	環保設備工程	四年	工學
62	武漢大學	080640S	物聯網工程	四年	工學
63	武漢大學	081107S	生物制藥	四年	理學
64	華中科技大學	080215S	功能材料	四年	工學
65	華中科技大學	080512S	新能源科學與工程	四年	工學
66	華中科技大學	080640S	物聯網工程	四年	工學
67	華中科技大學	080643S	光電子材料與器件	四年	工學
68	華中科技大學	081107S	生物制藥	四年	工學
69	武漢理工大學	080640S	物聯網工程	四年	工學
70	武漢理工大學	080716S	建築節能技術與工程	四年	工學
71	湖南大學	080640S	物聯網工程	四年	工學
72	湖南大學	080716S	建築節能技術與工程	四年	工學
73	中南大學	080217S	新能源材料與器件	四年	工學
74	中南大學	080512S	新能源科學與工程	四年	工學
75	中南大學	080640S	物聯網工程	四年	工學
76	重慶大學	080512S	新能源科學與工程	四年	工學
77	重慶大學	080640S	物聯網工程	四年	工學
78	西南交通大學	080640S	物聯網工程	四年	工學
79	電子科技大學	080217S	新能源材料與器件	四年	工學
80	電子科技大學	080640S	物聯網工程	四年	工學
81	電子科技大學	080641S	傳感網技術	四年	工學
82	四川大學	080217S	新能源材料與器件	四年	工學
83	四川大學	080640S	物聯網工程	四年	工學
84	四川大學	080642S	微電子材料與器件	四年	工學
85	西安交通大學	080512S	新能源科學與工程	四年	工學
86	西安交通大學	080640S	物聯網工程	四年	工學
87	蘭州大學	080215S	功能材料	四年	工學
國務院僑務辦公室					
88	華僑大學	080215S	功能材料	四年	工學

附錄5(續)

序號	主管部門、學校名稱	專業代碼	專業名稱	修業年限	學位授予門類
北京市					
89	北京工業大學	080218S	資源循環科學與工程	四年	工學
90	北京電影學院	050432S	數字電影技術	四年	文學
天津市					
91	天津理工大學	080215S	功能材料	四年	工學
92	天津中醫藥大學	100814S	中藥制藥	四年	理學
河北省					
93	河北工業大學	080215S	功能材料	四年	工學
94	石家莊鐵道大學	080215S	功能材料	四年	工學
山西省					
95	太原理工大學	080640S	物聯網工程	四年	工學
96	山西醫科大學	081107S	生物制藥	四年	理學
遼寧省					
97	沈陽工業大學	080215S	功能材料	四年	工學
98	沈陽建築大學	080215S	功能材料	四年	工學
99	沈陽建築大學	080716S	建築節能技術與工程	四年	工學
吉林省					
100	長春理工大學	080217S	新能源材料與器件	四年	工學
101	長春理工大學	080643S	光電子材料與器件	四年	工學
102	長春工業大學	080218S	資源循環科學與工程	四年	工學
黑龍江省					
103	東北石油大學	080111S	海洋油氣工程	四年	工學
104	東北石油大學	081106S	能源化學工程	四年	工學
105	哈爾濱理工大學	080641S	傳感網技術	四年	工學
上海市					
106	上海理工大學	080512S	新能源科學與工程	四年	工學
江蘇省					
107	蘇州大學	080216S	納米材料與技術	四年	工學
108	蘇州大學	080217S	新能源材料與器件	四年	工學
109	蘇州大學	080640S	物聯網工程	四年	工學
110	南京工業大學	080643S	光電子材料與器件	四年	工學

附錄5(續)

序號	主管部門、學校名稱	專業代碼	專業名稱	修業年限	學位授予門類
111	南京工業大學	080716S	建築節能技術與工程	四年	工學
112	南京郵電大學	080645S	智能電網信息工程	四年	工學
113	江蘇大學	080512S	新能源科學與工程	四年	工學
114	江蘇大學	080640S	物聯網工程	四年	工學
115	南京中醫藥大學	081107S	生物製藥	四年	理學
116	南京師範大學	081303S	海洋資源開發技術	四年	理學
安徽省					
117	安徽大學	080217S	新能源材料與器件	四年	工學
福建省					
118	福建師範大學	080218S	資源循環科學與工程	四年	工學
江西省					
119	江西中醫學院	100814S	中藥製藥	四年	理學
120	南昌大學	080217S	新能源材料與器件	四年	工學
121	南昌大學	080716S	建築節能技術與工程	四年	工學
山東省					
122	山東科技大學	080640S	物聯網工程	四年	工學
123	山東理工大學	080218S	資源循環科學與工程	四年	工學
湖南省					
124	湘潭大學	080217S	新能源材料與器件	四年	工學
125	湘潭大學	081009S	環保設備工程	四年	工學
126	湖南師範大學	080218S	資源循環科學與工程	四年	工學
127	南華大學	081008S	核安全工程	四年	工學
廣東省					
128	廣州中醫藥大學	100814S	中藥製藥	四年	理學
129	華南師範大學	080217S	新能源材料與器件	四年	工學
四川省					
130	西南石油大學	080111S	海洋油氣工程	四年	工學
131	西南石油大學	080217S	新能源材料與器件	四年	工學
132	成都理工大學	080217S	新能源材料與器件	四年	工學
雲南省					
133	昆明理工大學	080215S	功能材料	四年	工學

附錄5(續)

序號	主管部門、學校名稱	專業代碼	專業名稱	修業年限	學位授予門類
陝西省					
134	西北大學	080640S	物聯網工程	四年	工學
135	西北大學	081106S	能源化學工程	四年	工學
136	西安建築科技大學	080215S	功能材料	四年	工學
137	西安建築科技大學	080218S	資源循環科學與工程	四年	工學
138	西安石油大學	080111S	海洋油氣工程	四年	工學
甘肅省					
139	蘭州理工大學	080215S	功能材料	四年	工學
新疆維吾爾自治區					
140	新疆大學	081106S	能源化學工程	四年	工學

附錄6 戰略性新興產業相關企業及其招聘科技創新人才的相關職位

戰略性新興產業	企業/研究機構	所在地	職位	企業/研究機構	所在地	職位
新一代信息技術產業	聯想集團有限公司	北京市	BSP開發工程師	北大方正集團有限公司	北京市	前端高級開發工程師
	神州數碼控股有限公司	北京市	高級開發工程師	中國普天信息產業股份有限公司	北京市	軟件研發工程師
	同方股份有限公司	北京市	研發工程師(C++)	航天信息股份有限公司	北京市	雲計算研發工程師
	北京易誠高科科技發展有限公司	北京市	手機測試工具高級開發工程師	北京中和威軟件有限公司	北京市	硬件高級開發工程師
	北京神州泰岳軟件股份有限公司	北京市	Java開發工程師	天津同陽科技發展有限公司	天津市	web前端開發工程師
	廣州康行信息技術有限公司	廣東省廣州市	C++研發工程師	深圳市佳域順芯科技有限公司	廣東省深圳市	單片機研發工程師
	上海攸米網絡科技有限公司	上海市	軟件研發工程師	北京康拓科技有限公司	北京市	硬件研發工程師
	天津澳優星通傳感技術有限公司	天津市	傳感器研發工程師	上海威強電工業電腦有限公司	上海市	硬件研發工程師
	漢民微測科技(北京)有限公司	北京市	電子產品研發工程師	中國大恒(集團)有限公司北京圖像視覺技術分公司	北京市	機器視覺項目研發工程師

附錄6(續)

戰略性新興產業	企業/研究機構	所在地	職位	企業/研究機構	所在地	職位
新一代信息技術產業	廣州市拓馳信息技術有限公司	廣東省廣州	產品研發工程師	深圳市東皇網絡科技有限公司	廣東省深圳市	高級研發工程師
	北京搜狗科技發展有限公司	北京市	網絡與信息安全工程師	瑞儀(廣州)光電子器件有限公司	廣東省廣州市	電子研發工程師
高端裝備製造產業	陝西航天長城測控有限公司	陝西省西安市	電子元器件工程師	深圳慈航無人智能系統技術有限公司	廣東省深圳市	機械設計師
	山東萌萌噠航空科技有限公司北京分公司	北京市	無人機研發總監	航天星圖科技(北京)有限公司	北京市	GIS研發工程師
	西安增材製造國家研究院有限公司	陝西省西安市	金屬材料研發工程師	深圳漢莎技術有限公司	廣東省深圳市	設備開發工程師
	西安因諾航空科技有限公司	陝西省西安市	項目研發主管	西安飛機工業(集團)亨通航空電子有限公司	陝西省西安市	航空電線電纜研發工程師
	深圳航天科技創新研究院	廣東省深圳市	導電漿料研發工程師	廣州優飛航空技術服務有限公司	廣東省廣州市	嵌入式工程師(無人機研發)
	廣州極飛科技有限公司	廣東省廣州市	飛控研發工程師	廣州三飛航空科技有限公司	廣東省廣州市	硬件研發工程師
	西安向陽航天材料股份有限公司	陝西省西安市	研發工程師	深圳市航天新材科技有限公司	廣東省深圳市	研發工程師(導電漿料)
	西安金弧航空科技有限公司	陝西省西安市	數控研發工程師	西安愛邦電磁技術有限責任公司	陝西省西安市	新型天線產品研發工程師
	易瓦特科技股份公司	湖北省武漢市	多旋翼研發工程師	深圳光啓高等理工研究院	廣東省深圳市	機器人軟件研發主管
	坎德拉(深圳)科技創新有限公司	廣東省深圳市	磁懸浮軸承設計工程師	深圳天地鼎視精密裝備有限公司	廣東省深圳市	自動化-項目經理
	杭州杉石科技有限公司	浙江省杭州市	航空電子產品設計師	西安鑫旌航空科技有限責任公司	陝西省西安市	無人飛行器設計工程師
	西安通飛航空科技有限責任公司	陝西省西安市	飛控開發工程師	東莞市康銘光電科技有限公司	廣東省東莞市	3D打印工程師

附錄6(續)

戰略性新興產業	企業/研究機構	所在地	職位	企業/研究機構	所在地	職位
新材料產業	廊坊市高瓷新材料科技有限公司	河北省廊坊市	技術研發經理(新材料)	上海銳翌生物科技有限公司	上海市	新材料研發工程師
	深圳市優維爾科技有限公司	廣東省深圳市	材料開發工程師	南京摩墅獅智能科技有限公司	江蘇省南京市	新材料研發經理
	深圳市環海冠誠科技有限公司	廣東省深圳市	材料開發工程師	福建阿石創新材料股份有限公司	福建省福州市	技術研發工程師
	深圳市興盛迪新材料有限公司	廣東省深圳市	工程研發部經理	大亞聖象家居股份有限公司	江蘇省徐州市	新材料研究員
	深圳市柔宇科技有限公司	廣東省深圳市	材料工程師	四川共拓岩土科技股份有限公司	四川省成都市	材料研發工程師
	武漢金牛經濟發展有限公司	湖北省武漢市	材料改性研發工程師	上海錦湖日麗塑料有限公司	上海市	材料研發工程師
	西安同大科技有限公司	陝西省西安市	新材料技術工程師	吉林恒輝新材料有限公司	吉林省吉林市	研發高級工程師
	湖南航天三豐科工有限公司	湖南省長沙市	新材料研發工程師	上海斐訊數據通信技術有限公司	上海市	高級材料工程師
	諾特斯曼(上海)新材料科技有限公司	上海市	新材料產品應用工程師	長園電力技術有限公司	廣東省廣州市	材料工程師(高分子材料)
	天津金偉暉生物石油化工有限公司	天津市	研發工程師(新型碳材料方向)	廣州市帶領者實業有限責任公司	廣東省廣州市	研發部經理
	中科京投環境科技江蘇有限公司	江蘇省鹽城市	實驗員(新材料研發)	廈門捌門新材料科技有限公司	福建省廈門市	材料/化學/化工研發工程師
	深圳市中塑新材料有限公司	廣東省深圳市	技術支持工程師	嘉瑞科技(惠州)有限公司	廣東省惠州市	材料開發副主管(金屬材料)
	山東極威新材料科技有限公司	山東省青島市	新材料研發中心主任	湖南亞太實業有限公司	湖南省長沙市	材料研發工程師
	山東百德瑞軌道交通科技有限公司	山東省青島市	材料工程研發師	江蘇金輪特種鋼絲有限公司	江蘇省南通市	新產品開發工程師
	上海藍怡科技股份有限公司	上海市	研發工程師(植入材料)	鄭州四維集團	河南省鄭州市	複合材料力學工程師
	廣州市香港科大霍英東研究院	廣東省廣州市	新材料研發主管	浙江大學山東工業技術研究院	山東省棗莊市	新材料及新能源研發中心—研發人員
	遼寧省輕工科學研究院	遼寧省瀋陽市	無機新材料研發工程師	上海材料研究所	上海市	材料基因組方向工程師

附錄6(續)

戰略性新興產業	企業/研究機構	所在地	職位	企業/研究機構	所在地	職位
生物產業	廈門安捷致善醫學數據科技有限公司	福建省廈門市	生物信息研發工程師	江蘇諾邁博生物醫藥科技有限公司	江蘇省南京市	新藥研發工程師
	廣州瑞博奧生物科技有限公司	廣東省廣州市	抗體研發工程師	廣州潔特生物過濾股份有限公司	廣東省廣州市	生物研發工程師
	廣州復能基因有限公司	廣東省廣州市	生物信息高級工程師	益善生物技術股份有限公司	廣東省廣州市	藥品研發工程師
	廣州市恒諾康醫藥科技有限公司	廣東省廣州市	藥物合成研究員	廣州康瑞泰藥業有限公司	廣東省廣州市	有機合成高級研究員
	廣州凡島網絡科技有限公司	廣東省廣州市	藥品研發工程師	湖北益健堂科技股份有限公司	湖北省武漢市	醫療器械研發經理
	深圳默輝生物科技有限公司	廣東省深圳市	醫療器械研發總監	陝西高源醫療器械服務有限公司	陝西省西安市	分子生物學研發員
	深圳瑞宇醫療科技有限公司	廣東省深圳市	醫療器械研發項目經理	深圳市華易基因科技有限公司	廣東省深圳市	試劑研發工程師
	武漢波睿達生物科技有限公司	湖北省武漢市	病毒分子免疫學研發專員	廣州博濟醫藥生物技術股份有限公司	廣東省廣州市	生物製品研究部總監
	寶雞賽瑞生物科技有限公司	陝西省寶雞市	生物制藥研發主管	深圳市倍諾博生物科技有限公司	廣東省深圳市	生物工程研發人員
	廣州安諾食品科學技術有限公司	廣東省廣州市	生物工程技術研發總監	廣州基迪奧生物科技有限公司	廣東省廣州市	高級生物信息分析工程師
	廣州賽萊拉干細胞科技股份有限公司	廣東省廣州市	高級生物研發工程師	廣州萬孚生物技術股份有限公司	廣東省廣州市	微生物研發工程師
	廣州好芝生物科技有限公司	廣東省廣州市	生物技術研發工程師	廣東華南聯合疫苗開發院有限公司	廣東省廣州市	分子生物學研發主管
	深圳市曾百慧生物有限公司	廣東省深圳市	分子生物學研發工程師	深圳市海普洛斯生物科技有限公司	廣東省深圳市	生物醫學研發工程師
	廣東科沃園知識產權代理有限公司	廣東省廣州市	化學生物研發經理	廣州輝園苑醫藥科技有限公司	廣東省廣州市	細胞生物研發員
	源創環境科技有限公司	湖北省武漢市	生物研發工程師	重慶卓睿信息技術有限公司西安分公司	陝西省西安市	醫療器械研發工程師
	武漢索研科技有限公司	湖北省武漢市	診斷試劑研發工程師	廣州維力醫療器械股份有限公司	廣東省廣州市	醫療器械研發工程師

附錄 221

附錄6(續)

戰略性新興產業	企業/研究機構	所在地	職位	企業/研究機構	所在地	職位
新能源汽車產業	豐電安弗森(北京)新能源汽車技術有限公司	北京市	新能源汽車高壓系統工程師	昂華(上海)自動化工程有限公司	上海市	機械工程師(新能源汽車)
	上海申龍客車有限公司	上海市	新能源汽車設計工程師	上海儒競電子科技有限公司	上海市	機械工程師(新能源汽車)
	廣州三晶電氣股份有限公司	廣東省廣州市	新能源車載DC電源工程師	上海燃料電池汽車動力系統有限公司	上海市	新能源汽車動力系統工程師
	濰柴動力股份有限公司上海分公司	上海市	新能源汽車電機研發工程師	上海匯眾汽車製造有限公司	上海市	新能源底盤開發主管工程師
	上汽通用汽車有限公司	上海市	汽車電子工程師	廣東省機械研究所	廣東省廣州市	新能源汽車充電設備技術工程師
	重慶長安汽車股份有限公司	北京市	智能互聯產品應用開發工程師	潔藍德新能源科技有限公司	上海市	新能源整車控制建模工程師
	中能國盛動力電池技術(北京)股份公司	北京市	電動汽車整車電控項目工程師	深圳智融信達科技有限公司	廣東省深圳市	汽車動力系統工程師
	深圳國泰安教育技術股份有限公司	廣東省深圳市	新能源汽車高級工程師	沈陽中軟卓越信息技術有限公司	遼寧省沈陽市	電子工程師(新能源汽車)
	上海馭峰新能源汽車技術有限公司	上海市	新能源汽車材料研發工程師	河南中能東道實業有限公司	河南省鄭州市	汽車動力系統工程師
	北汽福田汽車股份有限公司	北京市	動力總成電器工程師	北京華奧汽車服務股份有限公司	北京市	新能源汽車高級技術員
	南京奧聯新能源有限公司	江蘇省南京市	新能源汽車網絡工程師	國能汽車技術開發有限責任公司	北京市	電(高壓低壓BDU)氣工程師
	北京新能源汽車股份有限公司	北京市	整車性能集成工程師	北京冠潔超能新能源科技有限公司	北京市	汽車電氣工程師
	帝亞一維新能源汽車有限公司	北京市	高壓電氣開發工程師	普天新能源有限責任公司	北京市	車輛技術工程師
	中興智能汽車有限公司	北京市	整車控制系統軟件工程師	中國新能源汽車有限公司	北京市	IOS開發工程師

附錄6(續)

戰略性新興產業	企業/研究機構	所在地	職位	企業/研究機構	所在地	職位
新能源產業	納米新能源(唐山)有限責任公司	河北省唐山市	納米發電機及應用高級研發工程師	天津天大求實電力新技術股份有限公司	天津市	新能源產品開發工程師
	深圳市高斯寶電氣技術有限公司	廣東省深圳市	新能源硬件工程師	塑雲科技(深圳)有限公司	廣東省深圳市	智慧能源系統總工程師
	深圳市富思捷工程設計諮詢有限公司	廣東省深圳市	太陽能研發主管	中山德勝企業管理諮詢有限公司	廣東省中山市	微電網電氣方案設計工程師
	長園深瑞繼保自動化有限公司	廣東省深圳市	新能源項目開發工程師	明陽智慧能源集團股份有限公司	廣東省中山市	微電網電氣方案設計工程師
	上海精獵企業管理諮詢有限公司	上海市	新能源-電氣工程師	上海正實石墨新材料股份有限公司	上海市	石墨烯新能源應用領域研發工程師
	廣東海印集團股份有限公司	廣東省廣州市	電力工程師(新能源板塊)	天津巴莫科技股份有限公司	天津市	研發工程師
	北京金泰明達節能科技有限公司	北京市	低氮燃燒器研發工程師	北京三力新能科技有限公司	北京市	風資源工程師
	中益能(北京)技術有限公司	北京市	熱能動力工程師	聯微機械設備有限公司	北京市	設備維護工程師(新能源)
	新奧集團股份有限公司	北京市	能源物聯網大數據分析工程師	金風科技股份有限公司	北京市	能源高級工程師
	北京市國有資產經營有限責任公司	北京市	能源電氣工程師	艾歐史密斯(中國)熱水器有限公司	江蘇省南京市	風系統工程師-新能源SBU
	深圳海昌泰電子有限公司	廣東省深圳市	新能源電池PACK工程師	天津航動分佈式能源有限公司	天津市	能源工程項目工程師
	新疆普利達工程諮詢有限公司天津分公司	天津市	新能源項目工程師	北京科諾偉業科技有限公司	北京市	可再生能源多能互補微網系統設計工程師
	深圳合縱能源技術有限公司	廣東省深圳市	新能源發電功率預測算法工程師	上海億利復農生態科技有限公司	上海市	光伏新能源電氣設計規劃工程師
	上海仁脈企業管理諮詢有限公司	上海市	機械工程師(新能源)	深圳市博納世英科技有限公司	廣東省深圳市	結構工程師(新能源)
	北京洛斯達科技發展有限公司	北京市	產品研發工程師(能源經濟方向)	天津市捷威動力工業有限公司	天津市	能源工程師

附錄6(續)

戰略性新興產業	企業/研究機構	所在地	職位	企業/研究機構	所在地	職位
新能源產業	北京普萊德新能源電池科技有限公司	北京市	能源互聯網系統營運工程師	中國節能環保集團公司	北京市	能源化工裝備研發工程師
	欣旺達電子股份有限公司	廣東省深圳市	結構工程師（綜合能源）	上海冠獅石化工程技術有限公司	上海市	潔淨能源工程師
	中汽研（天津）汽車工程研究院有限公司	天津市	新能源高壓安全開發工程師	上海天馬微電子有限公司	上海市	能源體系工程師
節能環保產業	深圳市長豐環保新材料有限公司	廣東省深圳市	環保技術工程師	廣州聯聚節能技術有限公司	廣東省廣州市	節能工程師
	深圳市廣匯能綠色建築科技有限公司	廣東省深圳市	建築節能工程師	廣東中新節能環保有限公司	廣東省東莞市	節能項目工程師
	深圳市紫光照明技術股份有限公司	廣東省深圳市	專業節能工程師	深圳市鵬雲電器有限公司	廣東省深圳市	節能技術工程師
	深圳中技綠建科技有限公司	廣東省深圳市	建築節能工程師	北京華彥邦科技股份有限公司	北京市	中央空調節能系統工程師
	國家電投集團遠達環保工程有限公司重慶科技分公司	重慶市	新能源及節能設計工程師	西安錦威電子科技有限公司	陝西省西安市	暖通節能技術開發工程師
	陝西大唐雲節能環保科技有限公司	陝西省西安市	中央空調節能技術總工程師	深圳深態環境科技有限公司	廣東省深圳市	節能工程師
	湖北天合嘉康能源科技股份有限公司	湖北省武漢市	鍋爐節能工程師	深圳前海華兆新能源有限公司	廣東省深圳市	節能工程師
	陝西科銳電力有限公司	陝西省西安市	節能項目經理	深圳達實智能股份有限公司	廣東省深圳市	節能工程師
	上海東方低碳科技產業股份有限公司	上海市	自控節能工程師	陝西金山創新環保科技有限公司	陝西省西安市	環保工程師
	廣東高質資源環境研究院有限公司	廣東省廣州市	環保工程師	深圳市天浩洋環保股份有限公司	廣東省深圳市	環保工程師
	陝西藍深特種樹脂有限公司	陝西省西安市	工業水處理技術工程師	浙江高能環境工程技術有限公司	浙江省寧波市	環保工程師
	廣州市微樂環保成套設備工程有限公司	廣東省廣州市	環保工程師	南京賽佳環保實業有限公司	江蘇省南京市	環保技術工程師

附錄6(續)

戰略性新興產業	企業/研究機構	所在地	職位	企業/研究機構	所在地	職位
節能環保產業	廣東萬引科技發展有限公司	廣東省廣州市	環保工程師	深圳市大族能聯新能源科技股份有限公司	廣東省深圳市	環保工程師
	深圳市尤佳環境科技有限公司	廣東省深圳市	環保工程師	廣州研華環境科技有限公司	廣東省廣州市	環保工程師
數字創意產業	廣州凡拓數字創意科技股份有限公司深圳分公司	廣東省深圳市	系統集成工程師	上海天臣防偽技術股份有限公司	上海市	芯片設計工程師（數字端）
	山東金東數字創意股份有限公司	山東省青島市	創意視覺技術研發總監	歡聚時代集團	廣東省廣州市	計算機視覺算法工程師
	北京優才創智科技有限公司武漢分公司	湖北省武漢市	WEB前端、混合開發工程師	深圳市大白鯊數字技術有限公司	廣東省深圳市	互動程序開發工程師
	北京諾亦騰科技有限公司	北京市	光學/計算機視覺算法研發工程師	中移物聯網有限公司	重慶市	數字化產品部交互設計工程師
	廣州米多網絡科技有限公司	廣東省廣州市	.net開發工程師	北京顯芯科技有限公司	北京市	高級數字電路設計/IP開發
	深圳天際雲數字技術有限公司	廣東省深圳市	新媒體互動開發工程師（軟件及硬件）	江蘇卓勝微電子有限公司	江蘇省無錫市	數字IC設計工程師
	珠海習悅信息技術有限公司	廣東省珠海市	算法工程師	深圳市科創數字顯示技術有限公司	廣東省深圳市	算法工程師
	廣州美人信息技術有限公司	廣東省廣州市	計算機視覺算法工程師	西安北升信息科技有限公司	陝西省西安市	算法工程師
	深圳市超越自然多媒體有限公司	廣東省深圳市	數字芯片設計工程師	格科微電子（上海）有限公司深圳分公司	廣東省深圳市	數字電路工程師

註：根據智聯招聘（http://jobs.zhaopin.com/）等網站整理。

附錄7　基於戰略性新興產業特徵的科技創新人才勝任力要素演繹分析問卷

尊敬的專家：

您好！非常感謝您在百忙之中幫忙完成這份問卷！

我是北京師範大學政府管理學院人力資源管理專業博士研究生。為了研究戰略性新興產業科技創新人才的勝任力相關問題，我們設計編製了這份問卷。本問卷只做研究使用，不涉及侵犯個人隱私或其他違法的問題，題目也無對錯之分，您根據自己的理解和認識作答即可。您的幫助將對本研究的可信性和可靠性起到巨大的作用，非常感謝您對一名科研工作者的巨大支持。

再次真誠感謝您的幫助！

北京師範大學政府管理學院　徐東北

一、您的個人信息

1. 專業領域：□戰略性新興產業　□人力資源管理
2. 性別：□男　　□女
3. 學歷：□大學本科　　□碩士研究生　　□博士研究生
4. 職稱：□初級　□中級　□高級
5. 工作年限：□1~5年　□6~10年　□11~15年　□15~20年　□20年以上

二、基於戰略性新興產業特徵的科技創新人才勝任力要素演繹分析

下面是關於戰略性新興產業特徵描述，請您基於這些特徵描述分析戰略性新興產業科技創新人才應該具備哪些勝任力，並將勝任力要素填寫在空白處。

1. 戰略全局長遠性。戰略性新興產業關係到國民經濟社會發展全局，代表未來經濟和科技發展的方向，更意味著未來國際產業話語權的分配，對國家戰略安全具有重大深遠的影響，並且對於經濟社會發展的貢獻是全面的、長期的、穩定和可持續的。

◇基於戰略全局長遠性特徵，您認為戰略性新興產業科技創新人才應該具備哪些勝任力：

2. 成長風險難測性。戰略性新興產業當前仍處於初成期或萌芽期，還需要較長的時間才能發展到成熟期，在成長過程中可以借助於其技術革新能力快速增長、穩定成長，但是由於市場需求的難以預測性、技術研發路徑的複雜多樣性、新的組織管理和營運模式的探索性和曲折性等，也存在諸多具有不確定

性的潛在風險。

◇基於成長風險難測性特徵，您認為戰略性新興產業科技創新人才應該具備哪些勝任力：

---

3. 創新驅動突破性。戰略性新興產業，以科技創新為靈魂，以重大核心技術突破為基礎，以創新為主要驅動力，是在當前全球科技創新密集以及技術經濟範式更迭時代下新興科技與新興產業深度融合的結果，是整個生產鏈條中科技創新最為集中的領域，可以突破原有資源依賴的經濟增長方式，甚至會引發新一輪的產業革命。

◇基於創新驅動突破性特徵，您認為戰略性新興產業科技創新人才應該具備哪些勝任力：

---

4. 關聯帶動整合性。戰略性新興產業運用到的技術是多學科或交叉學科的，其技術創新涉及的產業比較緊密，具有一定基礎性和共有性，一些重大的技術創新可以在許多領域獲得廣泛的運用，可以實現產業間的技術互動和價值連結與整合，可以帶動其相關和配套產業的發展。

◇基於關聯帶動整合性特徵，您認為戰略性新興產業科技創新人才應該具備哪些勝任力：

---

5. 技術密集依賴性。戰略性新興產業不僅採用和涉及顛覆現有產業技術路徑或催生全新產業的突破性前沿核心技術，而且對其配套技術也有著複雜的要求，需要眾多技術的配合、支持，甚至要求相關配套技術也要有重要的突破性進展。

◇基於技術密集依賴性特徵，您認為戰略性新興產業科技創新人才應該具備哪些勝任力：

---

6. 動態調整演化性。在不同的歷史時期、產業生命週期以及經濟環境下，隨著技術的進步和推廣，戰略性新興產業的內容與領域並不是一成不變的，而是根據時代變遷和內外部環境的變化進行適時調整和不斷更新的，為適應經濟、社會、科技、人口、資源、環境等變化帶來的要求，其內涵和外延也會有所不同。

◇基於動態調整演化性特徵，您認為戰略性新興產業科技創新人才應該具備哪些勝任力：

7. 前瞻導向輻射性。戰略性新興產業的選擇具有信號作用，具有引領和帶動作用，具有前瞻性安排的作用，能夠明確政府的政策導向和未來的經濟發展重點，引導資金投放、人才集聚、技術研發和政策制定。另外，通過其回顧效應、旁側效應、前向效應等擴散效應帶動相關產業的發展，形成完整的產業鏈或一定規模的產業集群。

◇基於前瞻導向輻射性特徵，您認為戰略性新興產業科技創新人才應該具備哪些勝任力：

8. 低碳可持續性。戰略性新興產業屬於技術密集、知識密集、人才密集的高科技產業，通過創造性地使用新能源、新技術，擺脫資源約束，提高產品附加值，對發展低碳經濟、綠色經濟，實現高質量、可持續的經濟增長有重要作用。

◇基於低碳可持續性特徵，您認為戰略性新興產業科技創新人才應該具備哪些勝任力：

9. 國際競爭合作性。戰略性新興產業的發展必須做好參與激烈國際競爭準備，在新一輪技術變革引發的全球產業再洗牌中全力搶占新一輪科技經濟競爭制高點，此外，參與國際競爭的同時也會出現越來越多的國際合作。

◇基於國際競爭合作性特徵，您認為戰略性新興產業科技創新人才應該具備哪些勝任力：

10. 市場需求引導性。戰略性新興產業能滿足和培育重大需求，具有巨大的市場潛力和市場規模，具有廣闊市場前景，能夠實現經濟的持續快速發展。

◇基於市場需求引導性特徵，您認為戰略性新興產業科技創新人才應該具備哪些勝任力：

耽誤您不少時間，
非常感謝您的支持！

附錄8　基於戰略性新興產業特徵的科技創新人才勝任力要素重要性評分表

尊敬的專家：

您好！非常感謝您在百忙之中幫忙完成這份評分表！

我是北京師範大學政府管理學院人力資源管理專業博士研究生。為了研究戰略性新興產業科技創新人才勝任力相關問題，我們設計編製了這份評分表。本評分表只做研究使用，不涉及侵犯個人隱私或其他違法的問題，題目也無對錯之分，您根據自己的理解和認識作答即可。您的幫助將對本研究的可信性和可靠性起到巨大的作用，非常感謝您對一名科研工作者的巨大支持。

再次真誠感謝您的幫助！

北京師範大學政府管理學院　徐東北

一、您的個人信息

1. 專業領域：□戰略性新興產業　　□人力資源管理
2. 性別：□男　　□女
3. 受教育程度：□大學本科　　□碩士研究生　　□博士研究生
4. 職稱：□初級□中級□高級
5. 工作年限：□1~5年　□6~10年　□11~15年　□15~20年　□20年以上

二、基於戰略性新興產業特徵的科技創新人才勝任力要素重要性判斷

表1是專家們基於戰略性新興產業的特徵通過研討得出科技創新人才勝任力要素，請您從本專業的視角對這些勝任力要素的重要性程度進行判斷。謝謝！（「1」代表「非常不重要」；「2」代表「不太重要」；「3」代表「不確定」；「4」代表「比較重要」；「5」代表「非常重要」。）

表1　基於戰略性新興產業特徵的科技創新人才勝任力要素重要性判斷

戰略性新興產業科技創新人才勝任力要素	非常不重要	不太重要	不確定	比較重要	非常重要
原創能力	1	2	3	4	5
責任感	1	2	3	4	5
使命感	1	2	3	4	5
奉獻精神	1	2	3	4	5
大局意識	1	2	3	4	5
戰略思維	1	2	3	4	5

表1(續)

戰略性新興產業科技創新人才勝任力要素	非常不重要	不太重要	不確定	比較重要	非常重要
創新膽識	1	2	3	4	5
抗壓耐挫	1	2	3	4	5
堅韌執著	1	2	3	4	5
追蹤前沿	1	2	3	4	5
開拓突破	1	2	3	4	5
求異思維	1	2	3	4	5
前沿知識	1	2	3	4	5
交叉知識	1	2	3	4	5
市場思維	1	2	3	4	5
整合能力	1	2	3	4	5
融合思維	1	2	3	4	5
應變把控	1	2	3	4	5
捕捉能力	1	2	3	4	5
好奇敏感	1	2	3	4	5
時間觀念	1	2	3	4	5
前瞻能力	1	2	3	4	5
預測假設	1	2	3	4	5
客戶導向	1	2	3	4	5
環保意識	1	2	3	4	5
跨文化溝通	1	2	3	4	5
外語水準	1	2	3	4	5
合作精神	1	2	3	4	5
追求卓越	1	2	3	4	5
競爭意識	1	2	3	4	5

耽誤您不少時間，
非常感謝您的支持！

附錄9 基於戰略性新興產業特徵的科技創新人才勝任力要素評分表

第1題　專業領域：　　[單選題]

選項	小計	比例
戰略性新興產業	3	50%
人力資源管理	3	50%
本題有效填寫人次	6	

第2題　性別：　　[單選題]

選項	小計	比例
男	3	50%
女	3	50%
本題有效填寫人次	6	

第3題　學歷：　　[單選題]

選項	小計	比例
本科	1	16.67%
碩士研究生	4	66.67%
博士研究生	1	16.67%
本題有效填寫人次	6	

第4題　職稱：　　[單選題]

選項	小計	比例
初級	1	16.67%
中級	3	50%
高級	2	33.33%
本題有效填寫人次	6	

第5題　工作年限：　　[單選題]

選項	小計	比例
1~5年	1	16.67%

選項	小計	比例
6~10 年	1	16.67%
11~15 年	3	50%
15~20 年	0	0%
20 年以上	1	16.67%
本題有效填寫人次	6	

第 6 題　基於戰略性新興產業特徵的科技創新人才勝任力要素如下：
［矩陣量表題］

該矩陣題平均分：4.1

題目\選項	1	2	3	4	5	平均分
原創能力	0(0%)	0(0%)	0(0%)	1(16.67%)	5(83.33%)	4.83
責任感	0(0%)	0(0%)	0(0%)	5(83.33%)	1(16.67%)	4.17
使命感	0(0%)	0(0%)	3(50%)	2(33.33%)	1(16.67%)	3.67
奉獻精神	0(0%)	0(0%)	3(50%)	3(50%)	0(0%)	3.5
大局意識	0(0%)	0(0%)	5(83.33%)	1(16.67%)	0(0%)	3.17
戰略思維	0(0%)	0(0%)	5(83.33%)	0(0%)	1(16.67%)	3.33
創新膽識	0(0%)	0(0%)	0(0%)	3(50%)	3(50%)	4.5
抗壓耐挫	0(0%)	0(0%)	0(0%)	3(50%)	3(50%)	4.5
堅韌執著	0(0%)	0(0%)	0(0%)	4(66.67%)	2(33.33%)	4.33
追蹤前沿	0(0%)	0(0%)	0(0%)	0(0%)	6(100%)	5
開拓突破	0(0%)	0(0%)	0(0%)	2(33.33%)	4(66.67%)	4.67
求異思維	0(0%)	0(0%)	0(0%)	5(83.33%)	1(16.67%)	4.17
前沿知識	0(0%)	0(0%)	0(0%)	5(83.33%)	1(16.67%)	4.17
交叉知識	0(0%)	0(0%)	0(0%)	5(83.33%)	1(16.67%)	4.17
市場思維	0(0%)	0(0%)	4(66.67%)	2(33.33%)	0(0%)	3.33
整合能力	0(0%)	0(0%)	0(0%)	4(66.67%)	2(33.33%)	4.33
融合思維	0(0%)	0(0%)	1(16.67%)	4(66.67%)	1(16.67%)	4
應變把控	0(0%)	0(0%)	0(0%)	1(16.67%)	5(83.33%)	4.83
捕捉能力	0(0%)	0(0%)	0(0%)	1(16.67%)	5(83.33%)	4.83
好奇敏感	0(0%)	0(0%)	0(0%)	1(16.67%)	5(83.33%)	4.83
時間觀念	0(0%)	0(0%)	2(33.33%)	4(66.67%)	0(0%)	3.67
前瞻能力	0(0%)	0(0%)	1(16.67%)	3(50%)	2(33.33%)	4.17

表(續)

題目\選項	1	2	3	4	5	平均分
預測假設	0(0%)	0(0%)	1(16.67%)	4(66.67%)	1(16.67%)	4
客戶導向	0(0%)	0(0%)	0(0%)	6(100%)	0(0%)	4
環保意識	0(0%)	0(0%)	3(50%)	3(50%)	0(0%)	3.5
跨文化溝通	0(0%)	0(0%)	4(66.67%)	1(16.67%)	1(16.67%)	3.5
外語水準	0(0%)	0(0%)	4(66.67%)	2(33.33%)	0(0%)	3.33
合作精神	0(0%)	0(0%)	0(0%)	1(16.67%)	5(83.33%)	4.83
追求卓越	0(0%)	0(0%)	0(0%)	3(50%)	3(50%)	4.5
競爭意識	0(0%)	0(0%)	5(83.33%)	1(16.67%)	0(0%)	3.17

附錄10 戰略性新興產業科技創新人才勝任力模型諮詢問卷（一）

尊敬的專家：

您好！非常感謝您在百忙之中幫忙完成這份問卷！

我是北京師範大學政府管理學院人力資源管理專業博士研究生。為了研究戰略性新興產業科技創新人才的勝任力相關問題，我們設計編製了這份問卷。本問卷只做研究使用，不涉及侵犯個人隱私或其他違法的問題，題目也無對錯之分，您根據自己的理解和認識作答即可。您的幫助將對本研究的可信性和可靠性起到巨大的作用，非常感謝您對一名科研工作者的巨大支持。

再次真誠感謝您的幫助！

北京師範大學政府管理學院 徐東北

一、您的個人信息

1. 專業領域：□戰略性新興產業　□教育學　□心理學　□人力資源管理
2. 性別：□男　□女
3. 學歷：□大學本科　□碩士研究生　□博士研究生
4. 職稱：□初級□中級□高級
5. 工作年限：□1~5年 □6~10年 □11~15年 □15~20年 □20年以上

二、戰略性新興產業科技創新人才勝任力特徵要素與維度

表2是我們根據多渠道獲取的勝任力要素對照表，經過充分研討，初步確定的包括5個維度30項要素的戰略性新興產業科技創新人才勝任力理論模型，

請您從專業視角結合自身經驗，參照我們多渠道獲取的勝任力要素對照表，提出補充、修改或調整意見。謝謝！

表 2　　　　　　　　　多渠道獲取的勝任力要素對照

研究文獻提取的勝任力要素	招聘廣告提取的勝任力要素	訪談及問卷提取的勝任力要素		產業特徵演繹獲得的勝任力要素
		生物產業	新一代信息技術產業	
堅韌執著、實踐操作、自我概念、團隊合作、興趣驅動、思維能力、知識儲備、思維方式、持續學習、嚴謹求實、開拓超越、敏感好奇、責任心、創新意識、求知欲、勤勉敬業、問題解決、溝通協調、實踐經驗、變革突破、成就導向、探索鑽研、開放包容、問題發現、自信心、獨立自主、科學的價值觀、信息搜尋、規律探求、組織管理、精益求精、積極樂觀、整理總結、影響感召、思維品質、冒險精神、耐挫抗壓、捕捉加工、調配掌控、統籌規劃、大膽假設、保持激情、設計能力、應變能力	知識儲備、實踐經驗、溝通協調、團隊合作、實踐操作、責任心、獨立自主、組織管理、分析判斷、善於思考、耐挫抗壓、英文水準、善於學習、規劃設計、問題解決、善於表達、積極主動、創新能力、嚴謹務實、追蹤前沿、熱情激情、細心專注、勤勉敬業、適應性、客戶導向、創新意識、信息檢閱、勇於挑戰、歸納總結、理解能力、職業道德、興趣驅動、文字功底、進取心、領導能力、洞察力、局勢把控、應變能力、時間觀念、領悟遷移、堅韌執著、好奇敏感、良好習慣、精益求精、自我意識、成就導向、認同感、樂觀外向、身體健康、安全意識、提煉整合	創新性、信息搜集、問題解決、專業技能、成就導向、團隊協作、堅持不懈、認同度、戰略思考、影響他人、市場敏感度、強烈的自我概念、客戶服務、人際溝通、持續學習、前瞻性、敢於質疑、經驗總結、心理素質、關注細節、進取心、時間管理	學習能力、創新能力、系統思考、專業技術水準、全局把控與統籌能力、目標導向、執行力、時間管理、客戶導向、溝通能力、團隊精神、合作共贏、信息獲取與分享	追蹤前沿、原創能力、應變把控、捕捉能力、好奇敏感、合作精神、開拓突破、創新膽識、抗壓耐挫、追求卓越、堅韌執著、整合能力、責任感、求異思維、前沿知識、交叉知識、前瞻能力、融合思維、預測假設、客戶導向、使命感、時間觀念、奉獻精神、環保意識、跨文化溝通、戰略思維、市場思維、外語水準、大局意識、競爭意識

☆勝任力維度1：創新驅動力——創新意識

☆勝任力要素：成就導向、客戶導向、興趣驅動

◇勝任力要素與維度補充、修改或調整意見：_____

☆勝任力維度2：創新啟動力——創新思維

☆勝任力要素：善於思考、善於學習

◇勝任力要素與維度補充、修改或調整意見：_____

☆勝任力維度3：創新助動力——創新品質

☆勝任力要素：知識儲備、經驗累積、敢於冒險、獨立自主、勤勉敬業、開放包容、嚴謹務實、保持激情、誠實守信、堅韌執著、盡職盡責、積極主動、精益求精、時間觀念

◇勝任力要素與維度補充、修改或調整意見：_____

☆勝任力維度4：創新互動力——創新人際

☆勝任力要素：溝通協作、組織管理、影響感召

◇勝任力要素與維度補充、修改或調整意見：_____

☆勝任力維度5：創新行動力——創新技能

☆勝任力要素：實踐操作、問題解決、追蹤前沿、應變把控、信息檢閱、原創能力、開拓突破、探索鑽研

◇勝任力要素與維度補充、修改或調整意見：_____

※關於戰略性新興產業科技創新人才勝任力要素與維度，您還有哪些補充、修改或調整意見？_____
_____
_____

耽誤您不少時間，
非常感謝您的支持！

附錄 11　戰略性新興產業科技創新人才勝任力模型諮詢問卷（二）

尊敬的專家：

您好！非常感謝您在百忙之中幫忙完成這份問卷！

我是北京師範大學政府管理學院人力資源管理專業博士研究生。為了研究戰略性新興產業科技創新人才的勝任力相關問題，我們設計編製了這份問卷。本問卷只做研究使用，不涉及侵犯個人隱私或其他違法的問題，題目也無對錯之分，您根據自己的理解和認識作答即可。您的幫助將對本研究的可信性和可靠性起到巨大的作用，非常感謝您對一名科研工作者的巨大支持。

再次真誠感謝您的幫助！

北京師範大學政府管理學院 徐東北

一、您的個人信息

1. 專業領域：□戰略性新興產業　□教育學　□心理學　□人力資源管理

2. 性別：□男　□女

3. 學歷：□大學本科　□碩士研究生　□博士研究生

4. 職稱：□初級□中級□高級

5. 工作年限：□1~5 年 □6~10 年 □11~15 年 □15~20 年 □20 年以上

二、戰略性新興產業科技創新人才勝任力維度與要素適合度判斷

表 3 是我們在收集、整理諮詢問卷（一）專家們提出的補充、修改或調整意見基礎上，充分吸收、採納合理化建議，通過合併、歸類，重新調整形成的戰略性新興產業科技創新人才勝任力要素與維度。請您從自己專業的視角對這些勝任力要素和維度的適合度進行判斷，並提出您的寶貴意見。謝謝！（「1」代表「不合適」，「2」代表「修改後合適」，「3」代表「合適」。）

表 3　戰略性新興產業科技創新人才勝任力維度與要素適合度判斷

戰略性新興產業科技創新人才勝任力維度與要素	不適合	修改後適合	適合
☆勝任力維度 1：創新驅動力——創新意識	1	2	3
◇勝任力要素 1：成就導向	1	2	3
◇勝任力要素 2：好奇敏感	1	2	3
◇勝任力要素 3：市場意識	1	2	3

表3(續)

戰略性新興產業科技創新人才勝任力維度與要素	不適合	修改後適合	適合
◇勝任力要素4：客戶導向	1	2	3
◇勝任力要素5：興趣驅動	1	2	3
☆勝任力維度2：創新啟動力——創新思維	1	2	3
◇勝任力要素1：善於思考	1	2	3
◇勝任力要素2：分析判斷	1	2	3
◇勝任力要素3：領悟遷移	1	2	3
◇勝任力要素4：善於學習	1	2	3
◇勝任力要素5：提煉整合	1	2	3
☆勝任力維度3：創新助動力——創新品質	1	2	3
◇勝任力要素1：知識儲備	1	2	3
◇勝任力要素2：經驗累積	1	2	3
◇勝任力要素3：敢於冒險	1	2	3
◇勝任力要素4：獨立自主	1	2	3
◇勝任力要素5：勤勉敬業	1	2	3
◇勝任力要素6：開放包容	1	2	3
◇勝任力要素7：嚴謹務實	1	2	3
◇勝任力要素8：保持激情	1	2	3
◇勝任力要素9：誠實守信	1	2	3
◇勝任力要素10：認真踏實	1	2	3
◇勝任力要素11：細心專注	1	2	3
◇勝任力要素12：堅韌執著	1	2	3
◇勝任力要素13：盡職盡責	1	2	3
◇勝任力要素14：耐挫抗壓	1	2	3
◇勝任力要素15：積極主動	1	2	3
◇勝任力要素16：精益求精	1	2	3
◇勝任力要素17：時間觀念	1	2	3
☆勝任力維度4：創新互動力——創新人際	1	2	3

表3(續)

戰略性新興產業科技創新人才勝任力維度與要素	不適合	修改後適合	適合
◇勝任力要素1：溝通協作	1	2	3
◇勝任力要素2：組織管理	1	2	3
◇勝任力要素3：協調配合	1	2	3
◇勝任力要素4：影響感召	1	2	3
☆勝任力維度5：創新行動力——創新技能	1	2	3
◇勝任力要素1：實踐操作	1	2	3
◇勝任力要素2：規劃設計	1	2	3
◇勝任力要素3：問題解決	1	2	3
◇勝任力要素4：追蹤前沿	1	2	3
◇勝任力要素5：應變把控	1	2	3
◇勝任力要素6：信息檢閱	1	2	3
◇勝任力要素7：原創能力	1	2	3
◇勝任力要素8：開拓突破	1	2	3
◇勝任力要素9：探索鑽研	1	2	3

※您對以上戰略性新興產業科技創新人才勝任力要素和維度還有哪些補充、修改或調整意見？_____

_____

_____

_____

耽誤您不少時間，
非常感謝您的支持！

附錄 12　戰略性新興產業科技創新人才勝任力模型諮詢問卷（三）

尊敬的專家：

您好！非常感謝您在百忙之中幫忙完成這份問卷！

我是北京師範大學政府管理學院人力資源管理專業博士研究生。為了研究戰略性新興產業科技創新人才的勝任力相關問題，我們設計編製了這份問卷。本問卷只做研究使用，不涉及侵犯個人隱私或其他違法的問題，題目也無對錯之分，您根據自己的理解和認識作答即可。您的幫助將對本研究的可信性和可靠性起到巨大的作用，非常感謝您對一名科研工作者的巨大支持。

再次真誠感謝您的幫助！

北京師範大學政府管理學院 徐東北

一、您的個人信息

1. 專業領域：□戰略性新興產業　□教育學　□心理學　□人力資源管理
2. 性別：□男　□女
3. 受教育程度：□大學本科　　□碩士研究生　　□博士研究生
4. 職稱：□初級□中級□高級
5. 工作年限：□1~5 年 □6~10 年 □11~15 年 □15~20 年 □20 年以上

二、戰略性新興產業科技創新人才勝任力模型的科學性、準確性和全面性判斷

下面是我們綜合諮詢問卷（一）、（二）專家們提出的補充、修改或調整意見，通過認真研究分析與研討，充分吸收、採納各位專家的合理化建議，優化調整後的戰略性新興產業科技創新人才勝任力模型。請您從專業視角對勝任力模型的科學性、準確性和全面性進行判斷，並提出寶貴意見。謝謝！（「1」代表「非常不符合」；「2」代表「不太符合」；「3」代表「不確定」；「4」代表「比較符合」；「5」代表「非常符合」。)

戰略性新興產業科技創新人才勝任力模型如下：

1. 創新驅動力——創新意識：成就導向、好奇敏感、客戶導向、興趣驅動。
2. 創新啓動力——創新思維+創新品質：善於思考、善於學習、知識儲備、經驗累積、敢於冒險、獨立自主、勤勉敬業、開放包容、嚴謹務實、保持激情、堅韌執著、盡職盡責、耐挫抗壓、積極主動、精益求精、時間觀念。

3. 創新行動力——創新人際+創新技能：溝通協作、組織管理、影響感召、實踐操作、規劃設計、追蹤前沿、應變把控、原創能力、開拓突破、探索鑽研。

戰略性新興產業科技創新人才勝任力模型	非常不符合	不太符合	不確定	比較符合	非常符合
☆科學性：模型是否符合客觀實際	1	2	3	4	5
☆準確性：模型是否接近真實情況	1	2	3	4	5
☆全面性：模型是否反應事物全貌	1	2	3	4	5

※您對以上戰略性新興產業科技創新人才勝任力要素和維度還有哪些修改意見？＿＿＿＿＿＿＿＿＿＿＿＿＿＿＿＿＿＿＿＿＿＿＿＿＿＿＿＿＿＿＿＿

耽誤您不少時間，
非常感謝您的支持！

附錄13　戰略性新興產業科技創新人才勝任力模型諮詢問卷（四）

尊敬的專家：

您好！非常感謝您在百忙之中幫忙完成這份問卷！

我是北京師範大學政府管理學院人力資源管理專業博士研究生。為了研究戰略性新興產業科技創新人才的勝任力相關問題，我們設計編製了這份問卷。本問卷只做研究使用，不涉及侵犯個人隱私或其他違法的問題，題目也無對錯之分，您根據自己的理解和認識作答即可。您的幫助將對本研究的可信性和可靠性起到巨大的作用，非常感謝您對一名科研工作者的巨大支持。

再次真誠感謝您的幫助！

北京師範大學政府管理學院　徐東北

一、您的個人信息

1. 專業領域：□戰略性新興產業　□教育學　□心理學　□人力資源管理

2. 性別：□男　□女

3. 學歷：□大學本科　□碩士研究生　□博士研究生

4. 職稱：□初級□中級□高級

5. 工作年限：□1~5 年 □6~10 年 □11~15 年 □15~20 年 □20 年以上

二、戰略性新興產業科技創新人才勝任力結構模型構成維度與要素權重賦值

表 4 是我們通過三輪問卷諮詢確定的由 3 個維度 30 項要素構成的戰略性新興產業科技創新人才勝任力結構模型。請您從專業視角，對這些維度和要素進行權重賦值，可分配的總比重值為 100。謝謝！

表 4　戰略性新興產業科技創新人才勝任力結構模型構成維度與要素權重賦值

戰略性新興產業勝任力結構模型構成維度與要素	權重
創新驅動力（C_1）——創新意識	
成就動機（C_{1-1}）	
好奇敏感（C_{1-2}）	
客戶導向（C_{1-3}）	
興趣驅動（C_{1-4}）	
創新啓動力（C_2）——創新思維+創新品質	
善於思考（C_{2-1}）	
善於學習（C_{2-2}）	
知識運用（C_{2-3}）	
經驗遷移（C_{2-4}）	
敢於冒險（C_{2-5}）	
獨立自主（C_{2-6}）	
勤勉敬業（C_{2-7}）	
開放包容（C_{2-8}）	
嚴謹務實（C_{2-9}）	
保持激情（C_{2-10}）	
堅韌執著（C_{2-11}）	
盡職盡責（C_{2-12}）	
耐挫抗壓（C_{2-13}）	
積極主動（C_{2-14}）	
精益求精（C_{2-15}）	

表4(續)

戰略性新興產業勝任力結構模型構成維度與要素	權重
時間觀念（C_{2-16}）	
創新行動力（C_3）——創新人際+創新技能	
溝通協作（C_{3-1}）	
組織管理（C_{3-2}）	
影響感召（C_{3-3}）	
實踐操作（C_{3-4}）	
規劃設計（C_{3-5}）	
追蹤前沿（C_{3-6}）	
應變把控（C_{3-7}）	
原創能力（C_{3-8}）	
開拓突破（C_{3-9}）	
探索鑽研（C_{3-10}）	

耽誤您不少時間，
非常感謝您的支持！

附錄14　戰略性新興產業科技創新人才勝任力模型諮詢問卷（一）

1. 專業領域：　［單選題］

選項	小計	比例
戰略性新興產業	26	63.41%
教育學	8	19.51%
心理學	3	7.32%
人力資源管理	4	9.76%
本題有效填寫人次	41	

2. 性別：　［單選題］

選項	小計	比例
男	27	65.85%
女	14	34.15%

選項	小計	比例
本題有效填寫人次	41	

3. 學歷： ［單選題］

選項	小計	比例
本科	3	7.32%
碩士研究生	9	21.95%
博士研究生	29	70.73%
本題有效填寫人次	41	

4. 職稱： ［單選題］

選項	小計	比例
初級	2	4.88%
中級	16	39.02%
高級	23	56.1%
本題有效填寫人次	41	

5. 工作年限： ［單選題］

選項	小計	比例
1~5 年	9	21.95%
6~10 年	7	17.07%
11~15 年	15	36.59%
15~20 年	7	17.07%
20 年以上	3	7.32%
本題有效填寫人次	41	

二、戰略性新興產業科技創新人才勝任力特徵要素與維度

表5是我們根據多渠道獲取的勝任力要素對照表，經過充分研討，初步確定的包括5個維度30項要素的戰略性新興產業科技創新人才勝任力理論模型，請您從專業視角結合自身經驗，參照我們多渠道獲取的勝任力要素對照表，提出補充、修改或調整意見。謝謝！

表5　　　　　　　　　　多渠道獲取的勝任力要素對照

研究文獻提取的勝任力要素	招聘廣告提取的勝任力要素	訪談及問卷提取的勝任力要素		產業特徵演繹獲得的勝任力要素
		生物產業	新一代信息技術產業	
堅韌執著、實踐操作、自我概念、團隊合作、興趣驅動、思維能力、知識儲備、思維方式、持續學習、嚴謹求實、開拓超越、敏感好奇、責任心、創新意識、求知欲、勤勉敬業、問題解決、溝通協調、實踐經驗、變革突破、成就導向、探索鑽研、開放包容、問題發現、自信心、獨立自主、科學的價值觀、信息搜尋、規律探求、組織管理、精益求精、積極樂觀、整理總結、影響感召、思維品質、冒險精神、耐挫抗壓、捕捉加工、調配掌控、統籌規劃、大膽假設、保持激情、設計能力、應變能力	知識儲備、實踐經驗、溝通協調、團隊合作、實踐操作、責任心、獨立自主、組織管理、分析判斷、善於思考、耐挫抗壓、英文水準、善於學習、規劃設計、認真踏實、問題解決、善於表達、積極主動、創新能力、嚴謹務實、追蹤前沿、熱情激情、細心專注、勤勉敬業、適應性、客戶導向、創新意識、信息檢閱、勇於挑戰、歸納總結、正直沉穩、探索鑽研、理解能力、職業道德、興趣驅動、文字功底、進取心、領導能力、洞察力、誠實守信、局勢把控、應變能力、時間觀念、領悟遷移、堅韌執著、好奇敏感、良好習慣、精益求精、自我意識、成就導向、認同感、樂觀外向、身體健康、安全意識、提煉整合	創新性、信息搜集、問題解決、專業技能、成就導向、團隊協作、堅持不懈、認同度、戰略思考、影響他人、市場敏感度、強烈的自我概念、客戶服務、人際溝通、持續學習、前瞻性、敢於質疑、經驗總結、心理素質、關注細節、進取心、時間管理	學習能力、創新能力、系統思考、專業技術水準、全局把控與統籌能力、目標導向、執行力、時間管理、客戶導向、溝通能力、團隊精神、合作共贏、信息獲取與分享	追蹤前沿、原創能力、應變把控、捕捉能力、好奇敏感、合作精神、開拓突破、創新膽識、抗壓耐挫、追求卓越、堅韌執著、整合能力、責任感、求異思維、前沿知識、交叉知識、前瞻能力、融合思維、預測假設、客戶導向、使命感、時間觀念、奉獻精神、環保意識、跨文化溝通、戰略思維、市場思維、外語水準、大局意識、競爭意識

☆勝任力維度1：創新驅動力——創新意識
☆勝任力要素：成就導向、客戶導向、興趣驅動
◇勝任力要素與維度補充、修改或調整意見：　　　　[填空題]

☆勝任力維度2：創新啟動力——創新思維

☆勝任力要素：善於思考、善於學習

◇勝任力要素與維度補充、修改或調整意見：　[填空題]

☆勝任力維度3：創新助動力——創新品質

☆勝任力要素：知識儲備、經驗累積、敢於冒險、獨立自主、勤勉敬業、開放包容、嚴謹務實、保持激情、誠實守信、堅韌執著、盡職盡責、積極主動、精益求精、時間觀念

◇勝任力要素與維度補充、修改或調整意見：　[填空題]

☆勝任力維度4：創新互動力——創新人際

☆勝任力要素：溝通協作、組織管理、影響感召

◇勝任力要素與維度補充、修改或調整意見：　[填空題]

☆勝任力維度5：創新行動力——創新技能

☆勝任力要素：實踐操作、問題解決、追蹤前沿、應變把控、信息檢閱、原創能力、開拓突破、探索鑽研

◇勝任力要素與維度補充、修改或調整意見：　[填空題]

※您對以上戰略性新興產業科技創新人才勝任力要素和維度還有哪些修改意見？　[填空題]

附錄15　戰略性新興產業科技創新人才勝任力模型諮詢問卷（二）

第1題　專業領域：　[單選題]

選項	小計	比例
戰略性新興產業	26	63.41%
教育學	8	19.51%
心理學	3	7.32%
人力資源管理	4	9.76%
本題有效填寫人次	41	

附錄 245

第 2 題　性別：　　　［單選題］

選項	小計	比例
男	27	65.85%
女	14	34.15%
本題有效填寫人次	41	

第 3 題　學歷：　　　［單選題］

選項	小計	比例
本科	3	7.32%
碩士研究生	9	21.95%
博士研究生	29	70.73%
本題有效填寫人次	41	

第 4 題　職稱：　　　［單選題］

選項	小計	比例
初級	2	4.88%
中級	16	39.02%
高級	23	56.1%
本題有效填寫人次	41	

第 5 題　工作年限：　　　［單選題］

選項	小計	比例
1-5 年	9	21.95%
6-10 年	7	17.07%
11-15 年	15	36.59%
15-20 年	7	17.07%
20 年以上	3	7.32%
本題有效填寫人次	41	

第 6 題　請您從自己專業的視角對這些勝任力維度和要素的適合度進行判斷。「1」為「不適合」；「2」為「修改後適合」；「3」為「適合」。
［矩陣量表題］

該矩陣題平均分：2.73

題目\選項	1	2	3	平均分
☆勝任力維度1:創新驅動力——創新意識	2(4.88%)	2(4.88%)	37(90.24%)	2.85
◇勝任力要素1:成就導向	1(2.44%)	4(9.76%)	36(87.8%)	2.85
◇勝任力要素2:好奇敏感	1(2.44%)	5(12.2%)	35(85.37%)	2.83
◇勝任力要素3:市場意識	1(2.44%)	16(39.02%)	24(58.54%)	2.56
◇勝任力要素4:客戶導向	2(4.88%)	12(29.27%)	27(65.85%)	2.61
◇勝任力要素5:興趣驅動	2(4.88%)	3(7.32%)	36(87.8%)	2.83
☆勝任力維度2:創新啟動力——創新思維	2(4.88%)	4(9.76%)	35(85.37%)	2.8
◇勝任力要素1:善於思考	1(2.44%)	2(4.88%)	38(92.68%)	2.9
◇勝任力要素2:分析判斷	1(2.44%)	19(46.34%)	21(51.22%)	2.49
◇勝任力要素3:領悟遷移	2(4.88%)	18(43.9%)	21(51.22%)	2.46
◇勝任力要素4:善於學習	1(2.44%)	3(7.32%)	37(90.24%)	2.88
◇勝任力要素5:提煉整合	2(4.88%)	17(41.46%)	22(53.66%)	2.49
☆勝任力維度3:創新助動力——創新品質	2(4.88%)	14(34.15%)	25(60.98%)	2.56
◇勝任力要素1:知識儲備	2(4.88%)	5(12.2%)	34(82.93%)	2.78
◇勝任力要素2:經驗累積	2(4.88%)	4(9.76%)	35(85.37%)	2.8
◇勝任力要素3:敢於冒險	2(4.88%)	2(4.88%)	37(90.24%)	2.85
◇勝任力要素4:獨立自主	0(0%)	6(14.63%)	35(85.37%)	2.85
◇勝任力要素5:勤勉敬業	1(2.44%)	5(12.2%)	35(85.37%)	2.83
◇勝任力要素6:開放包容	1(2.44%)	7(17.07%)	33(80.49%)	2.78
◇勝任力要素7:嚴謹務實	1(2.44%)	5(12.2%)	35(85.37%)	2.83
◇勝任力要素8:保持激情	2(4.88%)	3(7.32%)	36(87.8%)	2.83
◇勝任力要素9:誠實守信	2(4.88%)	19(46.34%)	20(48.78%)	2.44
◇勝任力要素10:認真踏實	2(4.88%)	14(34.15%)	25(60.98%)	2.56
◇勝任力要素11:細心專注	1(2.44%)	16(39.02%)	24(58.54%)	2.56
◇勝任力要素12:堅韌執著	1(2.44%)	2(4.88%)	38(92.68%)	2.9
◇勝任力要素13:盡職盡責	1(2.44%)	8(19.51%)	32(78.05%)	2.76
◇勝任力要素14:耐挫抗壓	2(4.88%)	6(14.63%)	33(80.49%)	2.76
◇勝任力要素15:積極主動	2(4.88%)	6(14.63%)	33(80.49%)	2.76
◇勝任力要素16:精益求精	2(4.88%)	5(12.2%)	34(82.93%)	2.78
◇勝任力要素17:時間觀念	2(4.88%)	7(17.07%)	32(78.05%)	2.73
☆勝任力維度4:創新互動力——創新人際	2(4.88%)	13(31.71%)	26(63.41%)	2.59
◇勝任力要素1:溝通協作	1(2.44%)	4(9.76%)	36(87.8%)	2.85
◇勝任力要素2:組織管理	2(4.88%)	7(17.07%)	32(78.05%)	2.73
◇勝任力要素3:協調配合	2(4.88%)	22(53.66%)	17(41.46%)	2.37

題目\選項	1	2	3	平均分
◇勝任力要素4:影響感召	2(4.88%)	7(17.07%)	32(78.05%)	2.73
☆勝任力維度5:創新行動力——創新技能	2(4.88%)	2(4.88%)	37(90.24%)	2.85
◇勝任力要素1:實踐操作	1(2.44%)	3(7.32%)	37(90.24%)	2.88
◇勝任力要素2:規劃設計	2(4.88%)	3(7.32%)	36(87.8%)	2.83
◇勝任力要素3:問題解決	2(4.88%)	13(31.71%)	26(63.41%)	2.59
◇勝任力要素4:追蹤前沿	1(2.44%)	4(9.76%)	36(87.8%)	2.85
◇勝任力要素5:應變把控	0(0%)	5(12.2%)	36(87.8%)	2.88
◇勝任力要素6:信息檢閱	2(4.88%)	19(46.34%)	20(48.78%)	2.44
◇勝任力要素7:原創能力	2(4.88%)	14(34.15%)	25(60.98%)	2.56
◇勝任力要素8:開拓突破	2(4.88%)	6(14.63%)	33(80.49%)	2.76
◇勝任力要素9:探索鑽研	2(4.88%)	4(9.76%)	35(85.37%)	2.8

第7題：※您對以上戰略性新興產業科技創新人才勝任力要素和維度還有哪些修改意見？　［填空題］

本報告全部題目平均分之和：122.63

附錄16　戰略性新興產業科技創新人才勝任力模型諮詢問卷（三）

第1題　專業領域：　　　［單選題］

選項	小計	比例
戰略性新興產業	26	63.41%
教育學	8	19.51%
心理學	3	7.32%
人力資源管理	4	9.76%
本題有效填寫人次	41	

第2題　性別：　　　［單選題］

選項	小計	比例
男	27	65.85%
女	14	34.15%
本題有效填寫人次	41	

第 3 題　學歷：　　　　　［單選題］

選項	小計	比例
本科	3	7.32%
碩士研究生	9	21.95%
博士研究生	29	70.73%
本題有效填寫人次	41	

第 4 題　職稱：　　　　　［單選題］

選項	小計	比例
初級	2	4.88%
中級	16	39.02%
高級	23	56.1%
本題有效填寫人次	41	

第 5 題　工作年限：　　　　　［單選題］

選項	小計	比例
1-5 年	9	21.95%
6-10 年	7	17.07%
11-15 年	15	36.59%
15-20 年	7	17.07%
20 年以上	3	7.32%
本題有效填寫人次	41	

第 6 題　戰略性新興產業科技創新人才勝任力模型：

1. 創新驅動力——創新意識：成就導向、好奇敏感、客戶導向、興趣驅動。

2. 創新啓動力——創新思維+創新品質：善於思考、善於學習、知識儲備、經驗累積、敢於冒險、獨立自主、勤勉敬業、開放包容、嚴謹務實、保持激情、堅韌執著、盡職盡責、耐挫抗壓、積極主動、精益求精、時間觀念。

3. 創新行動力——創新人際+創新技能：溝通協作、組織管理、影響感召、實踐操作、規劃設計、追蹤前沿、應變把控、原創能力、開拓突破、探索鑽研。　　　［矩陣量表題］

該矩陣題平均分：4.42

題目\選項	1	2	3	4	5	平均分
科學性:是否符合客觀實際	0(0%)	0(0%)	0(0%)	20(48.78%)	21(51.22%)	4.51
準確性:是否接近真實情況	0(0%)	0(0%)	0(0%)	23(56.1%)	18(43.9%)	4.44
全面性:是否反應事物全貌	0(0%)	0(0%)	1(2.44%)	26(63.41%)	14(34.15%)	4.32

第7題：※您對以上戰略性新興產業科技創新人才勝任力要素和維度還有哪些補充、修改或調整意見？　　［填空題］

本報告全部題目平均分之和：13.27

附錄17　戰略性新興產業科技創新人才勝任力模型諮詢問卷（四）

示例題（此題供答題者試填，不記錄分值）：　　［比重題］

選項	平均分	比例
勝任力維度1	16.02	16%
勝任力維度2	16.54	17%
勝任力維度3	18.54	19%
勝任力維度4	17.34	17%
勝任力維度5	31.56	32%

一、個人信息

1. 專業領域　　［單選題］

選項	小計	比例
戰略性新興產業	26	63.41%
教育學	8	19.51%
心理學	3	7.32%
人力資源管理	4	9.76%
本題有效填寫人次	41	

2. 性別：　　［單選題］

選項	小計	比例
男	27	65.85%
女	14	34.15%
本題有效填寫人次	41	

3. 學歷： [單選題]

選項	小計	比例
大學本科	3	7.32%
碩士研究生	9	21.95%
博士研究生	29	70.73%
本題有效填寫人次	41	

4. 職稱： [單選題]

選項	小計	比例
初級	2	4.88%
中級	16	39.02%
高級	23	56.1%
本題有效填寫人次	41	

5. 工作年限： [單選題]

選項	小計	比例
1~5 年	9	21.95%
6~10 年	7	17.07%
11~15 年	15	36.59%
15~20 年	7	17.07%
20 年以上	3	7.32%
本題有效填寫人次	41	

二、戰略性新興產業科技創新人才勝任力結構模型構成維度與要素權重

1. 請給以下 3 個勝任力維度分配權重。 [比重題]

選項	平均分	比例
創新驅動力——創新意識	41.17	41%
創新啓動力——創新思維+創新品質	29.2	29%
創新行動力——創新人際+創新技能	29.63	30%

2. 請給以下 4 個勝任力要素分配權重。 [比重題]

選項	平均分	比例
成就動機	27.22	27%

選項	平均分	比例
好奇敏感	25.76	26%
客戶導向	21.05	21%
興趣驅動	25.98	26%

3. 請給以下 16 個勝任力要素分配權重。　［比重題］

選項	平均分	比例
善於思考	11.49	11%
善於學習	8.61	17.07%
知識運用	5.61	6%
經驗遷移	5.56	6%
敢於冒險	6.29	6%
獨立自主	5.46	5%
勤勉敬業	5.39	5%
開放包容	6.02	6%
嚴謹務實	5.78	6%
保持激情	6.93	7%
堅韌執著	6.44	6%
盡職盡責	5.66	6%
耐挫抗壓	5.29	5%
積極主動	5.24	5%
精益求精	5.17	5%
時間觀念	5.05	5%

4. 請給以下 10 個勝任力要素分配權重。　［比重題］

選項	平均分	比例
溝通協作	14.59	15%
組織管理	7.54	8%
影響感召	7.8	8%
實踐操作	10.49	10%
規劃設計	9.22	9%
追蹤前沿	10.49	10%
應變把控	8.78	9%

選項	平均分	比例
原創能力	12.76	13%
開拓突破	9.12	9%
探索鑽研	9.22	9%

附錄 18　戰略性新興產業企業科技創新人才勝任力及創新績效預試調查問卷

尊敬的先生/女士：

您好！非常感謝您在百忙之中幫忙完成這份問卷！

我是北京師範大學政府管理學院人力資源管理專業博士研究生。為了研究戰略性新興產業科技創新人才的勝任力相關問題，我們設計編製了這份問卷。本問卷只做研究使用，不涉及侵犯個人隱私或其他違法的問題，題目也無對錯之分，您根據自己的理解和認識作答即可。您的幫助將對本研究的可信性和可靠性起到巨大的作用，非常感謝您對一名科研工作者的巨大支持。

再次真誠感謝您的幫助！

北京師範大學政府管理學院 徐東北

一、勝任力及創新績效

請您根據實際情況對下面每個題目進行打分。「1」代表「完全不符合」，「2」代表「大部分不符合」，「3」代表「基本不符合」，「4」代表「基本符合」，「5」代表「大部分符合」，「6」代表「完全符合」。

勝任力與創新績效題目	完全不符合	大部分不符合	基本不符合	基本符合	大部分符合	完全符合
1. 對未知或奇異現象廣泛關注	1	2	3	4	5	6
2. 能提供改進技術的新想法	1	2	3	4	5	6
3. 對工作學習充滿熱情，喜歡快速學習新事物、新思想	1	2	3	4	5	6
4. 能採用新方法或新技術降低成本、提高效率或增加產出	1	2	3	4	5	6
5. 喜歡辯證、獨立、多角度思考，決不人雲亦雲	1	2	3	4	5	6
6. 能創造性地解決難題或自己的創新成果獲得了專利	1	2	3	4	5	6
7. 善於換位思考，考慮和關注客戶需求	1	2	3	4	5	6
8. 提出的創新建議或做出的新成果獲得獎勵	1	2	3	4	5	6

勝任力與創新績效題目	完全不符合	大部分不符合	基本不符合	基本符合	大部分符合	完全符合
9. 喜歡挑戰，樂於突破	1	2	3	4	5	6
10. 開發改進的新產品、新技術更具特色	1	2	3	4	5	6
11. 對新事物保持高度的熱情和興趣	1	2	3	4	5	6
12. 開發改進的新產品、新技術質量更高	1	2	3	4	5	6
13. 做事情力求完美，爭取做到最好	1	2	3	4	5	6
14. 開發改進的新產品、新技術被應用到較多的工作場合	1	2	3	4	5	6
15. 善於運用經驗解決新問題	1	2	3	4	5	6
16. 開發改進的新產品、新技術受到客戶好評	1	2	3	4	5	6
17. 能從先前的學習、創新中得到啓發並進一步學習、創新	1	2	3	4	5	6
18. 開發改進的新產品、新技術帶來了經濟效益或社會效益	1	2	3	4	5	6
19. 能借鑑、運用所學專業知識解決新問題	1	2	3	4	5	6
20. 尊重事實，敢於質疑權威並表達自己的看法	1	2	3	4	5	6
21. 不怕艱險，勇於探尋不熟悉的事物	1	2	3	4	5	6
22. 能夠獨立開展研發工作	1	2	3	4	5	6
23. 工作勤懇，兢兢業業	1	2	3	4	5	6
24. 能夠接納一切美好的新事物	1	2	3	4	5	6
25. 認真負責，勇於承擔責任而不計較得失	1	2	3	4	5	6
26. 積極主動地處理問題	1	2	3	4	5	6
27. 在壓力極大的時候仍保持冷靜並合理地緩解壓力	1	2	3	4	5	6
28. 遇到困難不輕言放棄，並盡力完成	1	2	3	4	5	6
29. 能夠按時完成各項任務	1	2	3	4	5	6
30. 樂於參與團隊工作，重視不同觀點，支持團隊決定	1	2	3	4	5	6
31. 合理分派任務，督促團隊有效完成	1	2	3	4	5	6
32. 用積極情緒帶動他人完成任務	1	2	3	4	5	6
33. 不安於現狀，力圖變革以追求卓越	1	2	3	4	5	6
34. 研發過程中，能合理規劃設計解決方案	1	2	3	4	5	6
35. 研發過程中，善於挖掘數據信息並找到規律和關鍵	1	2	3	4	5	6
36. 研發過程中，善於捕捉、整理、歸納最新有用知識和信息	1	2	3	4	5	6
37. 研發過程中，能熟練使用多種工具開展工作	1	2	3	4	5	6
38. 研發過程中，能適時調整方案並掌控進程	1	2	3	4	5	6
39. 研發過程中，能開拓新領域，提出新想法，創造新成果	1	2	3	4	5	6

二、您和您所在企業背景信息

1. 性別：□男　　□女
2. 年齡階段：□20~29歲　□30~39歲　□40~49歲　□50歲及以上
3. 學歷：□大學本科以下　□大學本科　□碩士研究生　□博士研究生
4. 工作領域：□新一代信息技術產業　□高端裝備製造產業　□新材料產業　□生物產業　□新能源汽車產業　□新能源產業　□節能環保產業　□數字創意產業
5. 職級：□初級技術/產品研發人員　□中級技術/產品研發人員　□高級技術/產品研發人員
6. 工作年限：□1~5年　□5~10年　□10~15年　□15年以上
7. 所在企業的登記註冊類型：□國有獨資企業　□國有控股企業　□股份制企業　□外商投資企業　□民營企業　□其他_____
8. 所在企業的人力資源規模：□100人以內　□100~500人　□500~1,000人　□1,000人以上

耽誤您不少時間，
非常感謝您的支持！

附錄19　高校戰略性新興產業相關專業科技創新人才勝任力及創新績效預試調查問卷

親愛的同學：

您好！非常感謝您在百忙之中幫忙完成這份問卷！

我是北京師範大學政府管理學院人力資源管理專業博士研究生。為了研究戰略性新興產業科技創新人才的勝任力相關問題，我們設計編製了這份問卷。本問卷只做研究使用，不涉及侵犯個人隱私或其他違法的問題，題目也無對錯之分，您根據自己的理解和認識作答即可。您的幫助將對本研究的可信性和可靠性起到巨大的作用，非常感謝您對一名科研工作者的巨大支持。

再次真誠感謝您的幫助！

北京師範大學政府管理學院　徐東北

一、勝任力與創新績效

您認為問卷中每個題目是否與您的實際情況相符，請您對符合程度進行打

分。「1」代表「完全不符合」,「2」代表「大部分不符合」,「3」代表「基本不符合」,「4」代表「基本符合」,「5」代表「大部分符合」,「6」代表「完全符合」。

勝任力與創新績效題目	完全不符合	大部分不符合	基本不符合	基本符合	大部分符合	完全符合
1. 對未知或奇異現象廣泛關注	1	2	3	4	5	6
2. 學習或解決問題過程中,能提出新想法	1	2	3	4	5	6
3. 對學習充滿熱情,喜歡快速學習新事物、新思想	1	2	3	4	5	6
4. 學習或解決問題過程中,能挑戰難題	1	2	3	4	5	6
5. 喜歡辯證、獨立、多角度思考,決不人云亦云	1	2	3	4	5	6
6. 學習或解決問題過程中,能提出獨創且可行的問題解決方案	1	2	3	4	5	6
7. 善於換位思考,考慮和關注他人的需求	1	2	3	4	5	6
8. 學習或解決問題過程中,能採用新方法提高效率	1	2	3	4	5	6
9. 喜歡挑戰,樂於突破	1	2	3	4	5	6
10. 學習或解決問題過程中,能總結出獨特可行的新辦法或訣竅	1	2	3	4	5	6
11. 對新事物保持高度的熱情和興趣	1	2	3	4	5	6
12. 能創造性地解決難題	1	2	3	4	5	6
13. 做事情力求完美,爭取做到最好	1	2	3	4	5	6
14. 提出的創新建議或做出的創新性成果獲得了獎勵	1	2	3	4	5	6
15. 善於運用經驗解決新問題	1	2	3	4	5	6
16. 提出的新想法或新方案受到了廣泛的認可和好評	1	2	3	4	5	6
17. 能從先前的學習、創新中得到啓發並進一步學習、創新	1	2	3	4	5	6
18. 能借鑑、運用所學專業知識解決新問題	1	2	3	4	5	6
19. 尊重事實,敢於質疑權威並表達自己的看法	1	2	3	4	5	6
20. 不怕艱險,勇於探尋不熟悉的事物	1	2	3	4	5	6
21. 能夠獨立解決問題	1	2	3	4	5	6
22. 學習勤奮刻苦,不懈怠	1	2	3	4	5	6
23. 能夠接納一切美好的新事物	1	2	3	4	5	6
24. 認真負責,勇於承擔責任而不計較得失	1	2	3	4	5	6
25. 積極主動地處理問題	1	2	3	4	5	6
26. 在壓力極大的時候仍保持冷靜並合理地緩解壓力	1	2	3	4	5	6
27. 遇到困難不輕言放棄,並盡力完成	1	2	3	4	5	6

勝任力與創新績效題目	完全不符合	大部分不符合	基本不符合	基本符合	大部分符合	完全符合
28. 能夠按時完成各項任務	1	2	3	4	5	6
29. 樂於參與團隊工作，重視不同觀點，支持團隊決定	1	2	3	4	5	6
30. 在團隊合作中，能合理分派任務，督促團隊有效完成	1	2	3	4	5	6
31. 在團隊合作中，能用積極情緒帶動他人完成任務	1	2	3	4	5	6
32. 不安於現狀，力圖變革以追求卓越	1	2	3	4	5	6
33. 學習或解決問題過程中，能合理規劃設計解決方案	1	2	3	4	5	6
34. 學習或解決問題過程中，善於挖掘數據並找到規律和關鍵	1	2	3	4	5	6
35. 學習或解決問題過程中，善於捕捉、整理、歸納最新信息	1	2	3	4	5	6
36. 學習或解決問題過程中，能熟練使用多種工具完成任務	1	2	3	4	5	6
37. 學習或解決問題過程中，能適時調整方案並掌控進程	1	2	3	4	5	6
38. 學習或解決問題過程中，能提出全新的方案或方法	1	2	3	4	5	6

二、您的個人信息

1. 所學專業：

A. 傳感網技術；B. 功能材料；C. 光電子材料與器件；D. 海洋工程與技術；E. 海洋油氣工程；F. 海洋資源開發技術；G. 環保設備工程；H. 建築節能技術與工程；I. 納米材料與技術；J. 能源化學工程；K. 能源經濟；L. 生物制藥；M. 數字電影技術；N. 水聲工程；O. 微電子材料與器件；P. 物聯網工程；Q. 新媒體與信息網絡；R. 新能源材料與器件；S. 新能源科學與工程；T. 藥物分析；U. 藥物化學；V. 智能電網信息工程；W. 中藥制藥；X. 資源循環科學與工程；Y. 核安全工程。

2. 所在年級：

A. 本科一年級；B. 本科二年級；C. 本科三年級；D. 本科四年級；E. 碩士研究生一年級；F. 碩士研究生二年級；G. 碩士研究生三年級；H. 博士研究生一年級；I. 博士研究生二年級；J. 博士研究生三年級；K. 博士研究生四年級。

3. 就讀學校：

4. 性別：A. 男；B. 女

耽誤您不少時間，
非常感謝您的支持！

附錄20　戰略性新興產業企業科技創新人才勝任力、創新績效及開發狀況調查問卷

尊敬的先生/女士：

您好！非常感謝您在百忙之中幫忙完成這份問卷！

我是北京師範大學政府管理學院人力資源管理專業博士研究生。為了研究戰略性新興產業科技創新人才的勝任力相關問題，我們設計編製了這份問卷。本問卷只做研究使用，不涉及侵犯個人隱私或其他違法的問題，題目也無對錯之分，您根據自己的理解和認識作答即可。您的幫助將對本研究的可信性和可靠性起到巨大的作用，非常感謝您對一名科研工作者的巨大支持。

再次真誠感謝您的幫助！

北京師範大學政府管理學院　徐東北

一、勝任力及創新績效

請您根據實際情況對下面每個題目進行打分。「1」代表「完全不符合」，「2」代表「大部分不符合」，「3」代表「基本不符合」，「4」代表「基本符合」，「5」代表「大部分符合」，「6」代表「完全符合」。

勝任力與創新績效題目	完全不符合	大部分不符合	基本不符合	基本符合	大部分符合	完全符合
1. 保持激情：對工作學習充滿熱情，喜歡快速學習新事物、新思想	1	2	3	4	5	6
2. 能提供改進技術的新想法	1	2	3	4	5	6
3. 成就動機：喜歡挑戰，樂於突破	1	2	3	4	5	6
4. 能採用新方法或新技術降低成本、提高效率或增加產出	1	2	3	4	5	6
5. 好奇敏感：對未知或奇異現象廣泛關注	1	2	3	4	5	6
6. 能創造性地解決難題或自己的創新成果獲得了專利	1	2	3	4	5	6
7. 興趣驅動：對新事物保持高度的熱情和興趣	1	2	3	4	5	6
8. 提出的創新建議或做出的新成果獲得獎勵	1	2	3	4	5	6
9. 善於思考：喜歡辯證、獨立、多角度思考，決不人雲亦雲	1	2	3	4	5	6
10. 開發改進的新產品、新技術更具特色	1	2	3	4	5	6

勝任力與創新績效題目	完全不符合	大部分不符合	基本不符合	基本符合	大部分符合	完全符合
11. 勤勉敬業：工作勤懇，兢兢業業	1	2	3	4	5	6
12. 開發改進的新產品、新技術質量更高	1	2	3	4	5	6
13. 溝通協作：樂於參與團隊工作，重視不同觀點，支持團隊決定	1	2	3	4	5	6
14. 開發改進的新產品、新技術被應用到較多的工作場合	1	2	3	4	5	6
15. 開放包容：能夠接納一切美好的新事物	1	2	3	4	5	6
16. 開發改進的新產品、新技術受到客戶好評	1	2	3	4	5	6
17. 積極主動：積極主動地處理問題	1	2	3	4	5	6
18. 開發改進的新產品、新技術帶來了經濟效益或社會效益	1	2	3	4	5	6
19. 盡職盡責：認真負責，勇於承擔責任而不計較得失	1	2	3	4	5	6
20. 影響感召：用積極情緒帶動他人完成任務	1	2	3	4	5	6
21. 追蹤前沿：善於捕捉、整理、歸納最新有用知識和信息	1	2	3	4	5	6
22. 探索鑽研：善於挖掘數據信息並找到規律和關鍵	1	2	3	4	5	6
23. 應變把控：能適時調整方案並掌控進程	1	2	3	4	5	6
24. 規劃設計：能合理規劃設計解決方案	1	2	3	4	5	6
25. 實踐操作：能熟練使用多種工具開展工作	1	2	3	4	5	6
26. 開拓突破：不安於現狀，力圖變革以追求卓越	1	2	3	4	5	6

二、人才開發情況

請根據您所在企業實際情況進行選擇。「1」代表「完全不符合」，「2」代表「大部分不符合」，「3」代表「基本不符合」，「4」代表「基本符合」，「5」代表「大部分符合」，「6」代表「完全符合」。

人才開發情況題目	完全不符合	大部分不符合	基本不符合	基本符合	大部分符合	完全符合
1. 企業有良好的科技創新環境	1	2	3	4	5	6
2. 企業重視科技創新硬件建設	1	2	3	4	5	6
3. 企業科技創新資金投入充足	1	2	3	4	5	6
4. 企業有良好的創新文化氛圍	1	2	3	4	5	6

人才開發情況題目	完全不符合	大部分不符合	基本不符合	基本符合	大部分符合	完全符合
5. 企業有良好的團隊合作氛圍	1	2	3	4	5	6
6. 企業定期組織員工考察學習	1	2	3	4	5	6
7. 企業有合理的創新激勵機制	1	2	3	4	5	6
8. 企業有良好的人才培育制度	1	2	3	4	5	6
9. 企業有完善的創新管理機制	1	2	3	4	5	6
10. 企業提供良好的工作生活條件	1	2	3	4	5	6
11. 領導鼓勵創新，寬容失敗	1	2	3	4	5	6
12. 領導關懷下屬，樂於傾聽	1	2	3	4	5	6
13. 企業有公平公正的選拔晉升機制	1	2	3	4	5	6
14. 企業能為員工提供職業生涯規劃	1	2	3	4	5	6

三、您和您所在企業背景信息

1. 性別：□男　□女
2. 年齡階段：□20~29歲　□30~39歲　□40~49歲　□50歲及以上
3. 學歷：□大學本科以下　□大學本科　□碩士研究生　□博士研究生
4. 工作領域：□新一代信息技術產業　□高端裝備製造產業　□新材料產業　□生物產業　□新能源汽車產業　□新能源產業　□節能環保產業　□數字創意產業
5. 職級：□初級技術/產品研發人員 □中級技術/產品研發人員 □高級技術/產品研發人員
6. 工作年限：□1~5年 □5~10年 □10~15年 □15年以上
7. 所在企業的登記註冊類型：□國有獨資企業 □國有控股企業 □股份制企業 □外商投資企業 □民營企業 □其他_____
8. 所在企業的人力資源規模：□100人以內 □100~500人 □500~1,000人 □1,000人以上

耽誤您不少時間，
非常感謝您的支持！

附錄21　高校戰略性新興產業相關專業科技創新人才勝任力、創新績效及開發情況調查問卷

親愛的同學：

您好！非常感謝您在百忙之中幫忙完成這份問卷！

我是北京師範大學政府管理學院人力資源管理專業博士研究生。為了研究戰略性新興產業科技創新人才的勝任力相關問題，我們設計編製了這份問卷。本問卷只做研究使用，不涉及侵犯個人隱私或其他違法的問題，題目也無對錯之分，您根據自己的理解和認識作答即可。您的幫助將對本研究的可信性和可靠性起到巨大的作用，非常感謝您對一名科研工作者的巨大支持。

再次真誠感謝您的幫助！

北京師範大學政府管理學院　徐東北

一、勝任力與創新績效

您認為問卷中每個題目是否與您的實際情況相符，請您對符合程度進行打分。「1」代表「完全不符合」，「2」代表「大部分不符合」，「3」代表「基本不符合」，「4」代表「基本符合」，「5」代表「大部分符合」，「6」代表「完全符合」。

勝任力與創新績效題目	完全不符合	大部分不符合	基本不符合	基本符合	大部分符合	完全符合
1. 善於思考：喜歡辯證、獨立、多角度思考，決不人云亦云	1	2	3	4	5	6
2. 學習或解決問題過程中，能提出新想法	1	2	3	4	5	6
3. 好奇敏感：對未知或奇異現象廣泛關注	1	2	3	4	5	6
4. 學習或解決問題過程中，能挑戰難題	1	2	3	4	5	6
5. 保持激情：對學習充滿熱情，喜歡快速學習新事物、新思想	1	2	3	4	5	6
6. 學習或解決問題過程中，能提出獨創且可行的問題解決方案	1	2	3	4	5	6
7. 開放包容：能夠接納一切美好的新事物	1	2	3	4	5	6
8. 學習或解決問題過程中，能採用新方法提高效率	1	2	3	4	5	6
9. 盡職盡責：認真負責，勇於承擔責任而不計較得失	1	2	3	4	5	6

勝任力與創新績效題目	完全不符合	大部分不符合	基本不符合	基本符合	大部分符合	完全符合
10. 學習或解決問題過程中，能總結出獨特可行的新辦法或訣竅	1	2	3	4	5	6
11. 客戶導向：善於換位思考，考慮和關注他人的需求	1	2	3	4	5	6
12. 能創造性地解決難題	1	2	3	4	5	6
13. 堅韌執著：遇到困難不輕言放棄，並盡力完成	1	2	3	4	5	6
14. 提出的創新建議或做出的創新性成果獲得了獎勵	1	2	3	4	5	6
15. 積極主動：積極主動地處理問題	1	2	3	4	5	6
16. 提出的新想法或新方案受到了廣泛的認可和好評	1	2	3	4	5	6
17. 時間觀念：能夠按時完成各項任務	1	2	3	4	5	6
18. 精益求精：做事情力求完美，爭取做到最好	1	2	3	4	5	6
19. 探索鑽研：學習或解決問題過程中，善於挖掘數據並找到規律和關鍵	1	2	3	4	5	6
20. 開拓突破：不安於現狀，力圖變革以追求卓越	1	2	3	4	5	6
21. 應變把控：學習或解決問題過程中，能適時調整方案並掌控進程	1	2	3	4	5	6
22. 追蹤前沿：學習或解決問題過程中，善於捕捉、整理、歸納最新信息	1	2	3	4	5	6
23. 規劃設計：學習或解決問題過程中，能合理規劃設計解決方案	1	2	3	4	5	6
24. 實踐操作：學習或解決問題過程中，能熟練使用多種工具完成任務	1	2	3	4	5	6
25. 組織管理：在團隊合作中，能合理分派任務，督促團隊有效完成	1	2	3	4	5	6

二、人才開發情況

請您根據實際情況進行選擇。「1」代表「完全不符合」，「2」代表「大部分不符合」，「3」代表「基本不符合」，「4」代表「基本符合」，「5」代表「大部分符合」，「6」代表「完全符合」。

人才開發情況題目	完全不符合	大部分不符合	基本不符合	基本符合	大部分符合	完全符合
1. 學校公平地對待每名學生，鼓勵個性發展和創新行為	1	2	3	4	5	6
2. 學校營造良好的校園文化、學習環境和創新氛圍	1	2	3	4	5	6
3. 學校積極開展校企合作，為學生提供更多的實習實踐機會	1	2	3	4	5	6
4. 學校根據產業創新人才需求制定人才培養方案，並與時俱進做出調整	1	2	3	4	5	6
5. 學校設立專項基金，獎勵有創新突破的學生	1	2	3	4	5	6
6. 學校有完善先進的教學設施設備，並鼓勵學生們充分利用開展創新活動	1	2	3	4	5	6
7. 學校擁有科學合理的師資結構，保障創新人才培養的需要	1	2	3	4	5	6
8. 學校根據學生們的興趣、愛好和特點提供獨特靈活的教學設計和安排	1	2	3	4	5	6
9. 學校根據專業特點和職業創新能力要求，採取科學的教學模式、考核方式和評價標準	1	2	3	4	5	6
10. 學校根據人才培養目標，設計、組織、開展各類創新技能比賽，鼓勵學生們積極參與	1	2	3	4	5	6
11. 學校經常邀請各類專家為學生們作專業或學科前沿學術報告或講座	1	2	3	4	5	6
12. 老師上課注重學生綜合能力的培養，設計開發特色教學環節，鼓勵學生們勤於動手動腦	1	2	3	4	5	6
13. 老師支持幫助學生們開展各類創新創意活動，鼓勵並指導學生們各級各類創新知識、技能比賽	1	2	3	4	5	6
14. 我能根據未來發展需要，全面提升自己的知識、能力、素養和技能水準	1	2	3	4	5	6

三、您的個人信息

1. 所學專業：

A. 傳感網技術；B. 功能材料；C. 光電子材料與器件；D. 海洋工程與技術；E. 海洋油氣工程；F. 海洋資源開發技術；G. 環保設備工程；H. 建築節能技術與工程；I. 納米材料與技術；J. 能源化學工程；K. 能源經濟；L. 生物制藥；M. 數字電影技術；N. 水聲工程；O. 微電子材料與器件；P. 物聯網工程；Q. 新媒體與信息網絡；R. 新能源材料與器件；S. 新能源科學與工程；T. 藥物分析；U. 藥物化學；V. 智能電網信息工程；W. 中藥制藥；X. 資源循環科學與工程；Y. 核安全工程。

2. 所在年級：

A. 本科一年級；B. 本科二年級；C. 本科三年級；D. 本科四年級；E. 碩士研究生一年級；F. 碩士研究生二年級；G. 碩士研究生三年級；H. 博士研究生一年級；I. 博士研究生二年級；J. 博士研究生三年級；K. 博士研究生四年級。

3. 就讀學校：

4. 性別：A. 男；B. 女

耽誤您不少時間，
非常感謝您的支持！

致謝

感謝我的導師王建民教授，是您嚴謹求實的治學態度、博大寬廣的教育情懷、平易近人的師風師範、無與倫比的人格魅力將我帶進了北京師範大學這座學術殿堂，有機會進一步提升自我。「一日為師，終身為父」，我會在師父的影響和感召下樹立目標、不斷進取，努力成為一個有價值的人。

感謝於海波老師、王穎老師、柯江林老師、李永瑞老師、餘薽春老師和王昌海老師在學業和生活中給予的幫助和指導。

感謝湯穎博士、李飛博士在專家諮詢與研討過程中給予的大力支持和幫助，感謝董麗紅教授、姚慧敏教授、顧地州教授、付長寶教授、胡彥武教授、周萬里教授、鄭豔萍博士，崔喜平教授在數據收集方面給予的大力支持和幫助。

感謝父母、岳父母、妻女在論文寫作過程中給予的無私奉獻，是你們的辛勤付出讓我能夠全身心地投入寫作中。

國家圖書館出版品預行編目（CIP）資料

戰略性新興產業科技創新人才勝任力模型與開發模式研究 / 徐東北 著. -- 第一版. -- 臺北市：崧博出版：財經錢線文化發行, 2019.05
　　面；　公分
POD版

ISBN 978-957-735-864-6(平裝)

1.人力資源管理 2.人才 3.產業發展

494.3　　　　　　　　　　　　　　　　108006588

書　　名：戰略性新興產業科技創新人才勝任力模型與開發模式研究
作　　者：徐東北 著
發 行 人：黃振庭
出 版 者：崧博出版事業有限公司
發 行 者：財經錢線文化事業有限公司
E - m a i l：sonbookservice@gmail.com
粉 絲 頁：　　　　　網　址：
地　　址：台北市中正區重慶南路一段六十一號八樓 815 室
8F.-815, No.61, Sec. 1, Chongqing S. Rd., Zhongzheng Dist., Taipei City 100, Taiwan (R.O.C.)
電　　話：(02)2370-3310　傳　真：(02) 2370-3210
總 經 銷：紅螞蟻圖書有限公司
地　　址：台北市內湖區舊宗路二段 121 巷 19 號
電　　話：02-2795-3656　傳真：02-2795-4100　　網址：
印　　刷：京峯彩色印刷有限公司（京峰數位）

本書版權為西南財經大學出版社所有授權崧博出版事業股份有限公司獨家發行電子書及繁體書繁體字版。若有其他相關權利及授權需求請與本公司聯繫。

定　　價：520元
發行日期：2019 年 05 月第一版

◎ 本書以 POD 印製發行